飞行器质量与可靠性专业系列教材

维修性设计与分析

主　编　周　栋

副主编　耿　杰　吕　川　郭子玥

北京航空航天大学出版社

内 容 简 介

维修性是指产品在规定的条件下和规定的时间内,按规定的程序和方法进行维修时,保持或恢复到规定状态的能力。维修性是决定产品能否实现维修简便、快速、经济的重要质量特性。随着现代工业产品维护需求的增加,维修性工作越来越受到工业企业的重视。

本书从维修性的基础理论、工程应用、前沿技术三个部分对产品维修性的设计分析与验证进行了系统、详细的阐述,尽可能摆脱抽象的概念陈述,用理论—技术—应用相结合的方式来提升读者对本书内容的理解。本书的编写旨在培养学生解决实际工程问题的意识,使学生所学知识尽可能贴近工程实践。

本书可供维修性工程与维修工程专业本科生及研究生教学使用,也可供产品管理、研制、生产、维护等相关人员阅读参考。

图书在版编目(CIP)数据

维修性设计与分析 / 周栋主编. -- 北京 :北京航空航天大学出版社,2019.12
ISBN 978 - 7 - 5124 - 3189 - 8

Ⅰ. ①维… Ⅱ. ①周… Ⅲ. ①维修性设计-高等学校
-教材 Ⅳ. ①TB21

中国版本图书馆 CIP 数据核字(2019)第 270293 号

维修性设计与分析
主 编 周 栋
副主编 耿 杰 吕 川 郭子玥
责任编辑 蔡 喆

*

北京航空航天大学出版社出版发行

北京市海淀区学院路 37 号(邮编 100191) http://www.buaapress.com.cn
发行部电话:(010)82317024 传真:(010)82328026
读者信箱:goodtextbook@126.com 邮购电话:(010)82316936
涿州市新华印刷有限公司印装 各地书店经销

*

开本:787×1 092 1/16 印张:14.75 字数:378 千字
2020 年 1 月第 1 版 2020 年 1 月第 1 次印刷 印数:2 000 册
ISBN 978 - 7 - 5124 - 3189 - 8 定价:45.00 元

飞行器质量与可靠性专业系列教材

编委会主任：林　京

编委会副主任：

王自力　白曌宇　康　锐　曾声奎

编委会委员（按姓氏笔画排序）：

于永利　马小兵　吕　川　刘　斌

孙宇锋　李建军　房祥忠　赵　宇

赵廷弟　姜同敏　章国栋　屠庆慈

戴慈庄

执行主编：马小兵

执行编委（按姓氏笔画排序）：

王立梅　王晓红　石君友　付桂翠

吕　琛　任　羿　李晓钢　何益海

张建国　陆民燕　陈　颖　周　栋

姚金勇　黄姣英　潘　星　戴　伟

序

　　1985 年国防科技界与教育界著名专家杨为民教授创建了国内首个可靠性方向本科专业,开启了我国可靠性工程专业人才培养的篇章。2006 年在北航的积极申请和原国防科工委的支持与推动下,教育部批准将质量与可靠性工程专业正式增列入本科专业教育目录。2008 年该专业入选国防紧缺专业和北京市特色专业建设点。2012 年教育部进行本科专业目录修订,将专业名称改为飞行器质量与可靠性专业(属航空航天类)。2019 年该专业获批教育部省级一流本科专业建设点。

　　当今在实施质量强国战略的过程中,以航空航天为代表的高技术产品领域对可靠性专业人才的需求越发迫切。为适应这种形势,我们组织长期从事质量与可靠性专业教学的一线教师出版了这套《飞行器质量与可靠性专业系列教材》。本系列教材在系统总结并全面展现质量与可靠性专业人才培养经验的基础上,注重吸收质量与可靠性基础理论的前沿研究成果和工程应用的长期实践经验,涵盖质量工程与技术,可靠性设计、分析、试验、评估,产品故障监测与环境适应性等方面的专业知识。

　　本系列教材是一套理论方法与工程技术并重的教材,不仅可作为质量与可靠性相关本科专业的教学用书,也可作为其他工科专业本科生、研究生以及广大工程技术和管理人员学习质量与可靠性知识的工具用书。我们希望这套教材的出版能够助力我国质量与可靠性专业的人才培养取得更大成绩。

编委会

2019 年 12 月

前　言

维修性是反映产品维修方便、快捷和经济的重要质量特性，关系到维修所需的时间、工时以及其他物资的消耗与费用。对于军事装备，和平时期的维修性直接影响到装备的战备完好性，战争时期则影响到装备的战斗力；对于民用产品，维修性直接影响到产品的经济效益和市场竞争力。随着现代装备向着复杂化、综合化的方向发展，维修性问题更为突出，已经与传统性能处于同等重要的地位，受到军队和工业部门的重视。具备良好维修性的关键在于产品设计，其核心是进行维修性的设计与分析验证。近些年来，随着装备研制及维修性技术应用的深入，维修性设计与分析验证技术取得了一些新的发展。

目前已出版的维修性相关书籍多为工程用书，注重方法的介绍及应用，对引导学生系统理解和掌握维修性"是什么""为什么"以及"如何"开展相关工作存在不足，缺乏基本理论与技术的系统性和工程使用性的结合，导致学生难以对相关工程问题建立系统的概念。另外，由于现有出版教材缺乏丰富的习题与案例分析，致使学生在缺乏工程经验的同时又不能及时消化课上所学知识。因此，本书的编写旨在培养学生解决实际工程问题的意识，使学生所学知识尽可能贴合工程实践。

本书分别从基础理论、工程应用两方面详尽地介绍了维修性工程的相关知识与应用。另外，针对近年来维修性工程相关领域的技术发展，增加了最新技术在维修性工程专业的应用。教材的每章配有课后习题，并包含了大量维修性工程设计相关实例，尽可能在辅助学生摆脱抽象的维修性概念的同时，引入学科前沿技术，鼓励学生积极探索，进行有创造性的学习。

本书共分8章。第1章，介绍了维修性的概念与分类，概括论述了维修性工程过程、原则及发展；第2章，介绍了维修性的设计要求与工作要求及其确定依据；第3章，介绍了维修性模型的类型，分析了维修性设计与验证中的适用模型；第4章，论述了维修性设计准则及制定要求，介绍了部分常用产品的维修性设计经验与措施；第5章，介绍了通用维修性分配、预计以及维修测试的综合权衡方法；第6章，介绍了FMEA、综合分析区域分析、虚拟试验等在维修性分析中的应用技术，并论述了区域维修性分析方法；第7章，论述了维修性试验与评价的内容与要求，重点介绍了维修性统计试验和演示试验的评价方法；第8章，介绍了虚拟维修、智能维护和信息物理系统。

　　本书内容经由编写组集体讨论，各章执笔人员如下：第 1 章由周栋编写，第 2 章由周栋、薛龙编写，第 3 章由吕川、薛龙编写，第 4 章由耿杰、陈嘉宇编写，第 5 章由周栋、郭子玥编写，第 6 章由郭子玥、刘芃妍编写，第 7 章由周栋、吴绢编写，第 8 章由周栋、周文强编写。全书由周栋主编，本书编写过程中，周欣欣、梅顺峰、周启迪、郭春辉、肖雨、王冉冉、朱溪女、贺智艺、戴超、梁宇宁等同志参加了相关资料收集、文字编纂和校对等工作。本书编写中还引用和参考了诸多文献资料。在此谨向给以我们帮助和指导的同志们表示感谢！

　　本书尽可能从基础理论出发，结合工程实际应用，选取有参考意义的内容，供维修性工程与维修工程专业本科生及研究生教学使用，也可供装备研制管理机关、论证部门、研制生产部门的相关工程技术与管理人员阅读参考。

　　由于作者的知识和经验的局限性，本书的错误和不妥之处在所难免，诚望广大读者批评指正。

编写组

2019 年 11 月

缩略语

MTBF（Mean Time Between Failure)平均故障间隔时间

MTBM（Mean Time Between Maintenace） 平均维修间隔时间

MTTR（Mean Time To Repair） 平均修复时间

MPMT（Mean Preventive Maintenance Time） 平均预防性维修时间

MCRT（Major Component Replacement Time） 重要部件平均更换时间

MTTRS（Mean Time To Restore System） 系统平均恢复时间

DMMH/OH（Direct Maintenance Man-hours per Operate Hour） 每小时工作直接维修工时

DMC/OH（Direct Maintenance Cost per Operate Hour） 每工作小时直接维修费用

MMC/OH（Maintenance Material Cost/per Operate Hour） 每工作小时维修器材费用

MTTRF（Mission Time To Restore Function） 平均恢复功能用的任务时间

RT（Reconfiguration Time） 重构时间

FMEA（Failure Mode Effects Analysis） 故障模式影响分析

FTA（Fault Tree Analysis） 故障树分析

LSA（Supportability Analysis） 保障性分析

LRU（Line Replaceable Unit） 现场可更换单元

LRM（Lin Replaceable Module） 现场可更换模块

SRU（Shop Replaceable Unit） 车间可更换单元

SSRU（Shop Replaceable Sub-Unit） 车间可更换子单元

BIT（Built-In Test） 机内测试

MFD（Maintenance Flow Diagram） 维修流程图

MTN（Maintenance Task Net） 维修工作网

CER（Cost Evaluation Relationship） 费用估算关系式

CPS(Cyber-Physical Systems） 信息物理系统

LCC（Life Cycle Cost） 全寿命周期费用

符　号

A_i　　　固有可用度

A_o　　　使用可用度

A_a　　　可达可用度

T_{bf}　　平均故障间隔时间

Θ_0　　平均故障间隔时间上限

Θ_1　　平均故障间隔时间下限

T_{CT}　　平均修复时间

T_{PT}　　平均预防性维修时间

T_{MAXCT}　最大修复时间

T_{TA}　　再次出动准备时间

r_{FD}　　故障检测率

r_{FI}　　故障隔离率

r_U　　　资源利用率

$R(t)$　　可靠度

$F(t)$　　不可靠度

$f(t)$　　故障密度函数

$m(t)$　　维修密度函数

μ　　　正态分布均值

σ　　　正态分布标准差

$\lambda(t)$　　故障率

T_M　　　系统平均维修时间

M_I　　　维修工时率

T_{MD}　　维修停机时间率

T_{MTU}　　修复性维修停机时间率

M_h　　　维修事件的维修工时

$\overline{M_{hs}}$　　系统维修事件的平均维修工时

$T_个$　　　个体维修时间

E　　　效能

A　　　可用度

D　　　可信度

C　　　固有能力

H　　　无污染度

目　录

第1章 维修性设计分析基础

1.1 概 述

随着科学技术的高速发展以及对装备使用要求的不断提高,装备复杂化与费用昂贵的局面越来越突出。面对各型功能繁多、组成复杂、技术先进的装备研制需求,更加需要应用系统工程的理念,以全系统、全过程和全特性观念进行快速有效的设计。

维修性是装备(系统)的基本属性之一,是与装备的维修密切相关的设计特性,反映了装备是否具备维修方便、快捷、经济的能力。当今,不论是精良的武器装备还是民用产品,维修处理不好,不仅可能导致经济的损失,而且还可能因为不能及时修复而导致整个装备或产品使用效用的降低,甚至会付出生命代价。良好的维修性设计是提高维修效率和质量的重要手段。

1.1.1 维修性设计分析的发展

维修性作为一门工程专业加以研究与应用起源于美国。早在1901年,美国陆军通信兵与著名的莱特兄弟的飞机研制合同中就有要求:该飞机的"操纵与维修应简便"。

但就现代含义而言,维修性作为一门学科,应回溯到20世纪50年代初集中研究电子产品可靠性的另一产物。美国在第二次世界大战以及朝鲜战争中暴露出大量电子产品故障及相应的维修困难问题,引起了美国军方的高度重视。有关维修性的注意力开始主要集中在装备系统能否保养修复的能力上,并无正式而有效的方法与手段。

随着对维修性研究的深入,20世纪50年代末维修性的考虑集中到装备设计中的具体特点方面,起领先作用的是人素工程师和心理学家,而不是设计师们。美国罗姆航空发展中心及航空医学研究所等部门提出了设置电子设备维修检查窗口、测试点、显示及控制器等措施改进电子设备的维修性。当时制订的许多良好的设计指导准则至今仍很有价值。

在这一时期,1954年美国正式确认维修性概念,并随着对维修性日益增长的关注,导致作为装备系统要求的军用规范的发展。1959年美国颁布了有关维修性的第一个军用规范 MIL – M – 26512《空军航空航天系统与设备维修性要求》,标志着维修性工程的诞生。1962年春举办了第一次大型的可靠性与维修性学术年会,随后各军种相应规范激增,结果是到了20世纪60年代中期美国防部提出了减少规范数量的标准化计划,用军标来统一要求,形成了 MIL – STD – 470《维修性大纲要求》、MIL – STD – 471《维修性验证、演示和评估》、MIL – HDBK – 472《维修性预计》等主要的应用标准文件。

1962年美国陆军器材司令部出版的工程设计手册丛书中的《维修性设计指导》代表了那个时期维修性工作的成果。该书论述了装备设计中维修性工作的目标、程序和技术,详细地阐述了维修性的特征要求、技术措施和技术条件,指出了不同军用装备的维修性设计特点。

20世纪60年代在发展各种军标与规范的同时,维修性工程发展的趋势从设计准则和人的因素研究转向维修性的定量化,提出维修时间作为通用的度量参数,借鉴可靠性工程的方法,应用概率论和数理统计技术在维修性分配、预计、试验评定等方面取得了系列化研究与应用成果。

20世纪70年代设备的自测试、机内测试以及故障诊断的概念及重要性引起了设备设计师和维修性工程师的关注。电子设备维修性关注的重点已从拆卸及更换转到故障检测和隔离,故障诊断能力、机内测试成为维修性设计的主要内容,机内测试技术成为改善电子设备维修性的重要途径。1975年提出测试性的概念,并在诊断电路设计等领域得到应用。1978年美国国防部专门成立了测试性技术协调小组,负责测试性研究计划的组织、协调和实施。

随着对测试性的深入研究与应用,测试性成为维修性工作的一个重要组成部分,并认识到机内测试和外部测试不仅对维修性设计产生重大的影响,并且也影响到武器装备的寿命周期费用。美国国防部以 MIL - STD - 2165《电子系统及设备的测试性大纲》规定了电子系统及设备在研制阶段应实施的分析、设计及验证要求和方法,标志着测试性开始独立于维修性成为一门新的学科。

20世纪80年代随着传统设计专业计算机辅助设计工具及专家系统的使用,可靠性、维修性、保障性技术方法应用计算机辅助化和智能化的需求凸现。美军依托研究机构大力加强可靠性、维修性、保障性的计算机辅助技术研究,在20世纪90年代中期达到了与机械、电子计算机辅助设计相当的水平。这些工作较好的解决了可靠性、维修性、保障性等技术运用的手段问题,极大地提高了可靠性、维修性、保障性技术应用的深度和广度。

20世纪90年代随着虚拟现实技术和产品数据管理技术的快速发展和广泛应用,维修性工程开始了基于电子样机进行维修性分析评价,以及基于并行工程理念的维修性与产品传统设计过程集成应用阶段。美军先后在F22和F35战斗机上运用虚拟现实技术进行维修性的分析与评价,并取得了显著的成效,大大提高了两个型号的维修性设计水平。

随着人们对环境的关注,20世纪80年代以来,绿色维修的观念越来越得到认可。其对维修性设计也产生了积极影响,减少维修废弃材料对环境损伤和提高资源回收率成为产品设计中给以关注的内容。

近年来,集故障检测、正常工作评估、维修管理等技术一体的故障预测与正常工作管理(PHM)技术得到重视与应用,将故障检测、维修决策、维修资源调配等集成,实现快速维修响应、合理组织维修,使良好的固有维修性转化为有效的使用维修性。如美国智能维护系统(Intelligent Maintenance System IMS),是旨在设备系统"近零故障"(Near - Zero Breakdown)的理念,推动预测性诊断维护及正常工作管理技术应用于工业生产中。智能维护系统的核心技术是对设备和产品的性能衰退过程的预测和评估,对设备或产品进行预测维护,提前预测其性能衰退状态。与故障早期诊断不同的是,智能维护侧重于对设备或产品未来性能衰退状态的全程预测,而不是某个时刻的性能状态诊断。其次,在分析历史数据的同时,智能维护引入了与同类设备进行比较(Peer-to-Peer),及时地调整相应信息传输频度和数量作按需分析,而不是传统意义上简单的数据采样信号传输与分析,更提高了预测和决策准确度。据统计,智能维护技术每年可带动2.5%~5%的工业运转能力增长,可减少事故故障率75%,降低设备维护费用25%~50%。

我国对维修性工程与应用的关注较晚。20世纪70年代后期我国才开始引进国外先进的维修科学,先后翻译出版了美军维修工程和维修性工程的有关重要文献,主要有《维修工程技术》《维修性工程理论与方法》和《维修性设计指导》。20世纪80年代空军以军机使用和维修经验为基础,制定了我国第一套维修性方面的标准 GJB312－1987《飞机维修品质规范》,同时结合美军标和我国装备发展现实,编制了 GJB368－1987《装备维修性通用规范》。这些标准对推动我军军用装备维修性工程的研究与应用产生了良好影响。

20 世纪 90 年代初期我国研究人员总结标准的贯彻实施经验,编著了《维修性工程》,标志着已经初步形成了国内维修性工程的理论和方法体系。随着研究与应用的深入,维修性标准也日趋完善,颁布了 GJB2072－1994《维修性试验与评定》、GJB/Z57－1994《维修性分配预计手册》和 GJB/Z91－1997《维修性设计手册》等重要标准,出版了《维修性设计与验证》等一系列专著,推动了我国维修性工程理论与应用的全面开展。在装备研制中,维修性也开始得到重视,开始提出维修性的定性定量要求,并开展了维修性分配预计、维修性分析和部分维修性演示验证工作。

从 20 世纪 90 年代中后期,我国维修性工程技术研究步入计算机辅助设计与分析技术工作,开发了具有自主知识产权的维修性设计分析软件平台。"十五"开始了"基于虚拟现实技术的维修性设计分析平台"研究,"十一五"开展了"性能与可靠性、维修、测试性、保障性、安全性综合集成平台"的研究与开发。

在国内型号应用过程中,各行业维修性工作发展还很不平衡,存在经验不足、数据缺乏、手段不全等问题,产品设计与维修性设计脱节情况还比较严重。但随着军方对可靠性、维修性、测试性、保障性、安全性的重视和推动,情况正迅速改变。新的技术手段"性能与可靠性、维修性、测试性、保障性、安全性综合集成平台"技术已开始在重点型号推广应用。可以相信,随着认识、技术手段、型号应用经验积累的不断到位与充实,我国装备维修性设计将进入一个全新时期。

1.1.2　维修性与装备质量特性

维修性是产品通用的质量特性之一,反映了任何产品都具有的一种设计属性。维修性与其他特性共同构造了装备的质量特性,如图 1－1 所示。

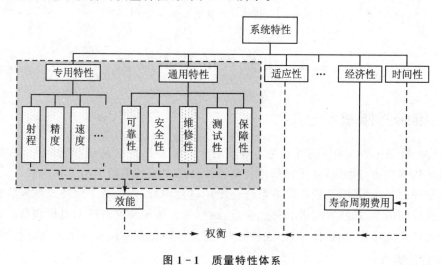

图 1－1　质量特性体系

可靠性、维修性、测试性、保障性和安全性是一般产品都具有的通用特性。它们各自从不同侧面反映了装备的某种质量需求。

可靠性反映装备少故障、长寿命、经济耐用的需要,指产品在规定的条件下和规定的时间内完成规定功能的能力。

维修性反映装备易修、快修、低成本修理的需要,指产品在规定的条件下和规定的时间内,按规定的程序和方法进行维修时,保持或恢复其规定状态的能力。

测试性反映装备可及时诊断、正确诊断、方便诊断的需要,指产品能够及时而准确地确定其状态(可/不可工作、性能下降),并隔离其内部故障的一种设计特性。

保障性反映装备应少保障、得到经济保障的需要,指产品(系统)的设计特性和计划的保障资源,能满足平时战备完好率和战时利用率要求的能力。

安全性反映装备少事故、无危险、低损失的需要,指产品不发生事故的能力。

从维修工作角度,可靠性与维修的频率相关,维修性与维修的时间相关,测试性与维修的故障诊断水平相关,保障性与维修资源要求相关,安全性与维修的安全程度相关。

维修性不是一个孤立的特性,与其他特性有着大量交联与相互影响。图1-2表示从维修性设计角度,维修性同时需要充分考虑其他专业的要求。装备的故障特征影响到维修性关注的重点,装备制造中的工艺特征影响到维修拆装措施的决策,人素工程的特点影响到维修人机交互方式的合理选择,诊断技术的选用影响到维修诊断时间的快慢,综合保障的维修保障方案影响到维修规定的资源条件,安全性的要求影响到维修的安全考虑。

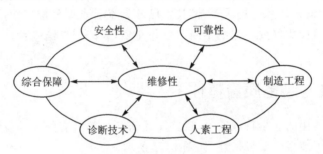

图1-2 维修性与其他专业关联性

1.2 维修性的基本概念

1.2.1 维修的概念与分类

经维修使装备达到100%的可靠是不现实的。当装备出现故障或异常问题时,维修成为解决问题的基本办法与手段,是用户保持装备持续使用中的基本需求与工作内容。

维修是一种工程活动,是指产品或系统在使用过程中,维修人员为保持或恢复装备的可使用状态所进行的活动,如技术保养、修理、改进、翻修等。按照维修开展的时机和目的、方式,维修主要分为修复性维修、预防性维修、战场抢修/应急性维修和专门批准下的改进性维修。

1) 修复性维修

修复性维修指对发生了故障的产品进行修理,使其恢复到所规定的使用状态。人们日常生活中谈论的维修通常指的是修复性维修。修复性维修一般包括准备、故障定位与隔离、分解、更换、结合、调准及检测等活动内容。

2）预防性维修

预防性维修指通过对产品的系统检查、检测和发现故障征兆以防止故障发生,使其保持在规定状态所进行的全部活动。通常是未出现故障下的处理工作,包括按工作时间或日历时间有计划的进行维修,以及产品工作前后的检测工作等,以确保产品保持所规定的状态。典型的预防维修工作类型包括润滑保养、操作人员监控、定期检查、定期拆修、定期更换及定期报废等。

3）战场抢修/应急性维修

战场抢修指在战场环境中为了使已损坏或不能使用的装备暂时恢复到能执行任务的一种维修活动。包括装备使用中(如飞机空中飞行)和停放时受各种武器打击所造成的损伤,以及战时装备故障或人为差错造成损伤实施的快速修理。

应急性维修是一种更广义范围的抢修,指在紧急情况下,采用应急手段和方法使损坏的装备快速恢复必要的功能所进行的突击性维修。战场抢修/应急性维修是一种特殊环境、特殊场合、特殊时间实施的暂时应对性维修,以快速实现必要功能、保证基本安全为目的的一类维修任务。

4）改进性维修

改进性维修指在特别情况下,经过有关责任单位的批准,以提高装备的技术性能,或弥补设计缺陷,或适合特殊用途对装备进行的改装和改进类维修活动。改进性维修实质是改变装备的设计状态,是常规维修的一种延伸。

在日常的使用中,修复性维修和预防性维修是主要的维修任务。图1-3概括反映了修复性维修与预防性维修对装备使用状态的影响关系。

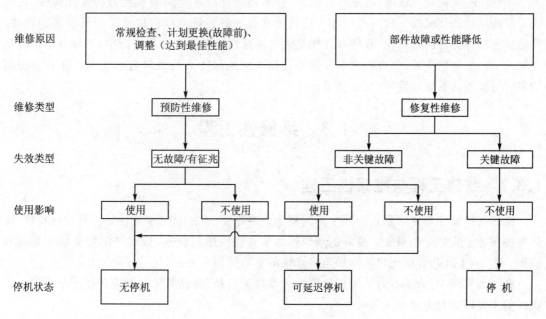

图 1-3　维修与系统工作状态

1.2.2　维修性的定义

在 GJB451A - 2005《可靠性维修性保障性术语》标准中,维修性定义为产品在规定的条件下和规定的时间内,按规定的程序和方法进行维修时,保持或恢复其规定状态的能力。

对于维修性定义中的各项规定和能力,在美国维修性军用手册中做出了一些更具体的说明,指出维修性是产品由规定技术水平的人员,用规定的程序和资源,在各规定的维修级别下进行维修时,保持或恢复其规定状态在时间和资源消耗上相对的快捷和经济。

可以看到,维修性与装备自身设计特性有关,同时与维修资源(含人员)有关。维修性的高低是在规定的维修资源下评价的,而装备最终维修资源的确定与保障性设计密切相关。简而言之,维修性是产品具有的一种便于维修、快速维修和低成本维修的能力。它是由多方面设计特点构成的,包括简化设计、良好可达性、互换性、防差错性等。

根据装备维修性评价的应用需要,维修性还可有多种表达:

1)任务维修性

产品在规定的任务层面中,经维修能保持或恢复到规定状态的能力。

2)固有维修性

通过设计和制造赋予产品的,并在理想的使用和保障条件下所呈现的维修性,也称设计维修性。

3)使用维修性

产品在实际的使用维修中表现出来的维修性,它反映了产品设计、制造、安装和使用环境、维修策略等因素的综合影响。

维修性同其他传统性能、可靠性等特性一样,是一种反映产品固有能力的设计属性,它反映了产品设计和装配的一种内在特性。任何建立起来的装备都存在这种是否好维修的属性,只是有些具有良好的维修性,有些存在比较大的维修性问题。在装备研制中,不管其维修性是自觉或不自觉地赋予的,都直接影响着装备使用中的维修能力与维修资源要求。在装备研制结束后再要改善其维修性,将是既困难且昂贵的。

1.3　维修性工程

1.3.1　维修工程与维修性工程

维修与维修性是密切联系的两个不同概念。维修是一种工作,维修性是一种设计特性,设计特性服务于实际工作需要。良好的维修性为装备使用中的快速、低成本维修提供了基础和前提。表 1 - 1 从几方面比较了维修与维修性的本质差别。

在工程实践中,为了有效的实现维修性和维修的目标,遵循系统工程原理逐渐形成了一套相应的工作理论与方法。

维修性工程是指为了达到产品的维修性要求所进行的一系列设计、研制、生产和试验工作(GJB451A - 2005)。其任务是应用一套系统规范的管理和技术方法,指导与控制装备寿命周期过程中维修性论证、设计和评价,以便实现装备的维修性设计目标。

表 1 - 1　维修与维修性比较

维修性	维修
是一种设计特性。	是一种工作。
内涵:装备在研制过程中,设计人员为把增进维修方便的特性结合到装备设计中所采取的设计措施	内涵:装备在使用过程中,维修人员为保持或恢复装备的可使用状态所采取的工作行为

维修工程是运用系统工程理论和方法,使装备的维修性设计和维修保障系统实现综合优化的工程技术(GJBz20365 - 96)。其任务是应用各种技术、工程技能和各项工作综合以确定维修要求、设计维修技术、规划维修工作,合理科学地组织与实施维修,保证产品能够得到经济有效的维修,实现维修质量与效益的最大化。

维修性工程与维修工程是密切关联的两类工程专业。其关系具体体现为:

① 维修工程规划设计维修技术途径为维修性工程的设计提供依据。维修性工程遵照维修工程所确定的要求,选定其设计特性,并把这些特性结合到装备的设计中;

② 维修性设计评审、试验与评定要与维修工程相结合,以评价设计措施的合理性和有效性。

1.3.2　规范的维修性工作

工程经验表明,做好维修性设计离不开对产品维修的了解。但让所有设计人员都成为维修专家不现实,也没必要。在早期,一件简单产品可以通过某些设计人员的工作经验实现良好的维修性设计,但是,对于现代复杂装备,其研制工作涉及大量人员和单位,部件成千上万,如果没有一套让所有人员和部门统一遵守的维修性工作规范和行为准则,其最终的设计结果是难于控制的。

维修性工作的系统化、科学化涉及管理与技术方面内容,应体现如下基本要求:

① 维修性工作的指导方针;

② 良好的维修性设计原则;

③ 实践证明为正确的规范;

④ 度量维修性的简单方法,使得在设计活动和审查工作中所需要的工作量和复杂性最小;

⑤ 保证把维修性结合到装备内的控制方法;

⑥ 为未来进行统计学分析而采取的数据收集方法,以检查维修性工作的效果;

⑦ 维修性工程师与设计工程师之间的良好联系。

实现维修性工作系统化、规范化的首要途径是规范维修性应开展的工作内容。通过规定必要的工作项目来避免考虑问题和因素的不全面与遗漏,以及健全过程管理控制,最大程度地暴露问题并在设计中给以及时合理地解决。

在武器装备研制中,国军标 GJB368B 中规范维修性工作内容,提出了 5 大系列的维修性工作项目。这些要求虽然针对的是军事装备,但它是国内外相关领域工作经验的良好总结,对其他产品的维修性工作也具有指导意义。

图 1-4 概括汇总了 GJB368B 中规定的工作项目,其中包括 5 大系列、22 个子项:

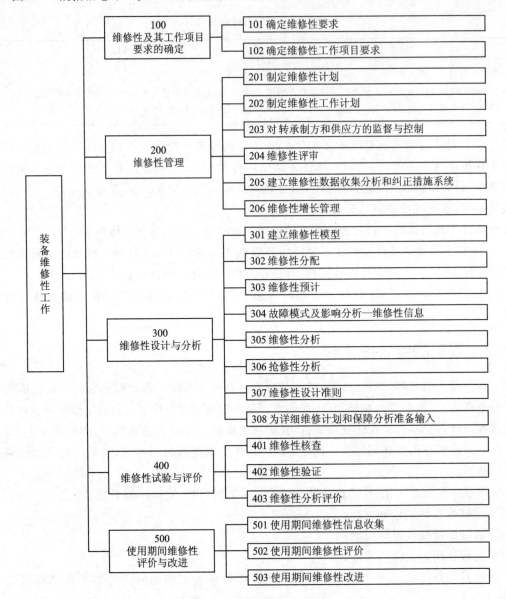

图 1-4 维修性工作项目

1)工作项目 100 系列维修性及其工作项目要求的确定

本项目包括 2 个子项目,其工作目标是论证确定维修性设计要求和工作要求,以明确基本的设计目标和需开展的工作,是整个维修性工作的早期主要工作内容。

2)工作项目 200 系列维修性管理

本项目包括 6 个子项目,分别从计划、监督、控制角度提出了管理工作要求,其目标是有效实施过程控制。

3）工作项目 300 系列维修性设计与分析

本项目包括 8 个子项目,是维修性设计与分析方面的主要技术内容,提出了针对定量和定性设计目标的设计与分析技术途径,其目标是确定合适的维修性设计措施。

4）工作项目 400 系列维修性试验与评价

本项目包括 3 个子项目,规定了多种对维修性设计结果的评价与考核办法,其目标是检验维修性设计问题与验证设计目标的实现程度。

5）工作项目 500 系列使用期间维修性评价与改进

本项目包括 3 个子项目,是进一步评价装备在使用环境中维修性水平并进行再设计以改进工作,其目标是确定装备在真实环境下的维修性表现并实现维修性持续增长。

维修性工作规范的另一方面是将维修性工作有效融入装备研制过程中。维修性不是一个与其他设计无关的独立要求,在系统研制的各个环节都应认真考虑维修性和维修资源需要,并落实到各个设计环节的输出中。图 1-5 展示了维修性各项工作在整个研制过程中的结合关系。

一般而言,装备寿命周期各阶段维修性工作的主要任务是与各阶段的研制目标协调一致的。

① 在论证阶段,装备的订购方依据装备发展的有关规划和装备的特点,结合相似装备的维修性水平与使用要求,论证确定维修性设计要求和制定必要的维修性工作项目要求。

② 在方案阶段,装备的承制方依据订购方提出的维修性要求,制定维修性工作计划,通过初步的维修性分析,明确总体设计要求与相应层次的维修性技术方案。

③ 在工程研制阶段,各专业装备的设计人员依据技术方案和维修性工作要求,全面开展维修性设计分析与权衡评价,反复迭代改进,确定各层次产品的维修性设计细节,落实到最终的产品设计技术状态中。

④ 在生产阶段,装备承制方收集和分析维修性问题,进行维修性试验与评价,不断改进并实现维修性增长。

⑤ 在使用阶段,装备订购方与承制方协作,结合实际使用,不断收集、分析数据和评价维修性水平,进行必要的维修性改进,实行维修性增长。

1.3.3 维修性的设计分析流程

维修性设计与验证是反复迭代、不断完善的工程过程。其内在的核心过程是明确问题与要求、分析问题与措施、落实设计措施的反复循环。图 1-6 总体表达了维修性设计与验证工作内在的工作流关系。其中,维修性分析是关键,通过分析明确需求和问题,以及权衡评价各类设计措施,可为设计人员最终作出设计决策提供有效依据。

根据系统工程思想和国内外维修性工程的实践,维修性设计与验证须遵守一些基本的工作原则,从而使维修性工作能够取得更好的成效。

1）明确要求,了解约束

国内外的工程实践屡次证明,一些产品的维修性不好,并不是"做不好",而是"没想到"。实际上就是没有把维修性要求和有关使用与维修的约束条件说清楚。而明确要求及了解约束

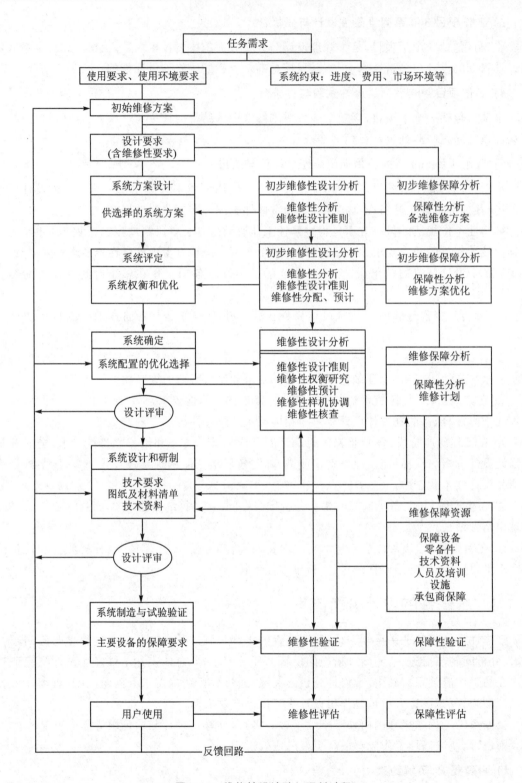

图 1-5 维修性设计融入研制过程

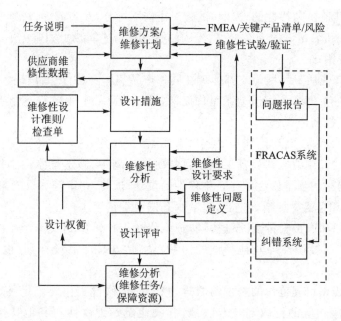

图 1 - 6　维修性设计与验证过程

条件是维修性设计的起点,是设计工作的目标方向。

① 维修性要求和约束条件是设计的依据;

② 明确要求和约束条件是确定维修性设计重点的基础;

③ 明确要求和约束条件是分析和找出设计缺陷的依据;

④ 明确要求和约束条件设计权衡的重要依据。

为了全面、深入并正确地明确用户要求,要注意以下方面:

① 订购方提出的维修性要求是承制方明确要求的主要依据。订购方在要求论证中涉及的依据与可行性分析,同类产品维修性水平分析,产品寿命、任务剖面及其他约束条件分析,维修性考核要求等都是承制方明确要求和约束的依据;

② 承制方要全面了解订购方的要求,不宜局限于定量指标的争执,而要包括对定性要求、工作项目要求、考核要求的全面理解。当指标分阶段给出时,要掌握其全部情况,以便在设计中充分考虑用户的最终要求,在初步设计中就为维修性增长创造条件;

③ 对维修性要求和约束条件作深入分析,包括必要的维修性分配、预计,进而明确维修性设计的重点和难点、必需的保障条件。为了加深设计人员对维修性要求及使用维修约束的了解,设计人员到部队实地考察乃至参加装备维修工作是十分有益的;

④ 明确和理解维修性要求及约束条件是一个过程。随着设计的深入,对维修性要求和约束条件的理解还需逐步深化,并作为进一步设计的基础。

2) 系统综合,同步设计

维修性作为产品的一项质量特性,应把维修性工程纳入研制过程的系统工程中,进行系统综合和同步设计。强调维修性与其他质量特性系统综合、同步设计原因在于:

① 维修性同传统设计性能(固有能力)、可靠性、测试性、保障性、安全性等都是产品效能和寿命周期费用的主要影响因素,相互间存在关联影响,权衡考虑同步设计成为必要;

② 维修性与其他质量特性的设计和试验工作密不可分,互为前提,特别是与可靠性、测试性、保障性、安全性和热塑工程人素工程。只有同步协调,才能减少和避免不必要的重复,缩短研制周期和节省费用;

③ 维修性与其他质量特性最终都体现在同一产品实体上,由产品设计人员来落实。而这些质量特性可能具有矛盾。比如,要求维修简便,最好普遍采用插接,而插接则不那么牢固、可靠,需要同步设计、权衡考虑。

为实现系统综合、同步设计,应当做到以下几点:

① 要把维修性工作纳入到装备工程项目的研制计划中,制定维修性工作计划时,应按照工程项目计划来安排各项维修性工作。维修性的设计、试验、评审等如果能与整个工程项目设计、试验、评审结合的,要尽量结合进行,以减少和避免重复工作;

② 在工程组织和人员安排上充分协调,把维修性工作落实到具体产品的设计人员,由他们在具体产品上实现维修性与其他特性的协调,做到"既是产品设计师,也是产品维修性设计师";

③ 要遵循工程项目规范化的技术与管理途径,使维修性工作规范化、标准化。结合具体工程项目,贯彻实施相应的行政与技术法规,有效地做到维修性与其他特性系统综合、同步设计。

3) 早期投入,预防为主

产品维修性主要取决于系统的总体结构、各单元的配置与连接、标准化和模块化程度等,并与故障检测隔离及维修方案有关,故维修性设计要从早期抓起,从系统抓起。若仅仅提出维修性设计要求,而不在研发早期进行维修性设计,等到设计定型,乃至试制样机阶段再进行相关设计分析,此时由于设计周期及研发成本限制,对存在的维修性问题也往往难以解决。

强调早期投入,就是在设计备选方案时不但要考虑到规定的传统性能指标,而且要考虑到实现维修性要求,使整个产品维修性有一个好的起点。

为了预防和减少设计的缺陷和反复,要充分利用已有的正反面教训,特别是了解现有装备的设计缺陷,避免这些缺陷在新产品中重现,并注意利用已证明有效的成熟设计技术。当为提高产品性能采用某些新技术新结构时,要对这些新技术新结构可能影响维修性的风险做出估计,采取相应措施。

4) 纠正缺陷,实施增长

维修的任务是预防故障、排除故障。而故障带有很大的不确定性,其暴露往往要有一个过程。因此,尽管作了很大的努力,也不可能使新产品不存在维修性设计缺陷,相应的一些深藏的维修性问题还会随着研制进展不断暴露出来。这就需要通过试验、试修和实际维修的实践,不断发现设计缺陷,收集和分析问题,采取措施纠正设计缺陷,使产品的维修性不断得到提高。

发现维修性设计缺陷的主要途径有:

① 维修性设计评审;

② 维修性试验、演示,包括虚拟演示试验;

③ 维修性分析;

④ 部署使用中的维修、试验等。

对于发现的问题要进行分析,主要包括:

① 产品维修性设计缺陷对系统维修性的影响程度；

② 设计缺陷的原因、责任；

③ 可采取的纠正措施及其可行性，纠正措施的验证方法等。

对于发现的维修性设计缺陷，可采取以下的改进（纠正）措施，并经过验证。

① 改进产品设计特征，如改善产品的可达性、测试性、操作性等；

② 改进产品的保障条件，如增加或改进所用工具、测试设备等；

③ 当其他设计途径不可行而又必须时，应改进该产品可靠性，降低故障率。

习题 1

一、判断题

1. 维修性定量要求应按不同的装备层次（系统、分系统等）和不同的维修级别分别给以规定，当未指明维修级别时，则应认为是针对 LRU 级提出的定量要求。（　　）

2. 维修与维修性是密切联系的两个不同概念，维修性是一种工作，维修是一种设计特性，设计特性服务于实际工作需要。（　　）

3. 维修性设计分析与验证是反复迭代、不断完善的工程过程。（　　）

4. 任务维修性指产品在规定的任务剖面中，经维修能保持或恢复到规定状态的能力，它反映了产品设计、制造、安装和使用环境、维修策略等因素的综合影响。（　　）

5. 装备研制阶段早期的少量费用投入只决定装备寿命周期费用的一小部分。（　　）

6. 随着研制工作的推进，给以设计调整或改进的自由度越来越大。（　　）

7. 维修性工程规划设计维修性技术途径，为维修工程的设计要求提供依据，维修工程遵照维修性工程所确定的要求，选定其设计特性，并把这些特性结合到装备的设计中。（　　）

8. 在论证阶段，装备的订购方依据装备发展的有关规划和装备的特点，结合相似装备的维修性水平与使用要求，论证确定总体设计要求与相应层次的维修性技术方案。（　　）

9. 维修性设计分析与验证的内在核心过程是明确问题与要求、分析问题与措施、落实设计措施的反复循环。（　　）

10. 使用维修性是指产品在规定的任务剖面中，经维修能保持或恢复到规定状态的能力。（　　）

二、选择题

1. 在维修性设计分析与验证基本过程中，（　　）是关键，可为设计人员最终做出设计决策提供有效依据。

   A. 维修性分析　　　　　　　　　　　B. 设计措施

   C. 设计评审试验验证　　　　　　　　D. 维修计划

2. 维修性设计与分析不包括（　　）。

   A. 建立维修性模型　　　　　　　　　B. 维修性分配

   C. 维修性预计　　　　　　　　　　　D. 维修性分析评价

3. 下列关于设计与寿命周期费用影响错误的是（　　）。

   A. 研发费用只存在于方案和技术设计周期内

   B. 设计自由度随着寿命周期中时间的增加费用比率逐渐升高

C. 使用保障费用只存在于生产制造、使用和报废阶段

D. 寿命周期包括：方案、技术设计、生产制造、使用和报废五个阶段

4. 可靠性、维修性、保障性和测试性从不同侧面反映了装备的某些质量需求，以下说法错误的是（　　）。

A. 维修性指产品在规定的条件下和规定的时间内，按规定的程序和方法进行维修时，保持或恢复其规定状态的能力

B. 保障性是指产品（系统）的设计特性和计划的保障资源，能满足平时战备完好率和战时利用率要求的能力

C. 可靠性指产品不发生事故的能力，反映装备少事故、无危险、低损失的需要

D. 测试性指产品能够及时而准确地确定其状态，并隔离内部故障的一种设计特性

5. 维修性工程与维修工程是密切相关的两个不同概念，有以下说法：

(1) 维修是一种工作，维修性是一种设计特性；

(2) 维修性的实现是通过装备在研制过程中，维修人员为把增进维修方便的特性结合到装备设计中所采取的设计措施；

(3) 维修性工程遵照维修工程所确定的要求，选定其设计特性，并把这些特性结合到装备的设计中；

(4) 维修性设计评审、试验与评定要与维修工程相结合，以评价设计措施的合理性和有效性；

(5) 维修性工程规划设计维修技术途径，为维修工程的设计要求提供依据。

其中正确的是（　　）。

A. (1)(2)(3)　　　　　　　　　　B. (1)(3)(4)

C. (2)(3)(5)　　　　　　　　　　D. (3)(4)(5)

6. 装备的维修工作与其通用特性息息相关，以下说法正确的是（　　）。

A. 维修的安全程度与安全性有关　　B. 维修的频率与维修性相关

C. 维修的时间与可靠性有关　　　　D. 维修的资源要求与测试性有关

7. 维修性的核心是_____。

A. 训练有素的维修人员　　　　　　B. 产品设计问题

C. 及时的保障资源支持　　　　　　D. 维修的环境

8. 将下列标准与其编号对应：《维修性试验与评定》_____、《维修性分配预计手册》_____、《维修性设计手册》_____、《装备维修性通用规范》_____。

A. GJB 368—1987　　　　　　　　B. GJB 2072—1994

C. GJB/Z 57—1994　　　　　　　　D. GJB/Z 91—1997

三、填空题

1. 可用性是指系统在任一随机时刻需要和开始执行任务时，处于_____的程度，其概率度量称为_____，是装备的系统效能的重要组成。

2. 恢复功能用的（MTTRF）仅是在_____内排除致命性故障时间的平均值，是_____，主要反映装备对任务成功性的要求。

3. 平均修复时间（MTTR）是产品维修性的一种基本参数。其度量方法为：在规定的条件下和规定的时间内，产品在任一规定的维修级别上，_____与该级别上被修复产品的

故障总数之比。

4. 预防性维修只通过对产品的_____、_____和_____以防止故障发生,使其所进行的全部活动正常进行。

5. 按照维修开展的时机、目的和方式,可以将维修分为_____、_____、_____、_____。

6. 影响维修质量和效率的因素主要涉及以下几个方面:

(1)_____　(2)_____　(3)_____

(4)_____　(5)_____　(6)_____

(7)_____。

7. 修复性维修一般包括_____、_____、_____、_____、_____、_____等活动内容。

维修性定义为:_____。

维修性设计与验证的基本工作原则包括_____、_____、_____、_____。

维修性是装备(系统)的基本属性之一,是与装备的维修密切相关的设计特性,反映了装备是否具有_____、_____、_____的能力。

四、问答题

1. 简述装备维修性工作包括哪些步骤。

2. 维修性工作的系统化、科学化体现的基本要求有哪些?请具体说明。

五、计算题

某飞机一年内工作 6 000 h,共进行了 8 次维修。其中,5 次是预防性维修,每次维修工作耗时 10 h;3 次是故障性维修,每次维修工作耗时 20 h,且每次维修需要额外的 5 h 行政和后勤时间。求该飞机的使用可用度。

第 2 章　维修性要求

2.1　概　述

维修性要求是装备作战使用要求的重要组成部分,它是开展装备维修性设计与分析、试验与评价的依据。维修性要求反映了使用方对产品应达到的维修性水平的愿望,是维修性设计的起点和目标。维修性要求在产品设计之前就应该明确,维修性要求可以分为两大类:第一类是定性要求,即用一种非量化的形式设计以保障产品的维修性水平;第二类是定量要求,即规定产品的维修性参数、指标和相应的验证方法。这两个方面的要求全面描述了进行维修性设计所要达到的具体目标。除了定性要求和定量要求外,如考虑对设计单位的监督和管理要求,使用单位还可以提出装备维修性的工作要求。

确定装备的维修性要求首先应进行需求和可行性的权衡分析。维修性要求过高,必将需要采用更为先进的故障检测方法和手段,致使系统的研制费用提高,设备的重量增加,而且还可能因设计上过于复杂化,出现可靠性下降的趋势。反过来,维修性要求过低,又会增加系统的不能工作时间,使维修保障费用增多,还可能影响预定任务的完成。为此,确定装备的维修性要求需要综合权衡,使用户提出的要求既符合客观使用需求,又与当前我国的技术水平、研制经费及进度等条件相协调。

2.2　维修性要求的作用

产品的维修性是在使用阶段的维修过程中体现的质量特性,因而在产品研制过程中,维修性往往不能像某些性能要求和参数易于掌握。明确了解使用方的维修性要求及有关使用维修的约束条件是承制方进行维修性设计的起始点。这些要求及约束条件的主要作用是:

① 维修性要求和约束条件是设计的依据,只有把定量指标和定性要求转化为维修性技术途径,并落实到各层次产品设计中,维修性目标才能实现;

② 明确维修性要求和约束条件是确定维修性设计重点的基础。例如,某产品研制中通过分析用户提出的维修性要求,把实现模件化、电子系统自检等作为设计重点,比较好地解决了技术难度大及历来没有解决的难题;

③ 明确维修性要求和约束条件是分析和找出设计缺陷的基础;

④ 维修性要求和约束条件是指标权衡和方案权衡的重要依据。

2.3　维修性设计要求

2.3.1　维修性定量要求

维修性定量要求是确定装备的维修性参数、指标及验证方法,以便在设计和使用过程中用量化的方法评价装备的维修性水平。作为度量维修性水平的尺度,各种选定的维修性参数必须是能够反映出装备的战备完好性、任务成功性、保障费用和维修人力费用等方面的目标或约束条件,应能体现出对保养、预防性维修、修复性维修和战场抢修等方面的考虑。维修性定量要求应按不同的装备层次(系统、分系统等)和不同的维修级别分别给以规定。当未指明维修级别时,则应认为是针对基层级提出的定量要求。

装备常用的维修性参数包括时间参数和维修费用参数等,如平均修复时间、维修工时、维修费用和任务等相关的参数。对于不同类型的装备,出于不同方面的考虑,针对具体的装备运行特点,适合的维修性参数和指标不尽相同。典型的维修性参数有:

1. 维修参数

1) 平均修复时间(MTTR 或 T_{ct})

平均修复时间既是产品维修性的一种基本参数,又是一种设计参数。T_{ct} 是指在规定的条件和规定的时间内,产品在任一规定的维修级别上,修复性维修总时间与该级别被修复产品的故障总数之比。简单地说,就是排除故障所需实际时间的平均值,即产品修复一次平均所需的时间。修复性维修时间包括准备、检测诊断、换件、调校、检验及原件修复等时间,而不包括由于管理或后勤供应原因的延误时间。其统计学公式为

$$T_{ct} = \int_0^\infty t m(t)\, dt \qquad (2-1)$$

实际工作中使用其观测值,即修复时间 t 的总和与修复次数 n 之比为

$$T_{ct} = \sum_{i=1}^n \frac{t_i}{n} \qquad (2-2)$$

当产品有 n 个可修复项目时,平均修复时间用下式计算

$$T_{ct} = \sum_{i=1}^n \lambda_i T_{cti} \Big/ \sum_{i=1}^n \lambda_i \qquad (2-3)$$

式中:λ_i 为第 i 项的故障率;

T_{cti} 为第 i 项的平均修复时间。

T_{ct} 是维修性的基本度量,它表示一次非计划维修经历时间的平均值,是产品维修性设计的基本度量参数。它可以用来度量装备、系统、分系统、设备及部件因修复性维修而不能工作的时间。在选用 T_{ct} 时,应当注意它的维修级别,当没有明确维修级别时,通常是指基层级。

2) 恢复功能时间(MTTRF 或 T_{mct})

恢复功能时间是与任务成功有关的一种维修性参数。其度量方法为:在规定的任务剖面和规定的维修条件下,产品发生致命性故障的总修复性维修时间与致命性故障总数之比。简单地说,就是排除致命性故障所需实际时间的平均值。致命性故障是指那些使产品不能完成

规定任务、或可能导致人或物重大损失的故障或故障组合。

T_{ct} 和 T_{mct} 都是维修时间的平均值,但两者反映的内容不同,T_{ct} 是在寿命层面内排除所有故障时间的平均值,是维修性的参数,主要反映装备的战备完好性和对维修人力费用的要求。而 T_{mct} 仅是在任务层面内排除致命性故障时间的平均值,是任务维修性参数,主要反映装备对任务成功性的要求。

3）最大修复时间（T_{maxct}）

T_{maxct} 是指在规定的维修级别上,达到规定维修度所需要的修复时间。它不包括供应和行政管理延误时间。

最大修复时间是指平均修复时间的函数。其统计学公式为

$$T_{maxct} = f(T_{ct}) \tag{2-4}$$

根据维修时间的分布不同,其表达形式也有所不同,详见本书第 3 章。

4）预防性维修时间（T_{pt}）

预防性维修时间是对产品进行预防性维修工作所需要的时间。预防性维修时间有平均值（$\overline{T}_{pt}$）、最大值（T_{maxpt}）。各级预防性维修所用的时间差别很大,维修所需的条件也不相同。预防性维修时间不包括装备在工作的同时进行维修作业时间,也不包含供应和行政管理延误的时间。其计算方法与修复时间相似,但应以预防性维修频率代替故障率,预防性维修时间代替修复性维修时间。

平均预防性维修时间 $\overline{T}_{pt}$ 是每项或某个维修级别一次预防性维修所需时间的平均值。其计算公式为

$$\overline{T}_{pt} = \sum_{j=1}^{m} f_{pj} \overline{T}_{pti} \Big/ \sum_{j=1}^{m} f_{pi} \tag{2-5}$$

式中：f_{pj} 为第 j 项预防性维修的频率,指日维修、周维修或年预防性维修等的频率；

$\overline{T}_{pti}$ 为第 j 项预防性维修的平均时间。

根据使用需求也可以直接用日维修时间、周维修时间或年预防维修时间作为维修性参数。

5）平均维修时间（$\overline{T}$）

平均维修时间是将修复性维修时间和预防性维修时间结合起来综合考虑的一种与维修方法有关的维修性参数。其度量方法为：在规定的条件下和规定的时间内产品预防性维修和修复性维修总时间与该产品计划维修和非计划维修事件总数之比,即

$$\overline{T} = (\lambda T_{ct} + f_p \overline{T}_{pt})/(\lambda + f_p) \tag{2-6}$$

式中：λ 为产品的故障率；

f_p 为产品的预防性维修频率。

6）每小时工作直接维修工时（DMMH/OH）

每小时工作直接维修工时是度量直接维修人力的一种维修性参数。其度量方法为：在规定的条件和规定的时间内,产品直接维修工时总数与该产品寿命单位总数之比。

7）维修工时率（M_I）

维修工时率 M_I 是与维修人力有关的维修性基本参数。其度量方法为：在规定的条件和规定的时间内,产品维修工时总数与该产品寿命单位总数之比,即

$$M_I = M_{MH}/O_h \tag{2-7}$$

式中：M_{MH} 为产品在规定使用时间内维修工时数；

O_h 为产品在规定时间内的工作小时数或寿命单位总数。

维修工时参数也有用保养工时率，即每次保养所需工时。

在上述众多的维修性参数中，最常用和基本的参数为平均修复时间（MTTR）、每小时工作直接维修工时（DMMH/OH）和维修工时率（M_1）。

为了准确地表达维修性参数中规定条件的含义，明确是在什么条件下提出的要求，GJB1909.1《装备可靠性与维修性参数选择和指标确定要求总则》将维修性参数分为两类，即使用参数和合同参数。

2. 二类参数

1）使用参数

使用参数是直接反映对装备使用需求的维修性参数。使用部门总是从实战需要来提出对装备的需求，更习惯于用使用参数，认为这样的术语最能表达对装备维修性的要求，使用参数的量值称为使用指标。使用值是在实际使用条件下表现出的维修性参数值。使用参数中往往包含了许多承制方无法控制的使用中出现的随机因素，如行政管理和供应等方面的延误。装备的实际维修时间，常受这些延误的影响。因而使用参数和使用指标不一定直接写入合同。只有承制方能够控制的参数和指标才能写入合同。

2）合同参数

合同参数是在合同或研制任务书中表述订购方（使用方）对装备维修性要求的，并且是承制方在研制与生产过程中能够控制和验证的维修性参数，合同参数的量值称为合同指标。

维修性的使用参数、使用指标与合同参数、合同指标是在不同场合中使用的。使用方或订购方在装备论证时用使用参数、使用指标提出要求，应与承制方协商转换变为合同参数、合同指标，才能写入合同或研制任务书中。经过协商，明确定义及条件，则某些使用参数及指标也可以作为合同写入。

2.3.2　维修性定性要求

维修性定性要求是为了使产品维修快速、简便、经济而对产品设计、工艺、软件及其他方面提出的要求。维修性定性要求与维修性定量要求间存在着紧密的互补关系，定性要求反映了那些无法或难于定量描述的维修性要求，它基于确保产品便于维修这一基本点，从不同方面考虑出发，提出了设计产品时应予实现的特点，或者说产品应具有的便于完成维修工作的设计要素。一般包括可达性、标准化和互换性、单元体和模块化、防差错标记、维修安全和人素工程等方面的要求。

1）良好的可达性

可达性是维修时接近产品不同组成单元的难易程度，也就是接近维修部位的难易程度。维修部位看得见、够得着，不需要拆装其他单元或拆装简便，容易达到维修部位，同时具有检查、修理或更换所需要的足够空间，就是可达性好的具体表现。在实现了机内测试和自动检测以后，可达性不好往往是延长维修时间的主要因素，因此良好的可达性是维修性的首要要求，所有需要进行维护、检查、拆卸或更换的设备，应便于维修人员接近和实施维修工作。

2）提高标准化和互换性程度

标准化、互换性和通用化，不仅有利于产品的设计和生产，而且也使产品维修简便，能显著减少维修备件的品种和数量，简化保障，降低对维修人员技术水平的要求，大大缩短维修工时。例如，美军 M1 坦克由于统一了接头、紧固件的规格等，使维修工具由 M60 坦克的 201 件减为 79 件，大大减轻了后勤负担，同时也有利于维修的机动。设计时应最大限度地采用国家标准、国家军用标准、行业标准中所列的标准件。

3）具有完善的防差错措施及识别标记

维修中防差错措施及识别标记作用很大。如果产品设计中没有防差错措施和识别标记，对外形相似、大小相近的零部件，维修时则容易发生装错、装反或装漏等问题，在采购、储存、保管、请领、发放中也常常搞错，轻者会重购、重领、返工而拖延维修及管理时间，重者则会发生严重事故，甚至会造成人员伤亡及设备损坏。设计人员不能只强调操作手和维修人员应有责任心而疏忽设计防范，而是必须在设计上采取措施，确保不出差错，装备上的各种标记应能准确的识别所标的机件和可能存在的危险。

4）维修安全性

维修安全性是指避免维修活动时人员伤亡或设备损坏的一种装备的设计特性。它比使用时的安全更复杂、涉及的问题更多。例如，设备处于部分分解状态又带故障的情况下，在部分运转以检查排除故障时要考虑安全问题，维修人员在带电情况下工作应保证不会遭受电击、机械损伤以及有害气体、辐射等伤害，这是产品设计时必须考虑的维修性问题之一。

5）对贵重件的可修复性要求

贵重件应具备在其发生磨损、变形或有其他故障模式后修复原件的特性。例如，可将其设计成可调整的、可局部更换的组合形式，设计专门的修复基准等。

6）减少维修内容和降低维修技能要求

减少维修项目，降低故障率，将产品设计成不需要或很少需要预防性维修的结构，如设置自动检测，自动报警装置，改善润滑、密封装置，防止锈蚀减缓磨损等，以减少维修工作量。减少复杂的操作步骤和修理工艺要求，如尽量采用换件修理或简易的检修方法等使维修简便，以缩短维修时间，缩短维修人员培训期限。这些都要从产品设计时加以考虑。

7）人素工程要求

维修的人素工程是研究人的各种能力（如体力、感观力、耐受力、心理容量）、人体尺寸等因素与装备维修的关系，以及如何提高维修工作效率、质量和减轻人员疲劳等方面的问题。

维修时维修人员应有良好的工作姿势，周围需要低的噪声、良好的照明、合适的工具、适度的负荷强度，才能提高维修人员的工作质量和效率，这是维修性设计时不可忽视的问题。

2.3.3 维修性要求确定

1. 维修性参数选择的依据

① 装备的使用（作战）需求是选择维修参数时要考虑的重要因素。对于常年战备值班的装备（如警戒雷达，通信装备），首先选择反映战备完好性的维修性参数；对于执行任务中停机

会严重影响作战任务完成的装备(如坦克、火炮等),首先选择反映任务相关的维修性的参数;对于维修费用高,花费人力多的装备要注意选择反映维修人力和保障费用的参数。

② 装备的结构特点是选定参数的重要因素。各类装备都应根据本装备的特点选择适合的参数。如机械装备,维修和拆卸、更换、原件修复和预防性维修和拆洗、更换时间的有关参数。光机电结合的装备,检查、校正所占维修时间比例大,所以要选择控制检查校正时间的维修性参数。

③ 维修性参数的选择要和预期的维修方案结合起来考虑。维修级别的划分、维修资源的约束会影响维修性参数的选择。如果装备预期的维修方案是在部队基层级完成全部维修作业,基层级不能修复的装备则报废,那么维修性参数就选择能反映基层级维修性要求的参数。

④ 选择维修性参数时必须同时考虑指标如何考核和验证。指标无法考核和验证的参数只能作为使用参数,不能作为合同参数。只有经过适当转换、能够考核和验证的参数才能作为合同参数。

2. 维修性指标的确定

选择维修性参数后,就要确定指标。需要注意的是:一方面,过高的指标(如要求维修时间过短)则需要采用高级技术、高级设备、精确的故障检测、隔离方法并负担随之而来的高额费用;另一方面,过低的指标将使装备的停机时间过长,降低装备的战备完好性和任务成功性,不能满足使用要求,同时也达不到降低保障费用的目的。

因此在确定指标之前,使用方(含保障部门)和承制方要进行反复评议。使用部门从战场情况的需要提出适当的最初要求,通过协商使指标变为现实可行。既能满足使用需求,降低寿命周期费用,设计时又能够实现。通常使用指标应有目标值和门限值,合同指标应有规定值和最低可接受值。

1) 维修性指标的目标值、门限值和规定值、最低可接受值

(1) 目标值与门限值

① 目标值是装备需要达到的使用指标。这是使用部门认为在使用条件下满足作战需求期望达到的要求值。是新研装备维修性要求应达到的目标,故称目标值。它是确定合同指标规定值的依据。

② 门限值是装备必须达到的使用指标。这是使用部门认为在使用条件下,满足作战需求的最低要求值。比这个值低,装备将不适用于作战,或难以完成任务,这个值是一个门限,故称为门限值。它是确定合同指标最低可接受值的依据。

(2) 规定值与最低可接受值

① 规定值是合同或研制任务书中规定的、装备需要达到的合同指标。它是承制方进行维修性设计应该达到的要求值。它是由使用指标的目标值依据装备的类型、使用和保障条件,按订购方与承制方协商的转换方法确定。

② 最低可接受值是合同或研制任务书中规定的、装备必须达到的合同指标。它是承制方研制装备必须达到的最低要求,是订购方进行考核或验证的依据。最低可接受值由使用部门的门限值转换而来。

2) 维修性指标确定的依据

确定维修性指标通常要依据下列因素:

① 使用需求是确定指标的主要依据。维修性指标特别是维修持续时间指标,首先要从使用或作战的需求来论证和确定。维修性不只是维修部门的需要,首先是作战使用的需要。例如各种枪、炮及其火力控制系统的维修停机时间会影响作战,削弱部队战斗力。因而应从不影响作战或影响最小的原则来论证和确定允许的维修停机时间。以国外某一小口径高炮为例,该种火炮是用于对低空目标射击的。射击中发生的致命性故障应尽量在阵地修复。假设敌机袭击以每小时 2~6 个批次,即平均间隔 10~30 min 袭击一次。要保证不影响作战,前一批敌机袭击时火炮出现故障的绝大部分(95%以上)能在下一批敌机再犯之前排除,故其最大修复时间可取为 8~28 min。从最坏情况考虑取最大修复时间为 8 min。由于平均修复时间大约为最大修复时间的 1/3~1/2,故该炮恢复功能用的修复时间为 2.5~4 min。这里使用需求是一个大的概念,除作战外还可以从行军、执勤、训练等多方面加以考虑。

② 国内外现役同类装备的维修性水平是确定指标的主要参考值。详细了解现役同类装备维修性已经达到的实际水平,是对新研装备确定维修性指标的起点。新研装备一般来说维修性指标应优于同类现役装备的水平。在维修性工程实践经验不足,有关数据较少时,借签国外同类装备的数据资料作参考也是十分重要的。

③ 预期采用的技术可能使产品达到的维修性水平是确定指标的又一重要依据。采用现役装备成熟的维修性设计能保证达到现役装备的水平。针对现役同类装备的维修性缺陷进行改进就可能达到比现役装备更高的水平。国外某型雷达原来的平均修复时间是 1 h,新改进型提出全机采用插件电路板和模块化更换单元,提高机内测试能力,能把故障隔离到 1~2 个可更换的电路板或模块,并能迅速更换,故将平均修复时间的指标提高到 0.5 h。

④ 现行的维修保障体制、维修职责分工及各级维修时间的限制是确定指标的重要因素。军队装备维修保障体制是从实战需要建立的。一般情况下装备的维修性应符合现行装备管理的要求,适应现行管理体制,以免增加部队管理的额外负担。例如美军规定连抢修组只负责 2 h 内的装备维修,需要更长时间的修理就后送。原苏军规定连只负责 10~15 min,营负责 30~60 min,团、师负责 1~1.5 min 昼夜的修理。因而装备维修持续时间指标在各维修级别应在规定的范围内。

⑤ 维修性指标的确定应与可靠性、寿命周期费用、研制进度等多种因素进行综合权衡。尤其是可靠性与维修性关系十分密切,在确定维修性指标时往往通过满足作战需求的可用度来进行权衡。例如,固有可用度为

$$A_i = \frac{T_{\text{BF}}}{T_{\text{BF}} + T_{\text{CT}}} = \frac{1}{1 + \dfrac{T_{\text{CT}}}{T_{\text{BF}}}} = 1/(1 + M_{\text{TUT}}) \qquad (2-8)$$

式中:T_{BF} 为平均故障间隔时间 MTBF;

M_{TUT} 为 $T_{\text{CT}}/T_{\text{BF}}$

从式(2-8)可以看出,只要 M_{tut} 相同,可用度就相同。因此在满足要求的固有可用度的条件下,可以适当地在可靠性和维修性之间进行权衡。也就是说,若可靠性的 T_{BF} 增大,维修性可以降低使 T_{CT} 放宽;若可靠性低,则维修性必然提高,使 T_{CT} 减少方能保持 A_i 不变。

对新研制的装备确定指标时,首先应考虑提高可靠性增大平均故障间隔时间,以减少停机时间和维修工作量;当提高可靠性受到技术、研制周期以及费用等原因制约或者不合算时,则应从改善维修性考虑,提高对维修性的要求,减少平均修复时间。

3）维修性指标确定的要求

在论证阶段,订购方一般应提出维修性指标的目标值和门限值,在制定合同或研制任务书时,应将其转换为规定值和最低可接受值。订购方也可以提出一个门限值和最低可接受值,作为考核或验证的依据。这种情况下承制方应另立比最低可接受值要求更严的设计目标值作为设计的依据。

在确定维修性指标的同时还应明确与该指标有关的因素和约束条件。这些因素是明确指标时不可缺少的说明,否则指标将是不明确的,且难以实现的。与指标有关的因素和约束条件主要有:

① 装备的寿命层面。这是确定装备维修性的环境条件。不明确寿命层面,维修性指标的含义就不清楚。

② 装备的任务层面。这也是确定装备任务维修性的环境条件。不明确任务及其致命性故障判别准则,任务维修性的含义就不清楚,无法统计排除哪些故障的时间是恢复功能用的时间。

③ 预定的维修方案。维修方案中包括维修级别、维修任务的划分以及维修资源等。装备的维修性指标在规定的维修级别和维修保障条件下,其指标要求是不同的。没有明确维修方案,指标就没有实际意义。

④ 维修性指标的考核或验证方法。仅提出维修性指标,而没有规定考核或验证方法,这个指标也是起不到效果的。因此必须在合同附件中说明这些指标的考核或验证方法。

⑤ 考虑到维修性也有一个增长过程,也可以在确定指标时分阶段规定应达到的指标。例如,规定设计定性时一个指标,又规定生产定型时一个好一些的指标,在使用中评价时,规定一个更好的指标。维修性的优劣主要取决于总体布局、连接、标准化等设计因素。因此,一旦设计确定后,在生产和使用阶段维修性指标增长是有限的。

⑥ 确定指标时,还要特别注意指标的协调性。当对装备或对装备及其主要分系统、装置同时提出两项以上维修性指标时,要注意这些指标间的关系,要相互协调,不要发生矛盾。包括指标所处的环境条件和指标的数值都不能矛盾。维修性指标还应与可靠性、安全性、保障性等指标相协调。如果有矛盾应进行综合权衡,选定适当的指标。

4）使用指标与合同指标的转换

使用指标转换为合同指标,通常利用回归模型转换。

转换模型有线性模型和非线性模型,分别为

$$y = a + bX \qquad\qquad (2-9)$$

$$y = kx^{a} \qquad\qquad (2-10)$$

式中:y 为合同指标;X 为使用指标。

a、b、k、a 为均为考虑产品复杂性、使用环境和维修级别等因素的转换系数或指数,通常可根据相似产品的统计数据,用回归分析的方法确定。

此外,还可采用专家估计法。邀请一定数量(10 人左右)对装备维修有经验的专家,根据他们各自的经验将使用指标转换为合同指标。主持者再将各人转换的结果求出平均值,经归整作为合同指标。

这种方法简单易行,且能迅速得出结果。在缺少统计资料的情况下可参考使用。但选择专家时一定要有代表性,要选对装备维修性设计和对装备使用与维修有经验的专家。否则会有较大的误差,所选定的合同指标就不能真正满足使用需求。

3．维修性定性要求的确定

恰当地提出维修性定性要求,是搞好产品维修设计的关键环节。

对产品维修性的一般要求,按照 GJB368B 及本类产品的专用规范和有关设计手册提出。更重要的是,要在详细研究和分析相似产品维修性的优缺点,特别是相似产品不满足维修性要求的设计缺陷的基础上,根据产品的特殊需要及技术发展,有重点、有针对性地提出若干必须达到的维修性要求。这样既能防止相似产品维修性缺陷的重现,又能显著地提高产品的维修性。例如,在某产品中设计了高性能且结构复杂的火控系统,因此维修性要求的一个重点是电子部分要实现模块化和自动检测;针对相似产品的维修性缺陷,在机械部分有针对性地提出某些有关部件的互换性和提高标准化程度,部分主要部件应与现有产品通用,便于达到修理的要求。

2.4 维修性工作要求

维修性工作要求是从系统的观点出发,对装备寿命周期中各项维修性活动进行规划、组织、协调与监督,以全面贯彻维修性工作的基本原则,实现既定的维修性目标。维修性工作通用要求一般包括维修性工作项目要求、维修性管理要求、维修性设计与分析要求、维修性试验与评价要求、使用期间维修性评价与改进要求等。

2.4.1 维修性工作项目要求

通过产品期待的维修性水平、产品类型、特点、复杂程度、新技术含量、费用、进度及所处阶段等选择维修性工作项目。工作项目应与可靠性、测试性和综合保障工作项目协调,综合安排,相互利用信息,减少重复工作。明确工作项目的具体要求和注意事项,对选择维修性工作项目的经济性、有效性进行评审。

2.4.2 维修性管理要求

维修性管理要求是从系统的观点出发,对装备寿命周期中各项维修性活动进行规划、组织、协调与监督,以全面贯彻维修性工作的基本原则,实现既定的维修性目标。维修性管理通常包括制定维修性计划,制定维修性工作计划,对承制方、转承制方和供应方进行监督与控制,维修性评审,建立维修性数据收集、分析及纠正措施系统以及维修性增长管理六个工作方面。

2.4.3 维修性设计与分析要求

维修性设计是装备设计工作中的一个组成部分,通过在硬件和软件设计中充分考虑和落实维修性要求,最终达到期望的装备维修性水平。在维修性设计过程中,维修性分析对于达到规定的维修性目标是至关重要的,其分析结果是做出设计决策的主要依据。

表 2-1 列出了各项维修性设计与分析工作项目和对应的工作要求。

表 2-1　维修性设计与分析工作项目

工作项目编号	工作项目名称	要　求
	300 系列	维修性设计与分析
301	建立维修性模型	建立产品的维修性模型,用于定量分配、预计和评定产品的维修性
302	维修性分配	将产品顶层的维修性定量要求逐层分配到规定的产品层次
303	维修性预计	估计产品的维修性
304	故障模式及影响分析—维修性信息	确定可能的故障模式及其对产品工作的影响,以便确定需要的维修性设计特征,包括故障检测隔离系统的设计特征
305	维修性分析	分析从承制方的各种报告中得到的数据和从订购方得到的信息,以建立能实现维修性要求的设计准则、对设计方案进行权衡、确定和量化维修保障要求、向维修保障计划提供输入并证实设计符合维修性要求
306	抢修性分析	评价潜在战伤损伤的抢修快捷性与资源要求
307	制定维修性设计准则	将维修性的定量和定性要求及使用和保障约束转化为具体的产品设计准则
308	为详细的维修保障计划和保障性分析准备输入	使维修性工作项目的有关输出与保障性分析的输入要求相协调

2.4.4　维修性试验与评价要求

　　维修性试验与评价一般包括维修性核查、维修性验证和维修性评价三个阶段。维修性核查应根据产品类型和层次确定核查的重点,可利用产品的电子样机,采用仿真的方式进行。维修性验证应包含测试性验证,与产品可靠性试验、与维修性有关的保障要素的定性评价等结合进行。维修性分析评价应尽早制定维修性分析评价方案,详细说明所利用的各种数据、采用的分析方法和置信水平等。

2.4.5　使用期间维修性评价与改进要求

　　使用期间维修性工作一般包括维修性信息收集、维修性评价和维修性改进。使用期间维修性信息收集应按规定的要求和程序,完整、准确地收集使用期间的维修性信息,按规定的方法、方式、内容和时限,分析、传递和存储维修性信息,定期进行审核、汇总。使用期间的维修性评价应与使用可靠性评估、战备完好性评估协调进行,应以实际的使用条件下收集的各种数据为基础,综合利用部队使用期间的各种信息;使用期间维修性改进应根据装备在使用中发现的维修性问题和相关技术的发展,通过必要的权衡分析或试验,确定需要改进的项目。

习题 2

一、判断题
　　1. 维修性要求应该在产品设计时明确。(　　)
　　2. 产品的维修性是指使用阶段中维修过程体现的质量特性。(　　)
　　3. 维修性要求和约束条件是设计的依据,只有把定量指标、定性要求转化为维修性技术

途径,并落实到各层次产品设计中,维修性目标才能实现。( )

4. 平均修复时间(MTTR)是指产品在任一维修级别上,修护性维修总时间与该级别被修复产品的故障总数之比。( )

5. 平均修复时间包括准备、后勤供应、检测诊断、换件、调校、检验及原件修复等时间。( )

6. MTTR 是维修性参数,主要反映装备的战备完好性和对维修人力费用的要求;MTTRF 是任务维修性参数,主要反映装备对任务完成性的要求。( )

7. 维修性指标的规定值是合同或研制任务书中规定的,而最低可接受值是由使用部门规定的。( )

8. 平均修复时间一般为最大修复时间的 $1/2 \sim 2/3$。( )

9. 只要平均修复时间与平均故障间隔时间的比值不变,固有可用度就相同。( )

10. 在使用指标转化为合同指标时,可利用回归模型,也可采用专家估计法。( )

二、填空题

1. 维修性的定量要求应该按不同的装备层次和不同的维修级别分别给以规定,当没有标明维修级别时,则应认为是针对_____提出的定量要求。

2. 出于不同的装备维修考虑,以及各个装备的特点,可以提出多种维修参数,其中典型的几种参数有_____、_____、_____、_____。

3. 恰当的提出维修性定性要求,是搞好维修性设计的关键环节。对产品维修性的一般要求,应该按照_____(相应国军标)及本类产品的专用规范和有关的设计手册提出。

4. 维修性工作通用要求一般包括_____、_____、_____、_____、_____。

5. 选择维修性参数后就要确定维修性指标,在确定维修性指标时应该反复权衡,使维修性指标合理,通常使用指标应该包括_____、_____。

6. 为准确表达维修性参数中规定条件的含义,明确是在什么条件下提出的要求,_____(国军标)将维修性参数分为两类:_____、_____。

7. 平均修复时间(MTTR)是产品维修性的一种基本参数,其度量方法是:_____。

8. 在对产品进行维修性定性要求时,应该包括_____、_____、_____、_____、_____、_____。

9. 在确定维修性指标的同时还应该明确与该指标相关的因素与约束条件,这些因素与约束条件主要有:_____、_____、_____、_____、_____、_____。

10. 维修性设计与分析要求中规定了维修性设计与分析各个工作项目的要求,其中维修性预计对应的工作要求是_____。

三、选择题

1. 维修性要求通常包括定性要求和定量要求两个方面,它反映了_____对产品应达到的维修性水平的期望目标。
    A. 产品研制方   B. 产品使用方   C. 公共第三方   D. 售后服务人员

2. 重构时间属于下列哪种维修性参数范畴。( )
    A. 维修时间   B. 维修工时   C. 维修费用   D. 任务

3. GJB 1909.1《装备可靠性与维修性参数选择和指标确定要求总则》将维修性参数分为

哪两类？（　　）

A. 标准参数和实际参数　　　　　　B. 标准参数和使用参数

C. 合同参数和使用参数　　　　　　D. 合同参数和实际参数

4. 随着机内测试和自动检测技术的相继实现，在工程实践的维修性设计准则中，_____的好坏已经成为影响维修时间的主要因素。

A. 维修可达性　　　　　　　　　　B. 对贵重件的可修复性

C. 维修性改进　　　　　　　　　　D. 人素工程

5. 下列维修性指标中，哪一个合同指标是订购方进行考核或验证的依据。（　　）

A. 目标值　　　　　B. 门限值　　　　　C. 规定值　　　　　D. 最低可接受值

6. 维修性试验与评价一般包括维修性_____、维修性验证和维修性分析评价三类工作。

A. 假设　　　　　　B. 核查　　　　　　C. 信息收集　　　　D. 设计

四、计算题

1. 某系统 MTTR＝30 min，MTBF＝50 h。预计系统年工作 5 000 h，且每工作 1 000 h 需要 10 h 进行计划性维修。每进行一次故障维修，平均需 20 h 的行政和后勤时间。设以一年为期，确定该系统的 A_i。

2. 某新型坦克车，在进行试验的过程中，运行后，出现履带开断 3 次，修复的时间分别是 6 h，3 h 和 3 h；发动机出现故障 2 次，修复时间分别是 12 h 和 14 h；导航系统失灵一次，维修时间是 2 h。其中，履带、发动机、导航系统的故障率分别是 λ_1，λ_2，λ_3，确定结束本轮试验后该坦克车的 MTTR。

五、简答题

1. 简述维修性定量要求和定性要求的含义及各自的特点，并说明两者之间存在的联系。

2. 维修性工作要求是从系统的观点出发，对装备寿命周期中各项维修性活动进行规划、组织、协调与监督，以全面贯彻维修性工作的基本原则，实现既定的维修性目标。试简述在维修性设计与分析中的工作项目及与其相对应的有关工作要求。

第3章 维修性模型

3.1 概 述

模型是为了理解事物而对事物作出的一种抽象,建立维修性模型是为了表达系统与各单元维修性的关系、维修性参数与各种设计及保障之间的关系。维修性模型是指为分析、评定系统的维修性而建立的各种物理和数学模型。对产品进行维修性分配、预计、设计、指标优化时,均需建立相应的维修性模型。

3.1.1 维修性模型的分类

1) 按照建模的目的不同建立的维修性模型

① 设计评价模型:通过对影响产品维修性的各个因素进行综合分析,评价有关的设计方案,为设计决策提供依据。

② 分配、预计模型:建立维修性分配预计模型是 GJB368B《装备维修性工作通用要求》工作项目 302 及工作项目 303 的主要内容。

③ 统计与验证试验模型:在形成设计方案后,需要通过该模型确定产品与设计要求的一致性。

2) 按照模型的形式不同而建立的维修性模型

① 实物模型:通常用来验证样机结构、布局等设计是否合理。按照模型与实物比例可将实物模型分为缩小模型、等比例模型与放大模型;在维修性试验、评定中,将用到各种实体模型。

② 非实物模型:基于物理规则抽象表达装备结构、功能关系的模型称为非实物模型。根据表达形式不同,又可将非实物模型划分为维修性物理关系模型、维修性数学关系模型和虚拟维修模型。

(a) 维修性物理关系模型主要是采用维修职能流程图、系统功能层次框图等形式,标出各项维修活动间的顺序或产品层次、部位,判明其相互影响,以便于分配、评估产品的维修性并及时采取纠正措施。

(b) 维修性数学关系模型包括维修性量化模型、维修性统计模型与维修性仿真模型,常用在维修性分配和预计中进行维修性定量分析。

(c) 虚拟维修模型是指能够支持维修性、维修工程设计与分析的数字化产品模型。虚拟维修模型综合了虚拟维修样机和维修性设计两个专业领域,目的在于建立一个利用虚拟样机对产品进行维修性设计与分析的环境。

3.1.2　维修性模型的作用

在装备研制与使用的各个阶段,维修性模型的作用主要表现在以下几个方面:

1. 总体方案论证阶段

对各种可能的系统方案进行维修性预计和权衡分析,优化系统的维修性要求。

2. 研制阶段

可以从试验系统中获得较为真实的相关可靠性和维修性信息,并反馈到模型中,以改进初始的预计,为维修性设计决策提供依据。

① 进行维修性分配,把系统级的维修性要求分配给系统级以下各个层次,以便进行产品设计。

② 进行维修性预计和评定,估计或确定设计或设计方案可达到的维修性水平,为维修性设计与保障决策提供依据。

③ 当设计变更时,进行灵敏度分析,确保系统内的某个参数发生变化时,对系统可用性、费用和维修性的影响极少。

3. 使用阶段

可通过收集外场数据,用建立的模型评价在外场环境下系统的使用维修性,确保需要改进的问题范围,同时对模型本身进行必要的修正,使之更符合实际。

3.1.3　维修性建模的原则、方法与要求

1. 维修性建模的一般原则

模型的优劣直接影响分析问题的精度和效率。对于维修性分析而言,维修性建模是工作的首要环节。建立系统的维修性模型应遵循以下原则:

1) 真实性

模型必须客观真实地反映所研究的系统的本质,维修性模型必须全面系统地反映系统中影响维修的有关因素与维修时间的关系。模型来源于现实系统,但又要高于现实系统,它应该是现实系统问题的高度抽象。

2) 目的性

模型不是现实系统的简单翻版,它不能反映系统中的一切现象,模型的建立会依据研究目的不同而不同,在维修性建模过程中,预计和分配这两种不同目的所对应的模型就不尽一致。

3) 清晰性

一个模型必须清楚、明确地描述所研究的系统结构及其重要的内在联系,避免含糊不清、模棱两可及二义性,要易为人们所理解和掌握。

4) 经济性

在建立模型时,要充分考虑模型的经济性。模型不能过于简化,否则不能揭示系统的本质和运动规律,其价值不大,无助于分析任务的完成。但模型也不能过于细致,过于详细的模型

一方面使求解变得异常困难甚至于不可能;另一方面它会大大增加系统建模的时间、工作量和费用。

5）适应性

系统模型要正确反映系统的本质和运动规律,要适应系统所处的环境和内部条件。为此在建立模型的过程中,要进行多次反复的模型检验和确认。拟定系统模型还要经受实践的检验,反复进行调整与修正,使之更加完善。然而系统还是发展变化的,随着系统的外部环境和内部状态的变化,模型要相应地进行修改,甚至有必要建立新的模型取代旧的模型。在工程研制过程中,随着研制工作的不断深入,系统的内外环境不断变化,此时的模型也应能够适应这种变化,不断进行自我完善。

2. 维修性建模的方法

1）建模的一般程序

以预计或估算产品的维修性所建立的框图为例,分析建立维修性模型的一般过程。建立维修性模型的一般过程可参照图 3-1 所示的流程进行。

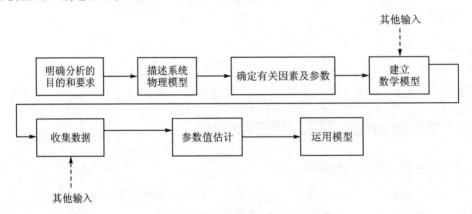

图 3-1   建立维修性模型的一般过程

① 首先应明确建模目的和要求,说明模型用来解决什么问题。如用于维修性分配或维修性预计,用于对维修时间的分析或对维修费用的分析等。

② 要对关键产品的功能和维修职能进行描述,根据产品的类别和维修特点作必要的简化假设,抓住主要因素,抛弃次要因素。

③ 确定需要分析的维修性参数及与该参数有关的影响因素。

④ 利用适当的数学工具建立维修性参数与各个变量和常量之间的关系。

⑤ 收集类似产品的数据,包括有关的可靠性数据、维修性数据和工程设计数据。

⑥ 根据收集的有关数据,用建立的模型进行参数估计,检验模型的合理性和适用性。根据需要对收集的数据进行修正,同时对模型作必要的修改,使其进一步完善。

2）建模的一般方法

在维修性建模过程中,建模所需的信息主要源于 3 个,即建模的目标和目的、先验知识和试验数据。建模的先验知识指的是与目标要求接近的已有维修性模型、相关领域的建模知识和专家经验等,建模的试验数据包括可靠性的有关数据、基本维修作业时间数据和维修性模型验证所需要的数据等。建模步骤如下：

① 首先对先验知识进行分析，根据目标和目的要求以及试验数据的情况，详细确定问题的状况，阐明问题的边界与约束，描述清楚输入、输出的状态集合，从而选择一个可接受的模型框架。

② 在模型框架得到明确的定义后，对问题进一步的细化和划分，确立出问题的结构特征（结构关系）及参数特征的重要关系。

③ 对此模型进行相应的可信性分析（模型的确认），即可得到最终的模型。建模的关键集中于 3 个地方，即框架模型，结构特征（结构模型）和参数特征（定量模型）。

在建模过程中，根据模型信息源的不同，应用的建模途径也有所不同。

（1）运用先验知识建模

演绎法是指运用先验信息，建立某种假设和原理，通过数学的逻辑演绎来建立模型。它是一个从一般到特殊的过程，将模型看作是在一定前提下经过演绎而得出的结果。用演绎法建立的模型称为机理模型。

（2）从观测行为（试验数据）出发建模

归纳法是一种基于试验数据来建立系统模型的方法。归纳法是从系统描述分类中最低一层水平开始，即从试验数据出发，推断较高层次的信息，是一个从特殊到一般的过程。用归纳法建立的模型称为经验模型。

（3）结合具体工程目标建模

目标法建模是指将各种指标分成不同的优先级进行优化权衡，从多种可行方案中挑选出满足费用、精度等要求的最优解。

除此以外，在定量化模型的建立过程中，由于所使用的工具不完全一致，还有一些基于各个学科理论的方法，例如，统计回归方法、概率模型的建立方法、神经网络的建模方法、随机网络数学模型的建立方法以及仿真模型的建立方法等。

实际建模过程中，采用单一的建模途径很难获得有效的结果，通常是采用混合途径建模。如图 3-2 所示。

3.1.4　系统维修性模型的建立

1. 研究的问题

系统维修性结构模型通常用来表示系统维修性与系统组成部分维修性之间的基本逻辑关系，这些关系为进一步建立量化模型提供了坚实的基础。系统维修性结构模型反映的结构关系是系统维修性与设计特征之间的关系，主要有：

① 维修事件与维修职能之间的关系；

② 系统维修与系统维修事件的关系；

③ 系统维修事件与相应维修活动的关系以及维修活动与基本维修作业之间的关系。

在这 3 个关系中，第一种关系反映了在具体建模的维修级别上实施维修的各种活动的先后顺序；第二种和第三种关系反映了结合装备结构和相关维修活动的关系。

系统维修性定量模型通常用来表示系统维修时间或维修工时与影响因素之间的关系。其主要目的是对系统的维修性进行分配、预计。具体的约束条件不同，建立的系统维修时间和维

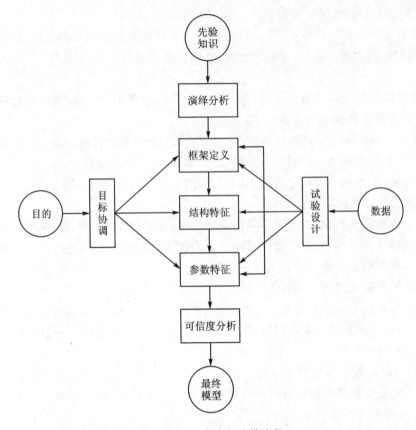

图 3 - 2　混合途径建模流程

修工时模型也不相同,系统维修性定量模型与其结构模型反映了如下 3 种关系:

　　① 系统维修时间与系统维修事件的维修时间关系;

　　② 系统维修事件的维修时间与相关维修活动时间的关系;

　　③ 系统或系统维修事件的维修时间与影响其维修时间的各主要因素之间的关系。

　　反映第一种关系的模型可以通过"全概率公式"关系来建立相应的数学模型或通过仿真方法建立相应的仿真模型。

　　反映第二种关系的模型可以通过基本维修作业或维修活动的综合来建立,这称为"白箱"维修性模型。这种模型是在一种系统的详细结果及与维修有关的特征的条件下,用基本维修作业或维修活动时间来描述维修事件的维修时间。

　　反映第三种关系的模型是根据对系统的结构特征(如可达性、互换性等)及其他与系统有关的特征(如对人的技术水平、维修诊断设备的要求等)的定性打分或系统结构的定量描述(如系统结构中的紧固件数目),通过一定的数学映射关系,得到系统的维修时间参数。这类模型主要适用于对系统的详细结构还不十分清楚及已有与其相近的装备系统存在的情况,例如,回归模型、BP 神经网络模型等。

2. 约束及输入

　　系统维修性结构模型所研究的 3 个关系中,影响系统结构模型建立的主要约束有:

　　① 系统维修性模型的总体概要;

② 能得到数据的详细程度,例如,各种维修活动时间参数数据库的完善程度;

③ 维修保障方案以及有关的维修级别与保障条件等;

④ 与下一步建模的接口关系,即输入、输出关系;

⑤ 所能取得装备的设计信息(如功能层次关系);

⑥ 能取得有关的可靠性数据,例如,故障模式影响分析(FMEA),故障树分析(FTA)等。

建立系统维修性定量模型的主要约束及输入条件如下:

① 系统维修性模型的总体概要;

② 指定的维修级别;

③ 维修性结构模型及装备设计信息;

④ FMEA 或 FTA 的信息;

⑤ 各可更换单元的故障率、维修频率信息及与检测有关的参数;

⑥ 维修保障方案;

⑦ 基本维修作业时间的数据。

3. 模型建立准则

系统维修性结构模型的建立在描述系统维修与系统维修时间的关系,建立在单元维修事件与相关维修活动的关系上。系统维修性结构模型的建立要遵循的基本准则就是同构性,同构性是指实际系统和模型中要素的关系数目以及它们的安排完全一样,且模型与实际系统之间的映射关系是双向性和对称性。

系统维修性定量模型的建模准则与具体采用的定量建模方法相关,运用不同的方法往往应该遵循不同的规则,例如概率模型、统计模型以及仿真模型对模型建立的假设和要求是不一致的。系统维修性定量模型建立的一般要求有:

① 模型的建立在满足精度要求的条件下要尽量简化;

② 模型的建立要充分反映系统维修性结构模型的逻辑关系;

③ 模型的建立要充分考虑现有的数据基础;

④ 模型的建立要充分利用已有的模型基础。

3.2　维修性物理关系模型

在维修性建模领域中通常将物理关系模型称为维修性关联模型。维修性关联模型常用作反映各项维修活动间的顺序或层次、部位等的框图模型,常见的有维修职能流程图和系统功能层次图。

3.2.1　维修职能流程图

维修职能是一个统称,首先是指组织实施装备维修的级别划分,其次是指在某一级别上实施维修的各项活动。维修职能包括维修级别的划分、各级别间的维修活动关系和各级别上的维修过程三方面内容。

维修职能分析是指根据装备维修方案规定的维修级别划分,确定各维修级别的职能以及在各级别上的维修工作流程,通常以流程图的形式描述维修职能。维修职能流程图表示维修要点以及各项职能之间相互关系的一种流程图。对某一具体维修级别来说,维修职能流程图包括从产品进入维修时起,直到完成最后一项维修职能,使产品恢复到规定状态为止的全过程,一般包括:

① 结合装备的维修体制与划分功能层次,明确各个功能层次可选择的全部维修级别;

② 明确各个级别之间的维修活动关系;

③ 确定每一级别上的维修工作内容及先后顺序;

④ 以流程图的形式描述维修职能。

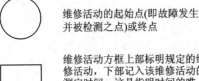

维修活动的起始点(即故障发生并被检测之点)或终点

维修活动方框上部标明规定的维修活动,下部记入该维修活动的测定时间,这是指明时间的唯一符号

判断点维修人员在此点上判断设备经检验已恢复到故障前的良好工作状态

图 3-3 维修流程图元素说明

维修职能流程图通常会因维修体制、装备层次以及维修级别的不同而不同。绘制 MFD 采用的元素如图 3-3 所示。下面分别介绍装备三级维修和两级维修的一般职能流程图。

图 3-4 是装备系统层次的三级维修职能流程图,它表明该系统在使用期间内要进行使用人员维护、实施预防性维修或排除故障维修三个级别,即基层级、中继级和基地级。图 3-5 是装备典型的三级维修运行图。在三级维修体制下,以军用飞机维修为例,维修的约定层次一般包括外场可更换单元(LRU)、车间可更换单元(SRU)和车间可更换子单元(SSRU)。在基层级,对于发生故障的系统,一般采用更换 LRU 的方式进行原位维修,对拆下来的故障 LRU,该级别一般不负责修理,而是送往中继级;中继级在接收到该待修 LRU 后,利用自身车间内的测试设备,将故障隔离到 SRU 一级,然后以更换 SRU 的方式进行修理,并将故障 SRU 送往基地。在基地级,维修人员利用一些检测能力更强的设备,将 SRU 故障隔离到 SSRU,以更换 SSRU 的方式进行 SRU 修理,再根据实际情况对换下的 SSRU 进行处理。途中描述的就是各级别间的维修活动关系。图 3-6 是三级维修模式下设备中继维修的一般职能流程图。图 3-7 给出了一般情况下基地级的维修职能流程图,表明从接收该待修装备到修后返回使用单位或供应部门的一系列活动,包括准备活动、诊断活动和更换活动等。

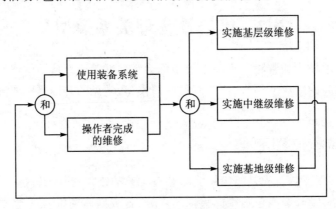

图 3-4 系统层次维修职能流程图(三级维修)

传统两级维修将军机维修工作分为两级:一级是航线维修(又名外场维修),另一级是基地维修(也称为内场维修)。传统两级维修运行图给出了各级别间的维修活动关系与各级别上

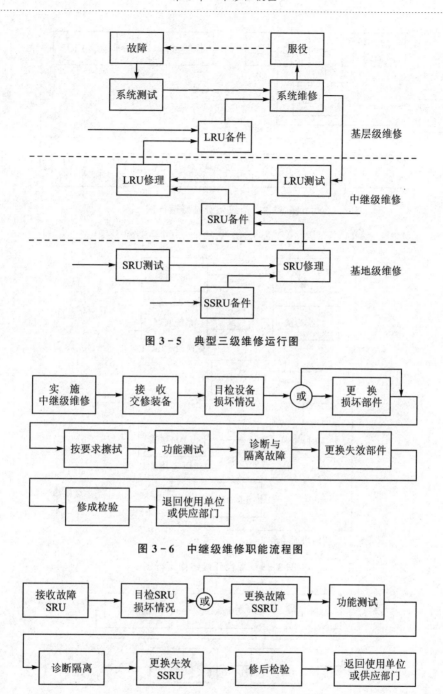

图 3-5　典型三级维修运行图

图 3-6　中继级维修职能流程图

图 3-7　基地级维修职能流程图

的维修过程,如图 3-8 所示。

　　现代两级维修是指应用现代信息技术、计算机控制和运输系统,将在外场不能修理的零部件一律送到空军基地去修理,而不经过飞行作战部队的修理厂(中继级)这一环节,以提高装备维修效率,提供装备维修的生存性和机动性。由于设计思想和应用技术等方面的进步,现代两级维修与传统两级维修差异很大。图 3-9 给出了现代两级维修体制下各级别间的维修活动

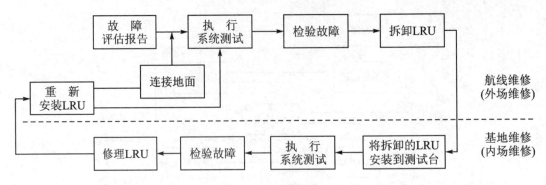

图 3-8 传统两级维修运行图

关系,图 3-10 和图 3-11 分别给出了基层级与基地级的一般维修职能。

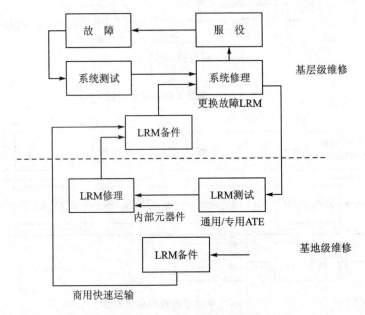

图 3-9 现代两级维修运行图

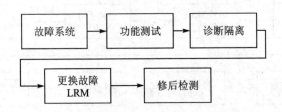

图 3-10 基层级维修一般职能流程图

维修职能流程图是一种非常有效的维修性分析手段,如果将有关的维修时间和故障率的数值标在图上,就可以方便地进行维修性的分配、预计以及其他分析。

另外,该流程图也可以作为一种形象化的辅助手段,反映维修性设计要求的落实情况。

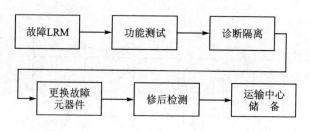

图 3-11　基地级维修一般职能流程图

3.2.2　系统功能层次图

系统功能层次图与维修职能流程图同属于维修性框图模型,它是描述从系统到每一个低层次产品的功能层次关系,及其所需要的维修活动和措施的一种方法,进一步说明了维修职能流程图中有关装备和维修职能的细节。系统功能层次的分解是按其结构自上而下进行的,一般从系统级开始,根据系统的功能分析和系统设计方案进行。分解的细化程度则可根据实际需要和设计的进度确定,通常分解到能够做到故障定位,更换故障件,进行修复或调整的层次为止。结构层次图示例如图 3-12 所示。在结构层次图中,为了表示简单明了,可以用符号表示重要维修措施(如弃件式维修、调整或修复等)。各符号表示的意义如下:

① 圆圈:在该圈内的项目发生故障后采用换件修理,即为可更换单元;

② 方框:框内的项目要继续向下分解;

③ 含有"L"的三角形:表明该项目不用辅助的保障设备即可进行故障定位;

④ 含有"I"的三角形:需要使用机内或辅助设备才能进行故障定位;

⑤ 含有"A"的三角形:标在方框旁边,表明换件前需要调整校正。标在圆圈旁边表明换件后需要进行调整校正;

⑥ 含有"C"的三角形:需要功能检测。

在进行功能层次分析,绘制框图时需要注意:

① 在维修性分析中使用的功能层次框图要着重展示有关维修的要素,因此它不同于一般的产品层次(系统分解)框图。其一,不需要都分解到最低层次产品,而只需分解到可更换件;其二,可更换件用圆圈表示;其三,需要表示维修措施或要素。但产品层次框图却是此处框图的基础。

② 由于同一系统在不同维修级别的维修安排(包括可更换件、检测隔离点及校正点设置等)不同,系统功能层次框图也会不同,应根据需要进行维修性分配的维修级别进行分析和绘制框图。

③ 产品层次划分和维修措施或要素的确定是随着研制的发展而细化并不断修正的。因而包含维修的功能层次框图也要随研制过程而细化和修正。它的细化和修正也将影响维修性分配的细化和修正。

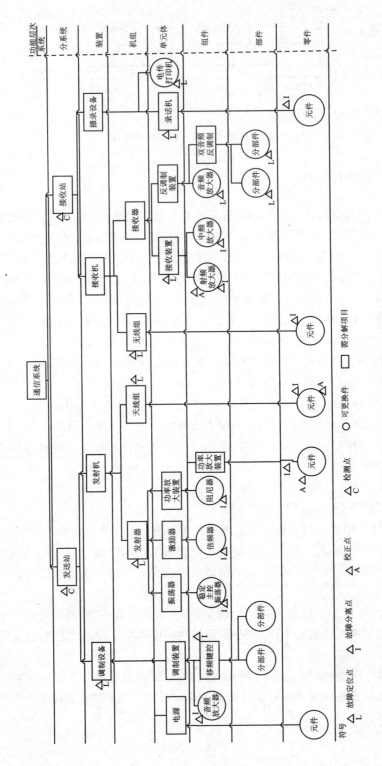

图3-12 系统功能层次框图

3.3　维修性数学关系模型

　　维修性的定性分析与建模后,利用物理模型辅助维修性设计,满足产品对维修性的定性要求,能够大大提高维修性,但还不能直接度量产品维修性的优劣程度,还需要对产品进行定量描述。描述产品维修性的量称为维修性参数,常见的有维修时间、维修工时及维修费用等,对应维修性参数的量值称为维修性指标。维修性数学关系模型是指对产品维修性参数进行建模,并统计其分布情况,以确定产品维修性定量要求。

3.3.1　维修性量化模型

1. 维修时间模型

　　维修时间是指完成某次维修事件所需的时间。随着维修事件的种类、维修人员技能差异、工具和维修设备的不同以及维修环境的变化,维修时间也会有所不同。因此,装备的维修时间不是一个固定的量值,而是一个服从于某种分布的随机变量。

　　维修作业包括准备、故障诊断、拆卸更换或原位修复、调整、校准、检验等维修活动。维修时间的计算是维修性分配、预计及验证数据分析等活动的基础。

1) 串行维修作业模型

　　串行维修作业是指在由若干项维修作业组成的维修中,前一项维修工作的完成是下一项维修作业进行的基础。如故障诊断、故障定位、获取备件、拆卸故障件、更换故障件、修复检测等维修作业活动。串行作业的表示方法同系统可靠性计算中的串联框图一样,如图 3-13 所示。

图 3-13　串行维修作业职能流程图示例

　　该流程图表示的意义为:假定完成某次维修项目的时间为 T,完成该次维修项目需要 n 项相互独立的基本串行维修作业,每项基本的维修作业时间为 T_i,则

$$T = T_1 + T_2 + \cdots + T_n = \sum_{i=1}^{n} T_i \tag{3-1}$$

式中,维修时间 T 为随机变量,其分布函数 $M(t)$ 可以通过以下几种方式获取。

　　(1) 卷积计算

　　当已知各项维修作业时间的密度函数为 $m_i(t)$ 时

$$M(t) = \int_0^t m(t) \mathrm{d}t \tag{3-2}$$

式中:$m(t) = m_1(t) * m_2(t) * \cdots * m_n(t)$;

　　　　* 为卷积符号;

$$m_1(t) * m_2(t) = \int_{-\infty}^{+\infty} m_1(t) m_2(t)(z-t) \mathrm{d}z \tag{3-3}$$

　　一般情况下,通过卷积计算得出 $m(t)$ 的解析式非常困难,当随机变量数目超过两个,则可以通过软件分步计算出卷积结果。

（2）近似计算

若各项基本维修作业的时间分布未知，可将其按照 β 分布来处理。

假设随机变量 T_i 服从 β 分布，为了估算 T_i 的均值，常采用以下三点估计公式

$$E(T_i) = \frac{a + 4m + b}{6} \tag{3-4}$$

式中，a 为最乐观估计值，它表示最理想情况下 T_i 的值；

$\quad\quad b$ 为最保守估计值，它表示最理想情况下 T_i 的值；

$\quad\quad m$ 为最大可能值，它表示正常情况下 T_i 的最可能值。

式中，a,b,m 的取值均由工程技术人员会同相关专家按实际经验确定。

由于该式是一个统计结果，因此在应用前默认假设条件如下：

① T_i 服从 β 分布

$$P(T > b) = P(T < a) = 0.05 \tag{3-5}$$

β 分布在 m 处有单峰值。

② T_i 的方差为

$$\sigma_i^2 = \frac{1}{36}(b - a)^2 \tag{3-6}$$

当维修作业数足够大时，根据中心极限定理，独立同分布随机变量的和近似服从正态分布。所以维修度为

$$M(t) = \Phi(u) \tag{3-7}$$

式中，$\Phi(u)$ 为标准正态分布函数，***u 为

$$u = \frac{t - \sum_{i=1}^{n} E(t_i)}{\sqrt{\sum_{i=1}^{n} \sigma_i^2}} \tag{3-8}$$

2）并行维修作业时间模型

在复杂系统的维修性设计中，通常会采用冗余设计来提高产品的任务可靠性。即在有冗余单元的复杂系统中，一个甚至几个单元发生故障并不会导致系统完全不可用，使用人员可以启动冗余单元或完成辅助任务等方式继续使用该系统，直到一个任务基本完成后再进行维修。在系统运行期间产生的多重故障，需要在任务完成后同时进行维修作业，这种维修称为并行维修。

完成并行维修作业的时间等于并行作业中最长的维修时间。

系统由 n 个并联单元组成，任务期间可能有一个或多个单元故障，但任务仍可继续。该系统的维修作业表示方法如同系统可靠性计算中的并联框图一样。各单元寿命分布均服从指数分布，相对应的故障率为 λ_i，且相互独立，如图 3-14 所示。

假设并行维修作业活动的时间为 T，各项基

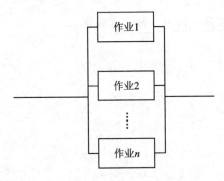

图 3-14 并行维修作业职能流程图

本作业时间为 T_i，则

$$T = \max\{T_1, T_2, \cdots T_n\} \tag{3-9}$$

$$M(t) = P(T < t) = P(\max\{T_1, T_2, \cdots T_n\} \leqslant t) =$$

$$P(T_1 \leqslant t, T_2 \leqslant t, \cdots T_n \leqslant t) = \prod_{i=1}^{n} M_i(t) \tag{3-10}$$

$M_i(t)$ 为第 i 项维修作业的维修度。与串行维修作业相同，并行维修作业活动的时间 T 也是一个随机变量。

并行维修作业模型适用于预防性维修活动和装备使用前后的勤务检查等时间的分析。

3) 网络维修作业模型

网络维修作业模型实际上是一种串并联混联模型，它将每一项维修作业看作网络中的一道工序，按照维修工作进行的顺序，建立完成维修任务的网络图。从网络图中可以清晰地看出，完成一项维修任务是由多种不同的维修作业按照不同方式组合而成，各工序之间存在着影响制约的关系，同一路线中，后一工序要在前一工序完成后才可能开始。

网络维修作业模型适用于装备的大修时间分析，以及有交叉作业的预防性维修时间、排除故障维修时间分析等。

在工程上，网络作业模型中的维修作业（工序）时间，可以按照 β 分布来处理，用三点估计法求出均值和方差，用工序时间的均值求出关键路线（时差为零的工序和时差为零的事项的串联线路）。关键路线上的各维修作业按照串行维修作业模型计算维修时间的分布。

实例分析：

计算一照明系统在基层级的修复性维修的时间分布。

通过分析可以得到在基层级上主要对该系统中以下三项内容进行修理：电源、电路板、模件。其基层级的维修职能流程如图 3-15 所示。其中，电源故障的概率为 40%，电路板和模件发生故障的概率各为 30%。

根据以往维修相似系统的经验数据，得出图中各基本活动的时间分布，如表 3-1 所示。

表 3-1　某照明系统基层级各基本修复性维修活动的时间分布　　　　单位：min

工作项目名称	分布类型	参数集	工作项目名称	分布类型	参数集
打开护盖	常　数	2	安装下盖板	正态分布	2,0.5
诊断电源故障	β 分布	5,9,3	安装上盖板	正态分布	2,0.5
诊断电路板故障	β 分布	8,12,6	玻璃板复位	常　数	1
转动玻璃板	常　数	1	拆卸信号灯和电缆	正态分布	3,1
拆卸下盖板	正态分布	2,0.5	更换模件	正态分布	4,1
拆卸上盖板	正态分布	2,0.5	安装信号灯和电缆	正态分布	3,1
更换电源	正态分布	3,0.5	关闭护盖	常　数	1
更换电路板	正态分布	4,1	检　验	常　数	1

运行计算机辅助随机网络仿真预计系统，通过输入菜单将维修职能流程图和时间分布表输入计算机，由计算机自动建立 QCERT 随机网络仿真模型，如图 3-16 所示。

将上述随机网络模型仿真 100 次，得到该系统的维修时间参数如下：

系统的平均修复性维修时间 $T_{ct} = 39.64$ min。系统修复性维修事件的均方差 $\sigma_{ct} = 4.32$ min。

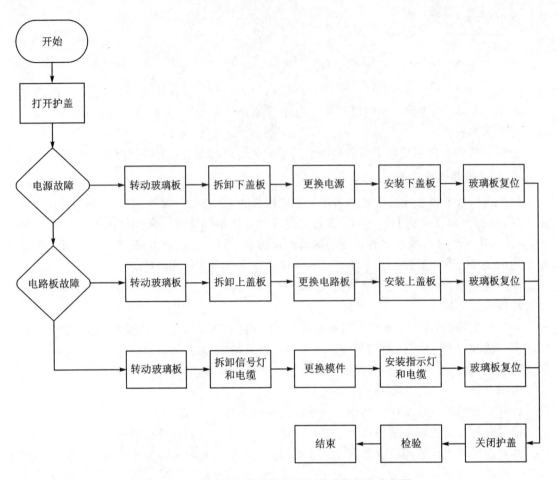

图 3-15 某照明系统基层级修复性维修工作流程图

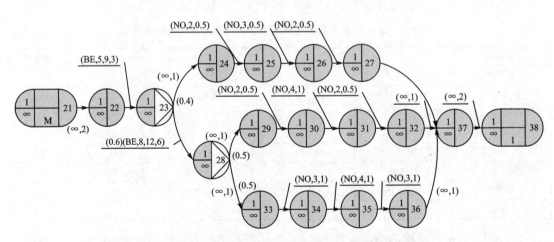

图 3-16 计算机自动建立 QCERT 随机网络仿真模型

系统维修时间的分布特征如图 3-17 所示,图中横轴表示时间,纵轴表示频率。

从图 3-17 中可以看出,虽然系统的平均修复时间 $T_{ct}=39.64$ min,但修复时间在 36 min 和 44 min 附近出现的可能性比较大。

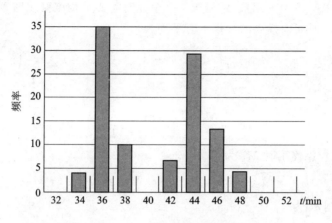

图 3-17 系统维修时间分布

4) 维修时间的多元线性回归模型

各种维修活动在维修作业中所占的地位不同,它们对维修时间的影响也不尽相同。从维修时间构成的角度来看,维修作业总体时间是准备时间、诊断时间、更换/原位维修时间、调整时间、校准时间、检验时间等的直接累加。因此,部分组成时间与总体维修时间应成多元线性回归关系。多元线性回归的原理公式为

$$y = b_0 + b_1 x_1 + b_2 x_2 + \cdots + b_n x_n + \varepsilon, \varepsilon \sim N(0, \sigma^2) \tag{3-11}$$

式中:x_1、x_2、$\cdots$、x_n 分别表示了各种维修活动所占据的时间,b_0、b_1、$\cdots$、b_n、σ^2 都是与维修时间无关的未知参数;ε 表示随机误差,各 ε 间相互独立。

2. 维修工时模型

维修工时是指维修某个系统所需要的全部人力,即进行维修作业的维修人员数乘以工作时数或各个维修人员维修时数之和。它包括修复性维修(含由于虚警所造成的维修)、预防性维修等所有维修工作。

维修事件的维修工时为

$$M_{hi} = \sum_{j=1}^{m} t_{ij} N_{uj} \tag{3-12}$$

式中:N_{uj} 为完成第 j 项活动所需要的人数;

t_{ij} 为事件 i 的第 j 项活动的维修时间;

m 为基本维修作业(或活动)的数目。

维修事件的平均维修工时为

$$\overline{M}_{hi} = \sum_{j=1}^{m} \overline{t}_{ij} N_{uj} \tag{3-13}$$

式中:$\overline{t}_{ij}$ 为事件 i 的第 j 项活动的平均维修时间;

系统维修事件的平均维修工时为

$$\overline{M}_h = \sum_{j=1}^{n} \alpha_i \overline{M}_{hi} \tag{3-14}$$

式中:α_i 为第 i 个维修事件发生的比率;

n 为系统的维修事件数。

例如,某系统由 N 个单元组成,维修第 i 个单元时需要平均维修工时 $\overline{M}_{hi}$,对于累计运转 t 时间的设备而言,t 时间内投入的维修工时平均为

$$MMH = \frac{t}{T_{BF_1}}\overline{M}_{h1} + \frac{t}{T_{BF_2}}\overline{M}_{h2} + \cdots + \frac{t}{T_{BF_N}}\overline{M}_{hN} = t\sum_{i=1}^{N}\left(\frac{\overline{M}_{hi}}{T_{BF_i}}\right) \quad (3-15)$$

维修工时率 M_1 为

$$M_1 = \frac{MMH}{t} = \sum_{i=1}^{N}\left(\frac{\overline{M}_{hi}}{T_{BF_i}}\right) \quad (3-16)$$

系统维修事件的平均维修工时 M_h 为

$$M_h = \alpha_1\overline{M}_{h1} + \alpha_2\overline{M}_{h2} + \cdots + \alpha_N\overline{M}_{hN} = \sum_{i=1}^{N}\left(\alpha_i\overline{M}_{hi}\right) \quad (3-17)$$

式中,事件发生比例 α_i 为

$$\alpha_i = \frac{\dfrac{1}{T_{BF_i}}}{\sum_{j=1}^{N}\left(\dfrac{1}{T_{BF_j}}\right)} \quad (3-18)$$

3. 维修保障费用模型

维修保障费用是指在装备的使用阶段与装备的维修和保障有关的所有费用之和,包括武器装备维修费用(包括大修、中修、小修维护)、维修设备购置费、维修人员培训费以及维修管理业务费等。维修保障费用是寿命周期费用(LCC)的重要组成部分,是装备维修保障工作的物质基础。随着现代武器装备的发展,装备的性能得到了不断的改进和提高,导致装备寿命周期急剧上升,而维修保障费用正是其中增长迅速且所占份额较多的一部分(见表3-2)。建立维修保障费用模型、准确地估算维修保障费用对寿命周期费用控制、新型武器装备研制方案决策和现役装备的科学管理有着十分重要的意义。

表 3-2 20 世纪某武器装备寿命周期费用组成比例(%)

研制年代	60 年代	70 年代	80 年代
采购费	25.28	39.60	40.81
使用费	20.76	7.99	6.81
维修费	19.39	31.56	37.04
后勤保障费	14.90	10.18	6.61
培训费	17.49	9.11	7.09
技术改进费	2.17	1.55	1.65
退役处理费	0.02	0.01	0.01
全寿命费用	100.00	100.00	100.00

费用模型由一组估算单项要素费用的方程构成,这些方程叫做费用估算关系式(Cost evaluation relation,CER)。每个 CER 都含有描述资源消耗的变量,反映价格的参数、换算系数或是结合在方程内的经验关系。该方程的一般形式称为"结构式"。费用估算关系式包括以下各种公式:用于直接计算的关系式、实体结构和工程技术的关系式以及根据历史费用数据通过经验统计方法而推导出来的关系式等。通过建立费用估算关系式,可以对装备维修保障费

用进行分析,其计算模型可以表示为

$$C_{W}=C_{D}+C_{Z}+C_{X}+C_{S}+C_{P}+C_{G} \qquad (3-19)$$

式中,C_W 为全寿命费用中的武器装备维修保障费用,C_D、C_Z、C_X、C_S、C_P、C_G 分别为武器装备大修费、中修费、小修维护费、维修设备购置费、维修人员培训费、维修管理业务费。

传统的费用估算方法有工程法、参数法、类比法和专家判断法四种。①工程估算法是按费用分解结构中各费用单元进行自下而上的累加,因而进行估算时需要设计工程的具体数据;②参数估计法是把费用和影响费用的因素之间看成是某种函数关系来进行费用预测;③类比法是将拟分析预测费用的装备与以前类似的装备相比较,找出费用消耗的主要异同点,从而估计其费用;④专家判断估算法由专家根据经验估算,或由几个专家分别估算后加以综合确定。

以上这些方法必须以大量的原始费用数据作为样本,且样本还要有较好的分布规律才能得到较为准确的预测结果,因此实现起来相当烦琐。

近年来,针对维修保障费用数据匮乏、样本容量小、变量间关系复杂等特点,随着新理论的出现和计算机软件的发展,出现了不少精度高、效果好的费用估算方法。如偏最小二乘回归法、基于灰色理论的估算方法、神经网络法以及支持向量机预测法等。

偏最小二乘回归法在处理样本容量小、说明性变量多、变量间存在严重多重相关性问题方面具有独特的优势。它的建模依据是建立在信息分解与提取的基础上,借助提取主元的思路,有效地提取对系统解释性最强的综合信息,实现对高维数据空间的降维处理,从而较好地克服变量多重相关性在系统建模中的不良影响。

利用偏最小二乘回归的一些突出特点是在自变量存在多重相关性的条件下进行回归建模,使得每一个自变量的回归系数更容易解释。它将多元线性回归分析、变量的主成分分析和变量间的典型相关分析有机地结合起来,在一个算法下,同时实现了回归建模、数据结构简化和两组变量间的相关分析,给多元数据分析带来了极大的便利。在对武器装备维修保障费用的估算中使用偏最小二乘回归的方法提取主成分,既能够很好地概括自变量系统,解释因变量,又能够排除估算系统中的噪声干扰。

实例分析

现以某型飞机维修保障费用预测为例。可靠性、维修性、保障性(RMS)是影响飞机维修保障费用的关键因素。这些参数包括:任务可靠度(DR)、平均故障间隔时间(MTBF)、平均修复时间(MTTR)、每飞行小时维修工时(DMMH/FH)、更换发动机时间(ERT)、再次出动准备时间(SGR)、故障检测率(FDR)、故障隔离率(FIR)、备件利用率(SPR)。收集的具体数据如表 3-3 所列。

表 3-3　某型飞机维修保障费用原始数据

机型	A	B	C	D	E	F	G	H	I	K
DR/(%)	90.5	85.1	93	85	84	90	88	90.6	86	88
MTBF/h	1.75	2.9	5	2.6	2.1	2.5	2.9	2.7	1.5	3
MTTR/h	1.78	1.9	3	1.6	1.8	2	1.78	1.3	1	1.79
DMMH/(FH·h^{-1})	11	12	4.5	6	7.5	8	5.6	10	11.2	5.8
ERT/min	21	30	89	149	300	150	80	640	529	128

机型	A	B	C	D	E	F	G	H	I	K
SGR/min	15	10	13	18	42	35	15	25	34	16
FDR/(%)	95.0	96.0	98.0	96.5	97.0	97.0	95.0	95.0	94.0	97.0
FIR/(%)	95.0	96.0	98.0	96.5	96.0	98.5	95.0	90.0	92.0	97.0
SPR/(%)	95.0	96.0	98.0	96.0	95.0	97.0	97.0	95.0	94.0	97.0
C/万元	36 652	50 515	40 150	58 220	95 511	76 251	51 567	18 131	15 427	49 865

为了对建立的模型进行误差分析和预测检验,选取表中前 9 个子样进行建模,以 K 型机作为检验子样,并分析误差计算。用偏最小二乘回归方法建立的模型函数为 $C = 27\ 082.79 \times x_1^{-0.02} x_2^{-0.64} x_3^{-0.79} x_4^{-0.26} x_5^{-0.13} x_6^{-0.24} x_7^{-0.013} x_8^{-0.012} x_9^{-0.0015}$。

预测结果 K 型机的维修保障费用为 42 094 万元,误差为 15.6%,与传统的计算普通多元性回归方法相比精度较高,见表 3-4。因此在飞机维修保障费用预测中,运用偏最小二乘回归进行建模分析是可行的。

表 3-4　预测结果及误差分析

方　法	偏最小二乘回归	普通多元线性回归
C/万元	42 094	38 620
误差/(%)	−15.6	−22.6

灰色模型在小样本建模时具有比一般回归分析方法精度更高的特点,与其他数理统计方法相比,更适用于样本量小、样本分布不规律不典型的情况。灰色模型的基本思想是:将原始数据进行灰色生成(AGO),使其随机因素弱化,然后对生成数列建立白化形式的微分方程,求出方程的解数列,最后进行累减生成(IAGO),得到预测值。

灰色模型预测方法所需样本数据较少,通过对原始数据的加工处理,发现、掌握该系统的发展规律,能够对系统的未来状态做出科学的定量预测。例如,采用基于累加生成数列的 GM(1,1)模型进行预测。该模型将随机性较强的原始数列进行累加生成,弱化其随机性,使紊乱的原始序列呈现某种规律,然后采用一阶单变量微分方程对生成数列进行拟合,得到灰色预测模型,最后求得方程的离散解,并在检验模型的精度满足要求以后,预测系统未来的发展趋势。实践证明,通过运用灰色理论预测模型对新型装备的维修保障费用进行预测,可以较准确地反映实际情况,为决策部门在经费拨付等决策过程中提供较准确的理论支持。

神经网络法包括 BP(Back Propagation)神经网络和径向基函数(Radial Basis Function,RBF)网络法等。BP 神经网络方法一般采用三层 BP 网络,将对费用影响较大的战术、技术指标或结构参数作为神经网络的输入,费用作为输出。用足够的样本训练该网络,一旦训练完毕,便可以作为一种有效的工具估算新型号的费用。

RBF 函数网络是一种典型的局部逼近神经网络。BP 网络用于函数逼近时,权值的调整使用梯度下降法,存在局部极小和收敛速度慢等缺点,而 RBF 在逼近能力、分类能力、学习速度等方面均优于 BP 网络。

支持向量机(Support Vector Machine,SVM)是在统计学习理论的基础上发展起来的新一代学习算法,具有完备的统计学习理论基础和出色的学习性能。该算法在文本分类、手写识别、生物信息学等领域获得了较好的应用。

3.3.2　维修性统计模型

在估算维修性各种量度中,统计学担任了重要角色。有些过程无法用理论分析方法导出其模型,但可通过试验或直接由工业过程测定数据,利用数理统计分析方法,对维修过程进行分析,进而求得维修性函数中各个参数之间的关系,建立维修性分配、预计的求解过程。如维修停机时间总是以某种统计方式分布的。在求解过程中所建立的模型称为统计模型.

常用的数理统计分析方法有最大事后概率估算法、最大似然率辨识法等。

1. 维修性函数

由于产品的维修性主要反映在其维修时间上,而维修时间又是个随机变量,故维修性的定量描述是以维修时间的概率分布为基础的,这就需要利用维修性函数来确定或定义产品维修性的各种参数。

1) 维修度 $M(t)$

维修性的概率表示称为维修度 $M(t)$,即产品在规定的条件和规定的时间内,按照规定的程序和方法进行维修时,保持或恢复其规定状态的概率。维修度 $M(t)$ 可用下式表示为

$$M(t) = P(T < t) \tag{3-20}$$

式中:T 为在规定的约束条件下完成维修的时间;

t 为规定的维修时间。

显然,维修度是维修时间的递增函数,即 $M(0) = 0, M(\infty) \to 1$。

$M(t)$ 也可表示为

$$M(t) = \lim_{n \to \infty} \frac{n(t)}{N} \tag{3-21}$$

式中:N 为选修的产品总数;

$n(t)$ 为时间内完成维修的产品数。

在工程实践中,维修度用试验或统计数据来求得,N 为有限,$M(t)$ 的估计量为

$$M(t) = \frac{n(t)}{N} \tag{3-22}$$

2) 维修时间密度函数 $m(t)$

维修度 $M(t)$ 是 t 时间内完成维修的概率,其概率密度函数即维修时间密度函数(习惯称维修密度函数),可表达为

$$m(t) = \frac{dM(t)}{dt} = \lim_{\Delta t \to 0} \frac{M(t + \Delta t) - M(t)}{\Delta t} \tag{3-23}$$

同样,$m(t)$ 的估计量为

$$m(t) = \frac{n(t + \Delta t) - n(t)}{N \Delta t} = \frac{\Delta n(t)}{N \Delta t} \tag{3-24}$$

其中,$\Delta n(t)$ 为 Δt 时间内完成维修的产品数。

维修时间密度函数的工程意义是单位时间内产品预期完成维修的概率,即单位时间内修复数与送修总数之比。

在工程实践中,通常用平均修复率或常数修复率 μ,其意义为单位时间内完成维修的次数,可用规定条件和规定时间内,完成维修的总次数与维修总时间之比表示。

2. 常用维修时间统计分布

由于具体维修工作的不确定性,产品的维修时间并不是一个常量,而是以某种统计分布的形式存在。在维修性分析中,最常用的时间分布有正态分布、对数正态分布、指数分布和 Γ 分布。具体产品的维修时间分布应当根据实际维修数据,进行分布检验后确定。

1) 正态分布

正态分布适用于简单的维修活动或基本维修作业。如简单的拆卸或更换某个零部件所需的时间一般符合正态分布。当维修时间服从正态分布时,在坐标轴上表现为大多数维修时间在某中心值左右分布,如图 3-18 所示。

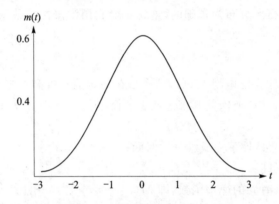

图 3-18 维修时间正态分布图

正态分布的维修时间密度函数为

$$m(t) = \frac{1}{d(2\pi)^{1/2}} \exp\left[-\frac{(t-\mu)^2}{2d^2}\right] \tag{3-25}$$

式中:μ 为维修时间的均值,即数学期望 $E(T)$,通常取观测值为

$$\mu = \frac{1}{n_r}\sum_{i=1}^{n_r} t_i \tag{3-26}$$

其中,t_i 为第 i 次维修的时间;n_r 为维修次数。

正态分布的维修性函数为

$$M(t) = \int_0^t m(t)\,\mathrm{d}t = \Phi(u) \tag{3-27}$$

$$u = \frac{t-\mu}{d} \tag{3-28}$$

式中:$\Phi(u)$ 为标准正态分布函数;

d 为维修时间标准差。

$E(T)=\mu$,方差 $D(T)=d^2=E[T-E(T)]^2$,其中 $d^2 = \dfrac{\sum_{i=1}^{n_r}(t_i-\mu)^2}{n_r-1}$。

2) 对数正态分布

如果维修时间 t 的对数 $\ln t$ 服从 $N(\theta,\sigma^2)$ 正态分布,则称其服从对数正态分布。当维修时间服从对数正态分布时,在坐标轴上表现为非对称曲线,如图 3-19 所示。

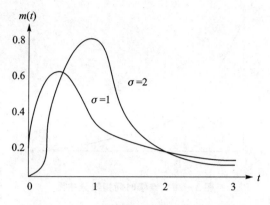

图 3-19　维修时间对数正态分布图

对数正态分布的维修时间密度函数为

$$m(t) = \frac{1}{t\sigma\sqrt{2\pi}}\exp\left[-\frac{1}{2}\left(\frac{\ln t - \theta}{\sigma}\right)^2\right] \tag{3-29}$$

式中:θ 为 $\ln T$ 的均值;

$\quad\ \ \sigma$ 为 $\ln T$ 的标准差。

其维修性函数为

$$M(t) = \int_0^t m(t)\,\mathrm{d}t = \Phi(u) \tag{3-30}$$

$$u = \frac{t - \mu}{d} \tag{3-31}$$

式中:θ 为维修时间对数的均值;

$\quad\ \ \Phi(u)$ 为标准正态分布函数;

$\quad\ \ \sigma$ 为维修时间对数的标准差。

$E(T) = \mathrm{e}^{\theta + \frac{1}{2}\sigma^2},\mathrm{D}(T) = \mathrm{e}^{(2\theta + \sigma^2)}(\mathrm{e}^{\sigma^2} - 1)$。

对数正态分布适用于描述各种由维修频率和持续时间都互不相等的若干项工作组成的复杂装备的修理时间,是维修性分析中应用最广的一种分布。据验算,一些机电、电子、机械装备的修复时间大都符合对数正态分布。

对数正态分布能较好地反映维修时间的统计规律,在许多维修性标准和规范中,都规定使用这种分布进行维修性分析和验证。

3) 指数分布

一般认为,经短时间调整或迅速换件即可修复的产品服从指数分布。由于它的简单性,指数分布被广泛地应用于维修性分析中,指数分布特征图如图 3-20 所示。

指数分布的维修时间密度函数为

$$m(t) = \mu\exp(-\mu t) \tag{3-32}$$

式中:μ 为修复率。

其维修性函数为

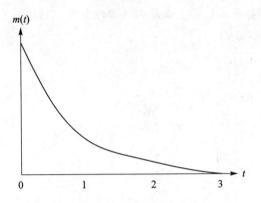

图 3 - 20   维修时间指数分布图

$$M(t) = \int_0^t m(t)\,\mathrm{d}t = 1 - \mathrm{e}^{-\mu t} \qquad (3-33)$$

$$\mu(t) = \frac{m(t)}{1 - M(t)} = \mu \qquad (3-34)$$

$$E(T) = 1/\mu,\ D(T) = 1/\mu^2 \qquad (3-35)$$

这种分布的特点在于修复率 $\mu(t) = \mu$，μ 为常数，表示在相同的时间间隔内，产品被修复的几率相同。

4) Γ 分布

Γ 分布属指数型分布，由于分布形式比较灵活，当选择不同的参数值时，可以化为指数分布、χ^2 分布等方式，并由于其可加性，Γ 分布在维修性分析中是一种非常有用的分布。Γ 分布特征图如图 3 - 21 所示。

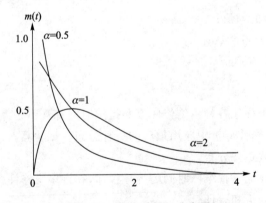

图 3 - 21   维修时间 Γ 分布图

$$m(t) = \frac{\lambda^\alpha}{\Gamma(\alpha)} t^{\alpha-1} \exp(-\lambda t) \qquad (3-36)$$

式中：α 为决定 $m(t)$ 的形状；

λ 决定 $m(t)$ 的分散程度；α、λ 的估计值可参阅国家标准。

其维修性函数为

$$M(t) = \frac{1}{\Gamma(\alpha)} \int_0^{\lambda t} t^{\alpha-1}\,\mathrm{e}^{-t}\,\mathrm{d}t \qquad (3-37)$$

$$E(T) = \alpha/\lambda, \mathrm{D}(T) = \alpha/\lambda^2 \tag{3-38}$$

3. 维修性函数特征量

维修性函数表达了规定条件下产品修复概率与时间的关系，是最基本的维修性数学模型。利用维修性函数来确定的特征量有

1）平均修复时间（MTTR 或 T_{ct}）

当平均修复时间服从指数分布时

$$T_{ct} = 1/\mu \tag{3-39}$$

式中：μ 为修复率，是平均修复时间的倒数。

当平均修复时间服从对数正态分布时

$$T_{ct} = \exp\left(\theta + \frac{\sigma^2}{2}\right) \tag{3-40}$$

式中：$\theta = \dfrac{1}{n}\sum_{i=1}^{n}\ln t$，即维修时间 t 的对数均值；

σ 为维修时间 t 的对数标准差。

2）最大修复时间 T_{maxct}

确切地说，应当是给定百分位或维修度的最大修复时间，通常给定维修度 $M(t) = p$ 为 95% 或 90%。

当维修时间服从指数分布时

$$T_{maxct} = -T_{ct}\ln(1-p) \tag{3-41}$$

当 $M(t) = 0.95$ 时

$$T_{maxct} = 3T_{ct}$$

当维修时间服从正态分布时

$$T_{maxct} = T_{ct} + Z_p d \tag{3-42}$$

式中：Z_p 为维修度 $M(t)$ 为 p 时的正态分布分位点；d——维修时间 t 的标准离差。

当 $M(t) = p = 0.95$ 时，$Z_p = 1.65$；$M(t) = p = 0.9$ 时，$Z_p = 1.28$。

当维修时间服从对数正态分布时

$$T_{maxct} = \exp(\theta + Z_p\sigma) \tag{3-43}$$

3）平均维修时间 $\overline{T}$

当维修时间服从指数分布时

$$\overline{T} = \int_0^\infty tm(t)\,\mathrm{d}t = \int_0^\infty \mu t\exp(-\mu t)\,\mathrm{d}t = \frac{1}{\mu} \tag{3-44}$$

当维修时间服从对数正态分布时

$$\overline{T} = \int_0^\infty tm(t)\,\mathrm{d}t = \int_0^\infty t\,\frac{1}{\sigma t(2\pi)^{1/2}}\exp\left[-\frac{(\ln t - \theta)^2}{2\sigma^2}\right]\mathrm{d}t = \mathrm{e}^{\left(\theta + \frac{1}{2}\sigma^2\right)} \tag{3-45}$$

当维修时间服从正态分布时

$$\overline{T} = \int_0^\infty tm(t)\,\mathrm{d}t = \int_0^\infty t\,\frac{1}{d(2\pi)^{1/2}}\exp\left[-\frac{(t-\mu)^2}{2d^2}\right]\mathrm{d}t \tag{3-46}$$

3.3.3 维修性数字仿真模型

1. 概　述

数字仿真在系统维修性分析和设计中是一种极为重要的技术。对于某些大型复杂系统而言,由于所有子系统状态组合的复杂和概率求解的困难,组合方法和数学分析建模方法往往很难确定其维修性参数,不能达到对系统维修性进行全面的定量和定性分析。因此,通过计算机仿真法描述复杂可修系统的维修性是十分必要的。

2. 仿真模型

根据维修工作的数字仿真建模需求,对 Petri 网功能进行扩充,以提高其描述能力,研究其建模规范原则,建立维修工作数字仿真模型——维修工作网(Maintenance Task Net,MTN)。

维修工作的表达结构如图 3-22 所示。

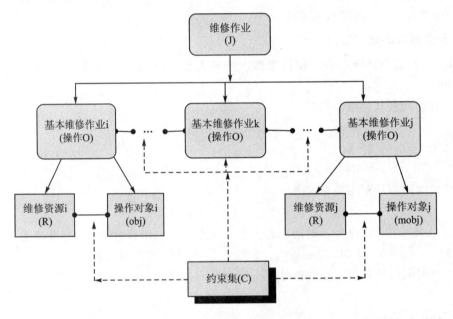

图 3-22　维修工作的表达结构

1) 模型因素表达

资源、维修操作以及约束条件是维修工作仿真模型中的核心内容。

（1）资　源

维修工作的形式化描述是将维修保障资源分为 6 大类:维修人员、保障设备、设施、维修工具、备件与维修信息资料。从资源使用的角度来看,这些资源都具有两种基本状态:"空闲"状态与"忙"状态。因此,通过用两个库所表示通用状态"空闲"与"忙",则可以通过在判断库所中有无对应的 token 来判断资源的可用与否。

（2）维修操作

采用"变迁"来描述维修操作,变迁的"可触发"条件对应着该项操作的可执行条件。组成维修工作的每一项操作的可否成功执行,是整个维修工作得以实现的基础。变迁所需资源的具体信息一般通过指向变迁的弧来标明。此外,维修操作所需时间也是需要重点考虑的内容。此时间值可以是固定的数值,也可以是满足一定分布密度函数的随机变量。

（3）约束条件

某项维修操作是否可以执行,不但受维修保障资源制约,而且还与维修工作自身的特点密切相关。例如,拆卸某 LRU 时,必须要等到所有与该 LRU 相连接的电缆被断开后才能执行,如图 3-23 所示。

即使维修保障资源满足要求,操作 a 也必须要等待操作 b 完成之后方可执行。这种约束,可以看作是一种维修操作之间的时序约束。此外,还存在另一种时间约束,例如,在涂完胶水后,必须等待胶水凝固后方可进行下一步操作,如图 3-24 所示。

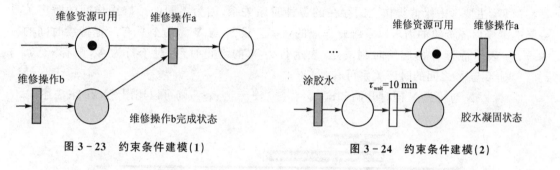

图 3-23　约束条件建模(1)　　　　图 3-24　约束条件建模(2)

总之,对于这些约束,均可以通过建立表示前提条件的库所和配置相应的标识来进行描述。

2）仿真逻辑关系

在维修工作中,其组成操作之间以各种形式相互关联。因此,在建模时,必须要考虑 MTN 对这两方面要求的支持程度,即表达逻辑条件关系与时序关系的能力。

（1）逻辑条件关系

逻辑条件考虑的内容是维修工作的可行与否,如某个阶段工作必须要两个以上的维修人员协作才能进行,或者必须要求使用某种特殊工具等。

为了描述这种条件约束关系,需要将维修所需要的保障资源统一表达为“位置”,即状态。通过定义恰当的转移启动规则,就能够组织表达这些内容之间逻辑关系,下面给出了“与”“或”“非”三种关系的模型表达,如图 3-25～图 3-27 所示。

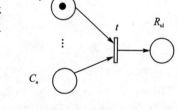

图 3-25　“与”关系

① “与”

$$c_1 \wedge c_2 \wedge \cdots \wedge c_n \Rightarrow R_{ul}$$

② “或”

$$c_1 \vee c_2 \vee \cdots \vee c_n \Rightarrow R_{ul}$$

③ “非”

$$\overline{a} \Rightarrow R_{ul}$$

通过组合这三种基本关系,可以描述维修工作中的各种逻辑条件关系。

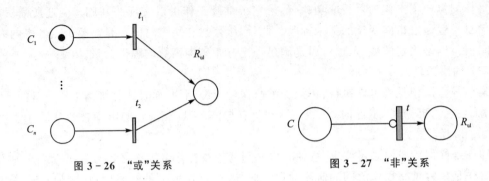

图 3-26 "或"关系　　　　　　图 3-27 "非"关系

（2）时序关系

MTN 主要考虑维修操作之间存在的各种时序关系，因为不同的维修操作间的时序关系会影响维修保障资源的需求以及维修作业的效率。设 X 与 Y 为两个具有一定持续时间的行为，τ_{Xstart} 表示行为 X 的起始时刻，τ_{Xend} 表示行为 X 的终止时刻；对于行为 Y，则有 τ_{Ystart} 与 τ_{Yend}。则 X 与 Y 之间的时序关系可有：

① 行为 X 与行为 Y 同时开始：$\tau_{Xstart} = \tau_{Ystart}$，$\tau_{Xend} = \tau_{Yend}$，则可以用图 3-28 来描述。

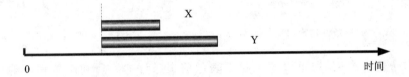

图 3-28　时序关系

其时间 Petri 网模型如图 3-29 所示。

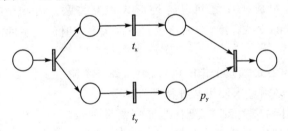

图 3-29　Petri 网的时序描述

② X＜Y，行为 X 先于行为 Y 开始，即 $\tau_{Xstart} < \tau_{Ystart}$。这可以继续划分为如下两种情况：

（a）$\tau_{Xend} \leqslant \tau_{Ystart}$；

（b）$\tau_{Xend} < \tau_{Yend}$ 且 $\tau_{Xend} > \tau_{Ystart}$

③ X 在 Y 的行为过程中发生，这可以细分为 3 种情况：

（a）$\tau_{Xstart} > \tau_{Ystart}$，且 $\tau_{Xend} < \tau_{Yend}$；

（b）$\tau_{Xstart} = \tau_{Ystart}$，且 $\tau_{Xend} < \tau_{Yend}$；

（c）$\tau_{Xstart} > \tau_{Ystart}$，且 $\tau_{Xend} = \tau_{Yend}$。

上述①②与③所描述 6 种时序关系中，颠倒行为 X 与 Y 的顺序后，可以获得另外 6 种关系。

3）建模方式

针对不同维修工作的初始信息,给出两种建模方式:

（1）以"维修对象状态"为中心的建模方式

① 将维修对象在维修过程中可能处于的各个状态列举出来,第一个状态为"故障状态",量后一个状态为"修理完毕"。每个状态都用位置表示;

② 引起状态变化的"维修操作"用转移表示;

③ 仔细考虑能够触发转移所需要的各种条件,并用转移的"前置位置"表达;

④ 用"有向弧"连接相应的位置与转移;

⑤ 针对需要展开的节点（多为转移）,按照①-④步的内容,逐步展开,从而实现层次化的建模。

（2）以"维修操作"为中心的建模方式

这种方法主要的关注点为"维修操作"。事实上,与上面介绍的以"维修对象"为中心的方法类似,这里只是先给出用转移描述的各个"维修操作",然后用位置来表达使"操作"可执行的前提条件与相应的状态。

对这两种建模方式的选择,主要视分析工作的输入信息而定。

4）仿真算法与结果

根据维修资源、维修工具、维修人员和维修工序利用 MTN 描述某维修任务。MTN 建模如图 3 - 30 所示。

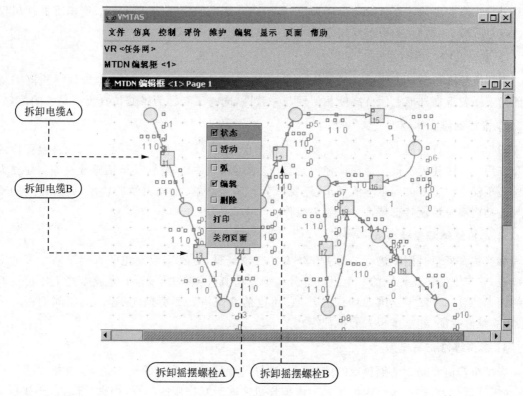

图 3 - 30 MTN 建模

仿真器模块提供了 MTN 仿真运行的基本功能,并提供定义仿真规则的工具。仿真器中核心的部分是 MTN 的 fire(触发)算法:

只要满足激活条件,则活动激活,调用其行为函数;观测行为函数的返回值,决定是否活动结束;可能有异常状态。如果满足输出弧的条件判定,则活动运行状态改变,完成传统意义上的活动触发;如果不满足,则为异常状态。

仿真进行中页面显示:

① 深灰色活动为已运行结束且不再执行的;

② 浅灰色活动为尚未运行的;

③ 粉色活动为等待执行的;

④ 绿色活动为正在执行的;

⑤ 蓝色状态为当前状态。

3.4　虚拟维修模型

随着计算机技术、信息技术、管理技术的发展与广泛应用,产品的工程设计与制造呈现并行化、集成化、网络化、虚拟化、智能化的发展趋势。由于虚拟现实技术能够提供具有真实感的交互式仿真环境,而且用户在该虚拟环境下能够模拟进行各种动作与操作,因此它具有在维修性分析领域的潜在应用前景。用户能够在虚拟环境中的样机上对维修人员的维修操作进行模拟仿真,进行维修性分析评价。

进行维修性虚拟仿真试验与分析评价,需要建立相应的模型,主要包括:虚拟维修样机模型、虚拟维修人体模型、虚拟维修场景模型和虚拟维修仿真模型等。

1) 虚拟维修样机模型

虚拟维修样机既是维修仿真的操作对象,也是维修性分析的对象。虚拟维修样机既需要保证与实际装备在外形上保持高度相似性与一致性,同时又必须为维修仿真提供足够的信息。

2) 虚拟维修人体模型

虚拟维修仿真的最大特点在于真实描述和表现人在维修过程中与产品、工具、甚至环境的交互作用。人体建模不仅包括形体建模,而且包括运动与动作建模、甚至情感建模等。建立人体模型不仅要符合人体测量学的要求,还要符合人体运动学、生物力学的特征,而且建立的动作与运动模型应该能够支持常见的维修操作。

3) 虚拟维修场景模型

维修仿真场景是用于进行维修工作仿真的三维场景,是真实或设想的真实维修环境的图形描述,它是维修仿真环境的一个组成部分。维修仿真环境是所有为了完成维修工作仿真有关的因素的总称。除了三维的场景之外,它还包括维修仿真环境描述(建立对象间的相互关系、建立维修特征、建立虚拟人的特征等)。

4) 虚拟维修仿真模型

虚拟维修仿真是指依据预定的或规划的维修过程完成一系列的动作仿真,包括虚拟人行为、虚拟样机行为、虚拟人—虚拟工具—虚拟样机之间交互作用的仿真,逼真、自然是最基本要求,此外还必须考虑仿真的经济性。基于动力学/运动规划的动作模型、基于 Petri 网络的仿真驱动控制模型等组成了仿真模型的主要内容。

习题 3

一、判断题

1. 维修性模型按照建模目的可以分为单元维修过程模型和系统维修性模型。（　　）

2. 维修性建模的一般方法包括运用先验知识建模，从观测行为（试验数据）出发建模，结合具体工程目标建模。（　　）

3. 维修性建模的关键在于模型框架、结构特征和定性模型。（　　）

4. 维修性关联模型常用来反应各项维修活动间的顺序或层次、部位等的框图模型，常见的有维修职能流程图和维修工作网。（　　）

5. 对于内部结构和特性清楚的系统为黑盒系统。（　　）

6. 系统功能层次图的分解是按机构自下而上进行的，一般从最底层开始。（　　）

7. 完成并行维修作业的时间等于并行作业中最长的维修时间。（　　）

8. 维修工时指的是维修某个系统所需的维修时间。（　　）

9. 估算维修费用的方法有工程法、参数法、类比法和专家判断法四种。（　　）

10. 常见的维修时间统计分布有正态分布、对数正态分布和指数分布等。（　　）

11. 网络维修作业模型实际上是一种串并联混合模型。（　　）

12. 有大量的原始数据作为样本，且样本有较好的分布规律时，可以使用偏最小二乘回归方法来处理。（　　）

二、填空题

1. 维修性模型是指为＿＿＿＿、＿＿＿＿系统的维修性而建立的各种物理和数学模型。

2. 维修性建模的一般原则为＿＿＿＿、＿＿＿＿、＿＿＿＿、＿＿＿＿。

3. 维修作业一般包括＿＿＿＿、＿＿＿＿、＿＿＿＿、＿＿＿＿、＿＿＿＿等维修活动。

4. 进行维修性虚拟仿真实验与分析评价时，需要建立的模型包括＿＿＿＿、＿＿＿＿、＿＿＿＿、＿＿＿＿、＿＿＿＿。

5. 建立维修性模型需要注意模型的＿＿＿＿、＿＿＿＿、＿＿＿＿。

6. 并行维修作业的时间等于并行作业中＿＿＿＿的维修时间。

7. 维修职能包括＿＿＿＿、＿＿＿＿、＿＿＿＿三个方面的内容。

8. 装备维修时间不是一个固定值，而是一个服从某种分布的＿＿＿＿。

9. 维修保障费用数据的特点有＿＿＿＿、＿＿＿＿、＿＿＿＿。

10. 传统的费用估算法有＿＿＿＿、＿＿＿＿、＿＿＿＿。

11. 费用估算关系式的英文简称为＿＿＿＿。

12. 维修工作仿真模型中的核心内容有＿＿＿＿、＿＿＿＿。

三、选择题

1. 以下不是建立系统的维修性模型应遵循的原则是（　　）。

　　A. 目的性　　　　　B. 经济性　　　　　C. 真实性　　　　　D. 明确性

2. 在维修性建模过程中，用归纳法建立的模型称为（　　）。

A. 定量模型　　　　B. 经验模型　　　　C. 机理模型　　　　D. 结构模型

3. 以下不属于维修性数学关系模型的是(　　)。

　　A. 维修性虚拟模型　　　　　　　　B. 维修性统计模型

　　C. 维修性仿真模型　　　　　　　　D. 维修性量化模型

4. 系统维修性结构模型的建立要遵循的基本准则是(　　)。

　　A. 对称性　　　　B. 双向性　　　　C. 同构性　　　　D. 同态性

5. 维修工作仿真模型中的核心内容不包括(　　)。

　　A. 资源　　　　B. 对象　　　　C. 约束条件　　　　D. 维修操作

6. 在维修分析中不是常用的时间分布是(　　)。

　　A. 正态分布　　　　　　　　　　　B. 对数正态分布

　　C. Γ分布　　　　　　　　　　　　D. 威布尔分布

7. 维修保障费用估算方法中更适用于样本量小、样本分布不规律不典型的情况是(　　)。

　　A. 偏最小二乘回归法　　　　　　　B. 神经网络法

　　C. 灰色模型预测法　　　　　　　　D. 支持向量机预测法

8. 在系统运行期间产生的多重故障,需要在任务完成后同时进行维修作业,这种维修是(　　)。

　　A. 并行维修　　　　B. 串行维修　　　　C. 网络维修　　　　D. 冗余维修

9. 在进行功能层次分析时,关于绘制框图的说法正确的是(　　)。

　　A. 都需要分解到最低层次产品　　　B. 可更换件用方框表示

　　C. 需要标示维修措施或要素　　　　D. 系统功能层次框图需一致

10. 对系统维修性定量模型建立的一般要求的说法错误的是(　　)。

　　A. 模型的建立在满足精度要求的条件下尽量简化

　　B. 模型的建立要充分反映系统维修结构模型的结构逻辑关系

　　C. 模型的建立要充分考虑现有的数据基础

　　D. 模型的建立要充分利用最新的模型进行优化

四、问答题

1. 简述维修性模型的作用。

2. 现代两级维修指的是什么?有什么特点?

五、计算题

1. 某修理厂近期修理了 15 台航空发动机,各台修复的时间(单位:h)如下:2,3,5,8,9,11,16,18,23,25,29,30,31,36,39。试求:(1) 30 h 时的维修度;(2) MTTR;(3) 20 h 时的修复率,Δt 取 5 h。

2. 可修复件的维修时间服从指数分布,其修复率 $\mu=0.5$,求其维修性函数 $M(t)$、修复时间 T_{ct}、最大修复时间 T_{maxct}(其中 $p=95\%$)。

3. 某电源系统由 4 个单元组成,维修 1~4 单元时需要的平均维修工时分别为 $\overline{M}_{hi}=$ 10 min,20 min,30 min,40 min,各个单元的平均故障间隔时间分别为 $T_{BFi}=200$ h,300 h,400 h,350 h。请问该系统工作 1 000 h 时投入的维修工时平均是多少?维修工时率是多少?

第 4 章　维修性设计准则

4.1　维修性设计准则及实施

维修性是产品的固有属性,单靠计算和分析是设计不出好的维修性的,需要根据设计和使用中的经验,拟定准则,用以指导设计。

4.1.1　概　述

1. 制定维修性设计准则的目的与作用

维修性设计准则是为了将系统的维修性要求及使用和保障约束转化为具体的产品设计而确定的通用或专用设计准则。该准则的条款是设计人员在设计装备时应遵循和采纳的。确定合理的维修性设计准则,并严格按准则的要求进行设计和评审,就能确保装备维修性要求落实到装备设计中,并最终实现这一要求。确定维修性设计准则是维修性工程中极为重要的工作之一,也是维修性设计与分析过程的主要内容。

制定维修性设计准则的目的可以归纳为以下三点:

① 指导设计人员进行产品设计;

② 便于系统工程师在研制过程中,特别是设计阶段进行设计评审;

③ 便于分析人员进行维修性分析、预计。

我国的维修性工程开展不久,许多设计人员对维修性设计尚不熟悉,同时维修性数据不足,定量化工作不尽完善。在这种情况下,充分吸取国内外经验,发挥维修性与产品设计专家的作用,制定维修性设计准则,供广大设计、分析人员使用,就更有其特殊作用。

2. 制定维修性设计准则的时机

初始的维修性设计准则应在进行了初步的维修性分析后开始制定。由于进行了维修性分配、综合权衡及利用模型分析,为选择能满足要求的维修性设计准则奠定了基础。同研制过程中的其他工程活动一样,确定维修性设计准则也是一个不断反复逐步完善的过程。初步设计评审时,承制方应向订购方提交一份将要采用的设计准则及其依据,以便获得认可。随着设计的进展,该准则不断改进和完善,并在详细设计评审时最终确定其内容及说明。

维修性设计准则要尽早提供给设计人员,作为设计的依据。

3. 维修性设计准则的来源及途径

确定维修性设计准则的最基本的依据是产品的维修方案和维修性定性和定量要求。设计准则应当依据维修性定性和定量要求是显然的,实际上,设计准则就是将这些要求的细化和深化。维修方案中描述了产品及其组成部分将于何时、何地以及如何进行维修,在完成维修任务时将需要什么资源。研制过程中,维修方案的规划和维修性的设计具有同等重要的地位,并且是相互交叉、反复进行的。维修方案影响产品设计,反过来,设计一旦形成,对方案又有新的要求。初始的维修方案通常由订购方根据装备的使用要求提出,并不宜轻易变动,这是设计的先决条件,没有维修方案就不可能进行维修性设计。比如,若维修方案中不允许分队级使用外部测试设备,那么在设计时就必须采用机内测试方案,以便在该级进行必要的检测和调校。又如,若分队排除故障时不允许进行原件修复,就意味着设计中应尽量采用模件设计,一旦产品发生故障,分队级只进行换件修理。因此,确定维修性设计准则,还必须以维修方案为依据。

确定具体产品的维修性设计准则可参照以下两点:

① 适用的标准与设计手册,如 GJB368B,GJB312 或美军的 DOD-HDBK-791《维修性设计技术》等;

② 类似产品的维修性设计准则和已有的维修与设计实践经验教训。

制定设计准则,首先要从现有的各种标准、规范、手册中选取适合具体产品的内容;同时,要结合产品的功能、结构类型、使用维修条件等特点,补充更加详细具体的原则和技术措施。

4.1.2 维修性设计准则的制定与控制

维修性设计准则的制定和控制程序如图 4-1 所示。

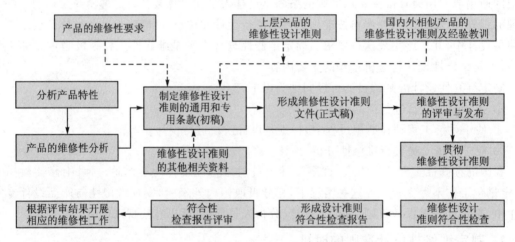

图 4-1 维修性设计准则的制定和控制程序

其具体过程如下:

1) 分析产品特性并开展维修性分析

分析产品层次、功能和结构特性,针对影响维修性的因素与问题展开分析,明确维修性设计准则覆盖的产品层次范围,以及产品对象组成类别。产品层次范围是指型号、系统、分系统、设备、部件等。不同层次的产品,由于其特性不同,因而在维修性设计准则上存在一定的差异;产品对象组成类别包括电子类产品、机械类产品、机电类产品、软件产品以及这些类别的各种组合等,不同类别产品的维修性详细设计准则是不同的。

不同层次的产品,其维修性设计准则的制定应由承制单位负责,在遵循总体单位要求的前提下,各自结合自己产品的特点和研制要求,分头制定,同时要注意考虑与其他有接口关系的产品保持协调。

在完成产品特性分析和相关维修性分析工作的基础上,制定初步的维修性设计准则。

2）制定产品维修性设计准则的通用和专用条款

产品的维修性要求是制定维修性设计准则的重要依据,通过分析研制合同或者任务书中规定的产品维修性要求,尤其是维修性定性要求,可以明确维修性设计准则的范围,避免重要维修性设计条款的遗漏。在制定配套产品的维修性设计准则时,应参照"上层产品维修性设计准则"的要求进行扩展,因此可参照相关的标准和设计手册,如 GJB2873、GJB/Z91、GJB/Z 72 或美军的 DOD - HDBK - 791《维修性设计技术》等。另外,类似产品的维修性设计准则和已有的维修与设计实践(如设计评审核对表中的信息)经验、教训(如其他型号中维修性的严重缺陷)也是制定设计准则的重要基础。

维修性设计准则中通用部分的条款对产品中各组成单元是普遍适用的;其专用部分的条款是针对产品中各组成单元的具体情况制定的,只适用于特定的单元。在制定维修性设计准则通用和专用部分时,可以收集参考与维修性设计准则有关的标准、规范或手册,以及相关产品的维修性设计准则文件。其中,相似产品的各类维修性问题是归纳出专用条款的重要手段。

3）形成维修性设计准则文件

经有关人员(设计、工艺、管理等人员)的讨论、修改后,形成维修性设计准则文件。

4）维修性设计准则评审和发布

邀请专家对维修性设计准则文件进行评审,根据其意见进一步完善准则文件。最后经过型号总师批准,发布维修性设计准则文件。

在维修性设计准则评审工作中,需要重点针对设计准则内容的协调性、对实现维修性要求目标的作用(贡献)以及用语的严谨性等进行分析评价。

5）贯彻维修性设计准则

产品设计人员依据发布的维修性设计准则文件,进行产品的维修性设计。

6）维修性设计准则符合性检查

根据核查表将产品的维修性设计措施与维修性设计准则进行对比分析和评价,核查表是一种用以检查某一事或物是否符合规定要求的文件。核查表已广泛用来作为对事或物进行检验、审查、鉴定、评价的一种有效工具。核查表的制定通常是以维修性的基本原则及过去设计中出现的维修方面的问题为基础。它是设计师的备忘录。有些问题非常简单和实际,但在设计中往往又最容易被忽视。标准审查表通常包括在设计部门的设计规范和公开出版的有关文件中,核查表也可用来作为设计评审的指南。

核查表可包含以下内容:

① 可达性与提升、校准与统调、润滑、支承、连接、液压等系统;

② 功能组件包装、快速支付能力、耗损监控、标准化;

③ 小型化与模块化、电缆与连接器、设备闭锁、操纵台(仪表面板)、支架与组装、控制显示、测试点、可达性;

④ 环境保护、预定的维修要求、保障要求、工作期间的维修、安全保护措施、人机接口。

上述内容仅是使用设计准则和核查表的一些例子。对于新系统或新产品的设计,应鉴别出哪些是会反复出现问题的区域,并拟订出相应的设计准则和核查表。

（1）形成设计准则符合性检查报告

按规定的格式,整理完成维修性设计准则符合性检查报告。

(2) 符合性检查报告评审

邀请专家对维修性设计准则符合性检查报告进行评审。

(3) 根据评审结论作相应的工作

如果结论不满足要求,则可进行必要的设计改进、或者酌情采取其他的处理措施。

4.1.3 总体设计

总体设计要考虑维修时的各系统安装位置、接近途径、相关的功能与物理接口、管线布置等内容。对于完成维修活动的 7 个步骤(准备、定位与隔离、分解、更换、结合、校准、检测),总体设计确定了接近以及拆装、诊断的大部分内容。

接近时间,主要通过考虑可达性来实现。例如,对飞机的检查与通道的一般要求为:

① 应使设备在飞机中可达以便于维修操作;

② 在飞机上不要用固定式的通道或是需要卸去永久性附着结构的通道;

③ 为了检查各种传动装置、限制器、超重螺杆、滑轮、电缆、导向装置、油箱与供油系统、增压泵以及类似项目,应在机身、机翼、发动机舱、舵翼以及任何不得不从内部才能达到的部件上设置通道门;

④ 所有可拆卸的检查门与通道门上都必须加上标志,或把标志作在该门所在的部位上;

⑤ 需要经常进行检查、保养或维修的通道门不得用螺钉固定;

⑥ 应使各个操纵用的零部件在检查与维修时可达,要使传动装置在调整冲程和更换电机刷时可达,恒温控制器的温度装定与调整装置应能容易达到,检测波形、电压、液压与气压等的测试点应容易辨认并且可达。

对各机械装置的可达性一般要求为:

① 需增压而具有独立增压舱的通信系统或火控系统部件应易于从飞机上拆卸下来,如可拆卸的机头部分或密封舱;

② 把燃料箱舱与飞机的其他部分隔开并加以密封。此外,设置若干个适当的排泄口,把渗漏出来的燃料和烟雾从某几个点排到机外以防起火。特别要防止燃料排入发动机排气系统、涡轮机、炸弹舱以及电气设备或其周围。

上述的要求为定性要求。在满足定性要求的基础上,不断运用经验、GJB 中的数据来估算完成各项活动的时间,发现维修性设计缺陷,改进设计方案,以实现其定量要求。比较通用的办法是:尽量结合相似产品设计中存在的问题,加以避免,考虑使用维护经验,估算接近时间。

诊断时间,主要结合测试性设计考虑,充分利用重点型号 CMS 的功能,实现快速故障定位、隔离。

拆装时间,既与总体设计相关,同时也与各系统、设备的安装连接方式关系密切。主要通过考虑拆装活动所需的运动包络空间来确定拆装的难易,进而为满足定量要求提供保障。必要时可开展维修路径规划,为深入分析维修性水平、确保从总体方面实现维修要求奠定基础。

4.1.4 维修性设计准则的主要内容

维修性设计准则的主要内容如图 4-2 所示。

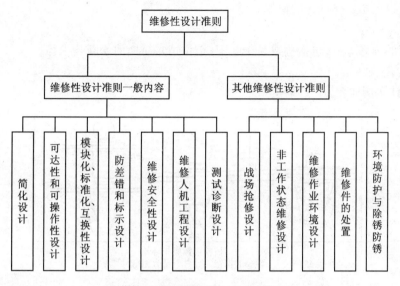

图 4-2　维修性设计准则主要内容

图 4-2 所示项目是目前较为常用的维修性设计准则的一般内容和其他维修性设计准则。模块化、标准化和互换性设计、防差错和标示设计如图 4-3 所示。

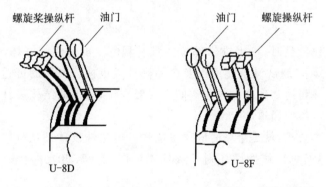

图 4-3　同类机型不同型号飞机上相同操纵杆的布局相反

4.2　维修性设计准则一般内容

4.2.1　简化设计

简化设计主要包含两层含义：

① 在满足功能和使用要求下,尽可能采用最简单的结构和外形;

② 简化使用和维修人员的工作(如维修规程简单明确,资源要求少等)。

简化设计的主要设计技术包括：

① 减少零、部件的品种和数量;

② 简化产品功能;

③ 产品功能合并;

④ 产品设计与操作设计的协调；

⑤ 改进可达性；

⑥ 方便的维修方法，包括构造易于装配（定位销）、简便的诊断技术等；

⑦ 其他。

简化设计实例如图 4-4 所示。

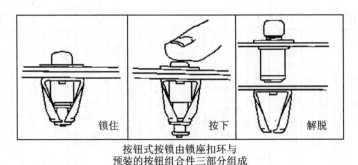

按钮式按锁由锁座扣环与
预装的按钮组合件三部分组成

图 4-4　快速解脱坚固件实例

4.2.2　可达性和可操作性设计

1. 概　述

可达性是指维修产品时，接近维修部位的难易程度。可达性的好坏，直接影响产品的可视、可接触检查、工具和测试设备使用以及产品修理或更换。产品的可达性一般包含 3 个层次，即视觉可达、实体可达和适合的操作空间。一般来说，合理的结构设计是提高产品可达性的途径（如维修口盖、维修通道等）。

对维修性的基本要求，就是维修时间尽可能短。可达性设计是从维修空间和布局着眼来提高维修性的措施，而可操作性设计则是从具体操作（拆卸、组装、调整）入手，使维修方便、快捷。

2. 基本设计准则

1) 可达性的基本设计准则

① 统筹安排、合理布局。故障率高、维修空间需求大的部件尽量安排在系统的外部或容易接近的部位。

② 产品各部分（特别是易损件和常用件）的拆装要简便，拆装零部件进出的路线最好是直线或平缓的曲线；不要使拆下的产品拐着弯或颠倒后再移出。

③ 为避免各部分维修时交叉作业与干扰（特别是机械、电气、液压系统中的相互交叉），可用专舱、专柜或其他适宜的形式布局。

④ 产品的检查点、测试点、检查窗、润滑点、添加口及燃油、液压、气动等系统的维修点，都应布局在便于接近的位置上。

⑤ 尽量做到检查或维修任一部分时，不拆卸、不移动或少拆卸、少移动其他部分。

⑥ 需要维修和拆装的机件，其周围要有足够的空间，以便进行测试或拆装。

维修通道口或舱口的设计应使维修操作尽可能简单方便,如图 4-5 所示。

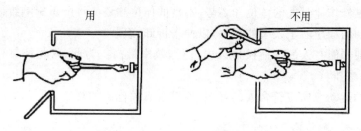

用　　　　　　　　　　　不用

图 4-5　铰连在底部的通孔门

⑦ 维修时,一般应能看见内部的操作,其通道除了能容纳维修人员的手和臂外,还应留有适当的间隙以供观察。

⑧ 在不降低产品性能的条件下,可采用无遮盖的观察孔。

口盖是维修性设计中常采用的措施,用于提高维修的可达性。在航空装备中根据口盖的使用要求进行分类选用,有关口盖的分类及口盖的理想程度参见表 4-1 和表 4-2。

表 4-1　口盖的分类

口盖类型	定　义
A 类	打开或关闭时间小于 1 min 的检查口盖。这类口盖应利用锁销进行固定。飞机上用的所有维护点,飞行前及飞行后检查和日常检查的产品必须采用 A 类检查口盖,或不用检查口盖就可以进行检查
B 类	打开或关闭时间从 1~10 min 的检查口盖。这些检查口盖可利用锁销,也可利用快卸紧固件进行固定。对于 MTBF 要求较低的产品,所有要求进行定期阶段检查或频繁拆卸的产品都应通过 B 类口盖进行检查
C 类	打开或关闭时间是根据检查口盖上具有的螺钉数量而定的检查口盖。检查口盖应利用标准螺钉而不利用锁销或快卸紧固件进行固定。对于 MTBF 要求高的产品、所有不要求进行定期阶段检查或频繁拆卸的产品都应通过 C 类检查口盖进行检查

表 4-2　口盖的理想程度

理想程度	实体可达措施	仅用于目视检查	用于测试与保养设备
最理想	拉出式机座或抽屉	无盖通孔	无盖通孔
理　想	铰链门(若必须防止尘污、湿气或其他异物侵入时)	塑料窗(若必须防止尘污、湿气或其他异物侵入时)	弹簧加力滑动帽(若必须防止尘污、湿气或其他异物侵入时)
不太理想	带有卡锁、快速解脱紧固件的可拆卸面板(若无足够空间可安交接门)	不碎玻璃(若塑料不能承受机械性磨损或接触溶剂时)	带最少量符合要求的大号螺钉的盖板(若应力、压力或安全需要)
最不理想	带最少量符合要求的大号螺钉的可卸面板(若应力、压力或安全需要)	带最少量符合要求的大号螺钉的盖板(若应力、压力或安全需要)	带最少量符合要求的大号螺钉的盖板(若应力、压力或安全需要)

2）可操作性的基本设计准则

① 维修作业中所需操作力(包括拆卸、搬运等)应在人的体力限度内,并不易迅速引起疲

劳,还应考虑到作业效率的需要(费力的作业,动作慢)。

② 应考虑维修作业时人的体位和姿势,不良的体位和姿势将严重影响维修效率。

③ 零部件的结构应便于人手的抓握,以便于拆卸、组装。

④ 维修作业如能在人的舒适操作区内进行,效率最高。为此,常将待维修部位设计成可移出式或拆卸下来维修。

⑤ 操纵器的运动方向应符合人的习惯,即符合有关标准的规定,违反这一规定,在操作中极易出错误。

⑥ 操纵器的运动应与被控对象(或显示器)的运动具有相应性。

⑦ 操纵器的操纵阻力应适度。

⑧ 操纵器的布局应符合操作程序逻辑,并有足够操作空间。

⑨ 对众多的操纵器应进行编码,以便区别其不同的功能,防止操作失误。

⑩ 简化设计,简化机器结构。

⑪ 组装式结构,而不是整体式结构:整机分解为分层次的模块,便于拆下来检修,维修作业以不同层次的模块为单位展开,简化维修操作和诊断测试作业。

⑫ 散件集装化:把各种散置的零件、元器件,以适当的原则进行集中安装,形成模块,模块可单独制造、测试、调整,直接参与整机组装,使模块成为维修的基本单元。

⑬ 尽可能采用标准件、通用件,选用通用的仪器设备、零部件和工具,并尽量减少其品种,使易损件具有良好的互换性和必要的通用性。提高标准化程度不仅可提高维修效率,并可减少对维修人员的技术水平要求,减少培训。

⑭ 快卸、快锁式结构,简化拆卸、组装操作,提高工作效率。

⑮ 移出式结构,不是将部件拆下来,而是将部件从整机移出来,使之便于维修操作。

4.2.3 模块化、标准化和互换性设计

1. 概 述

① 标准化是减少元器件和零部件、工具的种类、型号和式样,有利于生产、供应、维修。开展标准化工作,应从以往型号的经验与教训入手,针对一些数目较多的紧固件、连接件、扣盖、快卸锁扣等给出标准化要求。

② 互换性是指产品间在实体上(几何形状、尺寸)、功能上能够相互替换的设计特性。在维修性设计时考虑互换性,有利于简化维修作业和节约备品费用,提高维修性水平。

③ 模块化是指产品设计为可单独分离的,具有相对独立功能的结构体,以便于供应、安装、使用、维护等。模块化设计是实现部件互换通用、快速更换修理的有效途径。

标准化、互换性、模块化设计原则的采用,应有利于产品的设计和生产,特别是在战场上的紧急抢修中,对采用拆拼修理更具有重要意义。

2. 基本设计准则

模块化、标准化和互换性的基本设计准则包括:

1) 优先选用标准件

① 最大限度地采用通用零部件。

② 尽量减少需要的零部件品种。

③ 不同应用一致。

④ 与现有应用兼容。

⑤ 通过简化设计尽量减少供应、存储及存期问题。

⑥ 采用统一的方法,简化零件的编码和编号。

⑦ 尽最大可能使用货架(off-the-shelf)部件、工具、测试设备。

2)提高互换性和通用程度

① 在不同产品中最大限度地采用通用零部件,并尽量减少其品种。

② 设计产品时,必须使故障率高、容易损坏、关键性的零部件具有良好的互换性和必要的通用性。

③ 为避免危险状况,实体互换场合应具有功能互换。反之,功能不能互换的场合不应实体互换。

④ 功能互换的产品应避免实体上不同。

⑤ 互换完全不可行时,应功能互换,并提供适配器以便实体互换可能。

⑥ 安装孔和支架应能适应不同工厂生产的相同型号的成品件、附件,即全面互换。

⑦ 产品上功能相同且对称安装的部、组、零件,应尽量设计成可以通用的。

⑧ 为避免潜在错误理解,应提供非文件说明和标示牌,以便维修人员正确决定产品的实际互换能力。

⑨ 修改零部件设计时,不要任意更改安装的结构要素,以免破坏互换性而造成整个产品或系统不能配套。

⑩ 产品需作某些更改或改进时,要尽量做到新老产品之间能互换使用。

⑪ 在系统中,零件、坚固件和连接件、管线和电缆等应实行标准化。

3)尽量使用模块化设计

① 产品应按照功能设计成若干个能够完全互换的模件(或模块),其数量应根据实际需要而定。

② 模件从产品上卸下来以后,应便于单独进行测试。

③ 成本低的器件可制成弃件式的模件并加标志。

④ 模件的大小与质量一般应便于拆装、携带或搬运。

标准化、互换性、模块化设计原则的采用,应有利于产品的设计和生产,特别是在战场上的紧急抢修中,对采用拆拼修理更具有重要意义。

4.2.4　防差错和标示设计

防差错设计是指从设计上入手,保证维修作业不会发生错误;如果发生错误,则关键的步骤就无法进行,应使错误能尽快被发现。识别标志是一种经常采用的防差错设计手段。

防差错设计的基本设计原则包括:

① 设计产品时,外形相近而功能不同的零件、重要连接部件和安装时容易发生差错的零部件,应从结构上加以区别或有明显的识别标志。

③ 产品上应有必要的防差错、提高维修效率的标志,如危险任务的标志放置、提示性信息

表达等。防差错和标示设计实例如图 4－6、4－7 所示。

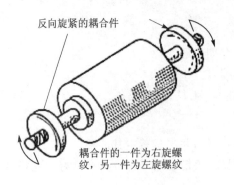

图 4－6　防止误装的标记

图 4－7　阀门标记

4.2.5　维修安全性设计

维修安全性是指避免维修人员伤亡或产品损坏的一种设计特性。维修安全性基本的设计准则包括：

① 防机械损伤。

② 防电击。

③ 防高温。

④ 防火、防爆、防化学毒害、防侵蚀等。

⑤ 防核事故。

制定此项准则内容时，可见 GJB 900、GJB/Z99 等。

4.2.6　维修性人素工程设计

1. 概　述

维修中的人素工程是指考虑维修作业过程中，从人的生理、心理因素的限制来考虑产品应如何开展设计，使得维修工作能够在人的正常生理心理约束下完成。主要包括以下 3 类因素：

① 人体测量：身高、体重等，这类因素与可达性、维修安全性相关联。

② 生理要求：力量、视力等，这类因素与可达性、维修安全性、防差错等相关联。

③ 心理要求：错误、感知力等，这类因素与维修安全性、防差错等相关联。

在制定设计准则时，要注意避免重复。

2. 基本设计准则

维修性人素工程基本的设计准则包括：

① 设计产品时应考虑使用和维修时人员所处的位置与使用状态，并根据人体的度量，提供适当的操作空间，使维修人员有个比较合理的状态。

② 噪声不允许超过规定标准。

③ 对维修部位应提供适度的自然或人工的照明条件。

④ 应采取积极措施，减少震动，避免维修人员在超过标准规定的震动条件下工作。

⑤ 设计时,应考虑维修操作中举起、推拉、提起及转动时人的体力限度。

⑥ 考虑使维修人员的工作负荷和难度适当。

⑦ 设计应满足人的特性与能力:

● 设计应保证 90% 使用者人群可以操作和维修;

● 极限尺度应设计为保证 5% 和 95% 百分位的人群水准。

4.2.7　测试诊断设计

1. 概　述

一个产品或系统不可能总是工作在正常状态,使用者和维修者要掌握其"健康"状况、有无故障、或何处发生了故障。为此,需对其进行监控、检查和测试。性能测试和故障诊断的难易程度直接影响产品的修复时间,产品越复杂,这种影响越明显。

测试是指为确定产品或系统的性能、特性、适用性或能否有效正常地工作,以及查找故障原因及部位所采用的措施及操作过程或活动。

故障检测:发现故障存在的过程。

故障定位:一般可分为粗定位和精定位两类,前者是确定故障的大致部位和性质的过程,后者则是把故障部分确定到需进行维修范围的过程。而故障隔离一般是特指后者。

故障诊断:使用硬件、软件和(或)有关文件规定的方法,确定系统或设备故障、查明其原因的技术和进行的操作。故障诊断也可认为是故障检测和故障定位(包括故障隔离)活动的总称。

2. 基本设计准则

测试诊断的基本设计准则包括:

① 合理划分功能单元:应根据结构表示物理和电气的划分。因为实际维修单元是结构分解所得的模块。

② 应为诊断对象配备内部和外部测试装置,并应确保 BITE(内部测试装置)性能的修复和校准。

③ 测试过程(程序)和外部激励源,对部件本身及有关设备或整个系统不产生有害效果。尤其需注意检查会否构成影响安全的潜在通路。

④ 所有的总线系统对各种测量都应是可访问的。

⑤ 对于通用功能,应设计和编写诊断应用软件,以便维修人员可以迅速进行检测。

⑥ 应考虑维修中所需使用的外部设备及其测量过程,应考虑与外部设备的兼容性和配备必要的测试点。

⑦ 诊断系统应能通过相应的测量,对产品的使用功能、设计单元的状态和输出特性做出评价。

⑧ 测试方式的转换:每个诊断系统都不可能是完美无缺的,有时会造成对被测件(UUT)的测试不准;此时,可应用常规的、功能定位的测试方法,在可替换模块级确定故障位置,这些维修接口(测试点)也可用来检测模块的运行数据。

4.3　其他维修性设计内容

4.3.1　战场抢修设计

战场抢修特性是指时间紧迫、环境恶劣、允许恢复状态的多样性、抢修方法的灵活性。便于战场抢修的基本设计准则主要包括：

1) 容许取消或推迟预防性维修设计措施

① 如取消预防性维修工作，不应出现安全性故障后果。

② 推迟到什么程度，应在设计中予以考虑和说明。例如，通过设计报警器和指示器等途径，告诉操作人员在什么程度下装备仍可安全使用；对大型、复杂装备应有对损伤或故障危害的自动判断报告系统。

③ 采用并联（或多重）结构，有利于提高可靠性和推迟预防性维修，例如，对于铰链门，从抢修角度设计，采用三个较小的铰链（而不用两个较大的铰链）来固定门，当一个铰链损坏时仍可维持使用。然而，这还需与简单性进行权衡。

④ 对电子产品等的某些关键部分可采用冗余设计，并努力缩短系统重构时间，以维持装备的战斗能力。

⑤ 把装备的非关键部件安装在关键部件的外部，保护关键部件不被弹片击中，保护装备的关键作战性能。

2) 便于采用人工方式替代损坏件功能

① 大型产品在拆卸时除了使用起重设备外，在设计上还允许使用人力和绳索等，应设置起吊的系点。

② 自动装置失灵时，允许进行人工操作。

③ 尽量减少需用的专用工具，只需用起子、钳子和活动扳手等普通工具就可维修。

④ 可修单元的重量应尽量限制在一个人就可以搬动的程度，并设置人工搬动所需的把手。

⑤ 配合和定位应尽可能放宽，使产品在分解结合时无须使用起吊和定位等工具。

3) 便于截断、切换或跨接

① 对于流程或某种运动提供允许替代的（备用的）途径。

② 设计附加接线端子、电缆、管道、轴、支撑物等。

③ 对于各个线路、管道应在全长或适当位置加标志，使其能够简便而准确地追踪其流向。

④ 设法使被截断、切换或跨接的部分能方便地与系统对接或从系统中分离出去。

4) 便于置代

置代不是互换，用本来不能通用互换的产品去替代损坏的产品，以便使装备恢复主要作战能力。例如，用较小功率发动机代替大功率发动机工作，虽然性能有所下降，但尚能应急使用和撤离。为了实现置代，设计时应考虑相关接口（机械接口、电气接口、安装接口等）的兼容性。

5) 便于临时配用

用粘接、矫正、捆绑等方法，或利用现场临时找到的物品来代替损坏的产品，使装备功能维持下去。为此,设计时应尽可能放宽配合公差、降低定位精度,以适应这种抢修方法。另外,应提供较大的安装空间,以便于手工制作与安装。

将非关键件安排在关键件外部,保护关键件不被碎片击中。对不便在外场条件下抢修的关键件,在设计上应考虑合理规划其 LRU 构成,以便拆换。对复合材料结构件,应在设计时考虑到实施时的修理可能性。

6) 便于拆拼修理

拆拼修理是指拆卸同型或不同型装备上的相同单元替换损伤的单元,设计中应考虑:

① 采用标准件、通用件和模块实施拆拼修理,使同一功能的零部件可以互换,在战场上就有可能将两支有故障的枪械修复成一支好的枪械。

② 电气、电子和流体系统参数的标准化,如电压与压力的标准化。例如,电子设备中,标准的信号和电源电压便于电子部件的配换;液体流体领域,标准化的参数值,可以为拆拼修理泵、阀门、管路等提供方便。

7) 使装备具有自修复能力

对装备上易遭损伤的关键产品,设计时应考虑使之具有自修能力,以维持最低功能要求。例如,油箱具有损坏后自动补漏功能,车辆轮胎具有自充气(或填充其他材料)功能。

8) 选用易修材料

如有可能,产品设计应选用修复简便、不需或很少需要专门设备、工艺、或要求严格的材料,以便在战场上修补或矫正。

9) 使损伤的装备便于脱离战斗环境

装备受损后,若不能现场修复,应使损伤的装备立即撤离战斗环境,以避免进一步受到损伤,并尽快实施抢修。例如,使损伤的装备能自行撤离或提供拖拽等,有其他车辆牵引,离开战场。

4.3.2　非工作状态维修设计

非工作状态包括存储状态、运输状态、战备警戒状态或其他不工作状态。在制定此类设计准则时,除通用维修性设计准则(如可达性、简化、安全等)外,重点应考虑减少和便于预防性维修设计。例如,对于导弹类装备,可考虑在导弹储运箱设计时增加若干指示器或者设计加注口,便于储存期间装备的定期检查和维护。

此外,还应针对产品不工作期间,考虑提供抗恶劣环境的能力以及适当增加储存寿命的内容。

4.3.3　维修作业环境设计

1. 概　述

维修工作的质量和效率取决于精湛的维修技术和良好的维修环境。在维修实践中,往往由于对维修环境考虑不周全或被忽视,而影响到维修工作的正常进行。全面考虑维修技术和维修环境的各要素,并在可能条件下予以优化,才能取得良好的维修效果。

就维修环境而言,一般有狭义的维修环境和广义的维修环境两个既有联系又有区别的概念:

1) 狭义的维修环境

在人-机-环境系统中,直接影响维修的环境条件。一般是指物理环境,即照明环境、声学环境、振动环境、微气候环境、辐射环境,以及粉尘、烟雾等的特殊理化环境。

2) 广义的维修环境

广义的维修环境是指维修的支撑环境,即为实施维修任务所应具备的客观条件。它包括物理环境、硬件环境、软件环境、资源环境、空间环境、组织管理环境等。在维修中,全面理解广义维修环境的概念是有益的,它是判断维修的可能性、评审系统的可维修性和维修效率的依据。

2. 基本设计准则

1) 照明要求

① 适宜的作业照明应满足下列要求:

- 在作业位置能清楚识别作业对象的必要细节;
- 作业对象与背景间有足够的对比度;
- 视野内无影响作业的眩光。

② 适宜的环境照明应满足下列要求:

- 给空间以适当的明亮感;
- 有利于加强安全和易于活动;
- 有助于将注意力集中在工作区上;
- 为一些区域提供比作业区亮度较低的亮度;
- 借助光线的方向性和漫射性的平衡,可使人脸有自然立体感和柔和的阴影;
- 采用良好显色性的光源,可使人和陈设显现出满意的自然本色;
- 在工作室内形成一种愉快的亮度和颜色变化,以利于工作人员的健康和减轻工作的心理负担;
- 应选择适宜的地面、墙面和设备的配套颜色,以增强清洁、明快感。

③ 各种不同区域作业和活动的照度范围值应符合表4-3所列的规定。一般采用表4-3的每一照度范围的中间值。当采用高强气体放电灯作为一般照明时,在经常有人工作的场所,其照度值不宜低于50 lx。

表 4-3 各种不同区域作业和活动的照度范围(GB/T 13379)

照度范围/lx	区域、作业和活动的类型	照度范围/lx	区域、作业和活动的类型
3～5～10	室外交通区	300～500～700	中等视觉要求的作业
10～15～20	室外工作区	500～700～1 000	相当费力的视觉要求的作业
15～20～30	室内交通区、一般观察、巡逻	750～1 000～2 000	很困难的视觉要求的作业
30～50～75	粗作业	1 000～1 500～2 000	特殊视觉要求的作业
100～150～200	一般作业	>2 000	非常精密的视觉作业
200～300～500	一定视觉要求的作业		

④ 凡符合下列条件之一及以上时,工作面的照度值应采用照度范围的高值:

- 一般作业到特殊视觉要求的作业,当眼睛至识别对象的距离大于 500 mm 时;
- 连续长时间紧张的视觉作业,对视觉器官有不良影响时;
- 识别对象在活动的面上,且识别时间短促而辨认困难时;
- 工作需要特别注意安全时;
- 当反射比特别低或小对比度时;
- 当作业精度要求较高时;
- 由于生产差错造成损失很大时。

⑤ 凡符合下列条件之一及以上时,工作面上的照度值应采用照度范围值的低值:

- 临时性完成工作时;
- 当精度和速度无关重要时;
- 当反射比和对比度特别大时。

⑥ 工作区域内的一般照明的照度均匀度不宜小于 0.7。

⑦ 工作区域内走道和其他工作区域的一般照明的照度值不宜低于工作区照度值的 1/5。

⑧ 考虑方向性的原则:

- 应采用低入射角度的光透射到工作面上,以利于识别表面的缺陷和质地;
- 避免视觉工作面上和作业附近有显眼的阴影,光线不应过于定向,以利于有效观看;
- 光线也不应过于漫射,以使照射物体具有造型立体感。

2) 改善气温环境的准则

① 改善热不舒适:

- 减低温度:合理布置热源和疏散可移动的热源;
- 降低湿度:可加快汗液蒸发,在设计时,应在通风口设置去湿器;
- 增加气流速度:如提供风扇。干球温度 25 ℃ 以上时,增加气流速度可显著提高舒适度;当周围温度升高到 35 ℃ 时,尤其是相对湿度高时(>70%),其作用减弱;在中等强度到中体力劳动情况下,当气流速度大于 2 m/s 时,散热效率不再提高。
- 降低工作负荷:可减少人体产热,以保持人体平衡。放慢工作速率,尽可能缩短连续工作时间,如实行小换班、增加工间休息次数,延长休息时间等。休息时应离开热和潮湿环境。采用辅助工具,减轻体力劳动强度。
- 调节衣服:穿着防护服、特殊高温作业需佩戴隔热面罩、穿热反射服(镀铝夹克)或冰背心、风冷衣。
- 提供对辐射热的防护层:在人和辐射表面之间放置防护屏(隔板),隔热板可用泡沫塑料(也可用木质或织物)和镀铝反射层组成。
- 舒适的休息场所:提供工间休息场所(可以是食堂、休息室或一小块空地),该处有适度的流动空气和凉爽的环境(20 ℃～30 ℃),并提供座椅和饮水。

② 改善冷不舒适:

- 减低气流速度:用挡风板、防风罩或防风衣减低风对人的影响。
- 增加或超出工作负荷:调节工作负荷,使动静作业合理结合调配。
- 增加服装隔热值:不舒适程度一般相对于肤温而言。增加服装隔热面和隔热层,提高服装的隔热值,例如,穿着御寒衣(热阻值大、吸汗和透气性强的衣料制成),且尺寸

不宜过紧;

● 加辐射热:提供加热器,可增加小范围内的舒适。

③ 工作场所的噪声控制:

● 改进设计:采用低噪声结构(例如改善风机叶片),选用发声小材料(如塑料),提高传动精度。

● 改善生产工艺和操作方法:例如,用焊接或压接代替铆接等。

● 使用各种减振装置和消声器:例如,在排气口装消声器。

● 在噪声源周围、工作点周围或噪声传播途径上,采用消声、隔声、吸声、隔振、阻尼等局部措施,例如,设置各种屏、栅栏、围栏、消音板等。

● 天花板、墙、地板等采用吸声材料。

● 为使工作环境能很好进行语言交流和有适当的"听觉舒适",混响应尽可能低,在语言音频范围(250~4 kHz)混响时间应在 0.5~1.0 s 之间。

● 所谓混响时间是指当切断声源,房间内的声压级自初始稳定状态衰减 60 dB 的时间。混响时间可用来表述具有扩散场条件房间的声学特性,房间的容积必须考虑进去。混响时间与频率有关。房间容积小于 200 m³,混响时间允许 0.5~0.8 s,或更低;房间容积 200~1 000 m³,允许的混响时间在 0.8~1.3 s 之间。

● 0.5~0.8 s 不同容积的工作环境最大混响时间推荐值见表 4-4。

表 4-4　不同容积的工作环境最大混响时间(ISO 9241-6)

工作环境容积/m³	最大混响时间推荐值/s		工作环境容积/m³	最大混响时间推荐值/s	
	语言交谈	一般用途		语言交谈	一般用途
50	没有规定	没有规定	500	0.7	1.1
100	0.45	0.8	1000	0.8	1.2
200	0.6	0.9	2000	0.9	1.3

● 若工作环境混响时间超过表 4-4 的推荐值,首先要考虑天花板的吸声问题;但对于大的工作环境来说,这问题就复杂得多,必须采取多种声学处理措施。

④ 使用个人防护用具,减少噪声对接收者产生不良影响。

⑤ 合理安排工作时间,采用适当的轮换作业和轮班制度,设置清静的休息区,缩短人在噪声环境中的暴露时间。

4.3.4　维修件的处置(报废和修复、贵重件的可修复)

贵重件是指生产制造成本很高,而可修复性是指贵重件发生故障后不要简单更换报废,应尽量考虑能够修复后重新使用。贵重件可能是零部件,也可能是组合件。该方面的设计原则包括:

(1) 对于贵重的零部件,在产品设计中应尽量采用简便、可靠的调整装置;

(2) 对于贵重的零部件,在产品设计中应尽量考虑采取简便的维修方式(如锉修、表面喷涂等);

(3) 对需要原件修复的贵重零件尽量选用易于修理并满足供应的材料;

(4) 对需加工修复的贵重零件,应设计成能保证其工艺基准不致在工作中磨损或损坏;

(5) 采用热加工修复的贵重零件应有足够的刚度;

(6) 对容易发生局部耗损(如磨损、老化、腐蚀等)的贵重组合件,应设计成可拆卸的组合件形式;

(7) 在产品设计中要充分考虑使用环境(包括压力、温度、湿度、腐蚀性环境等)对贵重件的影响。

4.3.5　环境防护与除锈防锈

1. 概　述

环境因素是影响产品可靠性和寿命的主要因素之一,同样也是影响维修工作量的主要因素之一。环境防护设计是设备可靠性设计的主要内容,同样也是减少预防性维修工作量的重要手段。环境防护设计对维修的意义举例如下:

1) 缩短维修时间

良好的防护设计可减少螺纹、铰链、锁栓等的锈蚀,大大缩短拆卸(包括除锈)时间。

2) 减少维修和调校的频度

良好的防护设计,可减少或防止粉尘进入设备而减少清洗次数和因机械磨损而需进行的调校;腐蚀将影响电磁元器件和电路的性能参数,增加电路调校次数;零部件和元器件受到良好保护,可减少其损伤,从而减少易损件的更换次数和工作量。

3) 有利于故障的诊断和排除

良好的防护设计不仅可减少故障,而且使故障性质和位置易于判断。例如,电子设备由于元器件失效形成的故障,易于判断和定位;但由于潮湿和粉尘引起的爬电和短路所引起的故障则难于判断和定位,因为不易确定它在线路哪个部位,也就难于确定排除故障的措施。

4) 减少和防止维修差错

鲜明的识别标志是提高维修效率、防止和减少维修差错的重要保证。不良的防护设计,可导致标记的字符不清,易于造成安装和测试的失误,从而造成不良后果。

5) 有利于战场抢修

对于许多有时间性要求的维修,例如,战场上武器的维修,电力系统、通信系统等公益事业故障的维修,常常是现场抢修的。不良防护所带来的难于拆换、诊断困难等因素将严重影响现场抢修的效率和质量,造成不良后果。

6) 有助于确保维修安全

系统或产品的安全性设计是针对某种确定的使用状态所进行的,不良的防护所带来的恶劣状态是系统和产品存在着出乎预料的潜在安全隐患,例如,因拆卸困难而引起对维修人员的机械性损伤;电器线路短路、绝缘下降或接触不良,引起对维修人员的电击等不安全因素。

防锈技术是指在金属表面涂覆防锈材料,防止金属制件锈蚀的方法。这种防锈一般属于"暂时性"防锈,即当金属制件使用时,该防锈材料可以顺利地除去。其防锈期一般在几个月到几年,有的甚至超过十年。防锈技术对于防止金属制件在生产、运输和储存期间的锈蚀有重大意义。

"暂时性"防锈法主要包括如下几类：防锈水、乳化油、防锈油、气相缓蚀（防锈）剂、可剥性塑料、环境封存等。

防锈油是一种用得极为普遍的防锈材料。防锈油是在一般矿物油中加入油溶性缓蚀剂和其他添加剂而组成的一类"暂时性"防锈材料。它具有取材容易、成本低廉、适应性较广和防锈性较好的特点。防锈油包括：防锈脂、防锈油、防锈润滑两用油、溶剂稀释型防锈油、溶剂沉积硬膜防锈油、人汗置换型防锈油、气相防锈油等。各类防锈油均可作不同情况的封存防锈（置换型防锈油需是浓液），一般防锈期在 1～5 年。

在实际防锈工作中，应用防锈油时，必须同时考虑到金属的表面预处理以及防锈油与内包装材料的适应性问题。金属表面预处理包括除锈、清洗和干燥。一些抗水抗油渗透能力很强的内包装材料可以相应提高防锈油的防锈寿命，内包装材料有：纸质、塑料、金属箔及其复合材料等。

2．基本设计原则

（1）涂油：对裸露的钢铁表面（包括发蓝处理的表面）涂防锈油（脂）；涂油前应对裸露表面进行清洗、去油、去锈；

（2）补漆：对被损坏的油漆表面进行局部补漆，这主要是用于不影响外观的设备内部的零件表面；

（3）重新涂漆：对于设备的外表，可重新喷一层新的面漆，以掩盖维修痕迹，并更新设备面貌；

（4）刷镀：对设备内部的非涂漆表面的损伤，可采用局部刷镀的方式，对受损表面进行局部电镀；

（5）退镀并重新电镀：对某些易拆卸零件表面镀层的损伤，可拆下退镀后再重新电镀，以恢复其原有的防护能力和装饰功能；

（6）零件更换：对表面防护层难以修复的廉价零件，按易损件处理，重新更换新零件；

（7）紧固件：对尺寸较小的紧固件，在拆卸过程中往往不仅是防护层受损，并且由于多次拆卸而导致螺钉头部槽受损，宜改换新的紧固件；

（8）对某些外观表面的损伤，可粘贴不干胶标牌予以藏拙（遮丑），但应特别注意外观的整体美学效果；

（9）某些防锈油对橡胶有较大的侵蚀性，必须以蓖麻油为基的防锈油来代替一般的防锈油。

4.4　常用件的维修性设计

4.4.1　紧固件

1．概　述

在应用中的紧固件有许多种类与大小，并且不断出现新的形式。应用紧固件时，应通过对各种流行紧固件的考察择优采用。紧固件的选择和评价应立足于耐用性、易于操作、速度、便于更换以及本章所叙述的其他要求。紧固件的设计、选择应用应考虑以下几点：

（1）紧固件必须承受的应力与外界因素；

（2）紧固件周围的工作空间、使用空间和扳手的余隙；

（3）操纵紧固件需用的工具种类，这是与紧固件的种类、用途以及所在的部位有关；

（4）系统中各处所用紧固件的品种型号；

（5）紧固件操作的频繁度；

（6）包括操纵紧固件在内的所需工作时间。

2. 考虑维修性的设计措施

下面各段给出了在采用紧固件时应考虑的一般要求：

1）紧固件的标准化

（1）系统内所采用的紧固件，其种类与大小应减到最少限度。

a）只采用少量的能互相迅速区别的基本种类与大小；

b）对于同种用途（例如，某一种给定项目全部安装螺栓）采用同一种类和大小的紧固件；

c）应该使所用的螺钉、螺栓和不同螺纹尺寸的元件确实具有明显不同的外形尺寸，否则就可能混淆互换；

d）避免采用特殊紧固件或紧公差的紧固件。

（2）系统内各紧固件不同旋紧力矩要求的数量应减至最少限度。

a）只采用少数的基本值；

b）把这些值分别固定给种类、大小或标志明显不同的各紧固件；

c）在要求精确旋紧力矩的地方，应为能调节不同力矩的扳手或套筒扳手设计好余隙。

（3）把操作紧固件需用工具的种类和大小减到最少程度。

a）避免使用专用工具；

b）选择用普通手工具操作的紧固件。

2）紧固件的材料

（1）紧固件应选用有色金属（防锈）材料；

（2）在需要强度的地方可采用不锈钢或铜镍合金；

（3）铝合金零件不可用铝合金螺纹件旋入；

（4）不可使用能引起原电池作用的紧固件，例如，在镁制件上使用钛制紧固件将引起电化学腐蚀；

（5）在要求拉伸强度或剪切强度高的地方，不可使用非金属紧固件。

3）紧固件的安装

（1）设计时应考虑螺纹剥蚀、磨损或损毁的紧固件的可更换性；

（2）紧固件安装孔或其他空隙应有足够的大小，使紧固件开始时易于进入而不必完全对准；

（3）铰链、门扣、卡锁、碰锁以及其他快速解脱装置，应该只用小的螺钉或螺栓固定，不要用铆钉；

（4）安装螺栓时，应使其头部向上，这样在失去螺母时不致掉下；

（5）应通过下列方式安装螺栓和螺母（特别是经常需要分解而又不易达到的），使安装过程只用单手或一把工具就能操作：

a）有容纳螺帽或螺栓头的凹进部分；

b）半永久性地固定螺栓或螺帽；

c）采用螺母锁片、通槽螺母或自位螺母。

4）紧固件的数量

（1）应使用最低限度数量的紧固件和紧固件零件；

（2）为减少紧固件需要的数量，最大限度地采用铰链、卡锁、碰锁以及其他快速解脱紧固件；

（3）宁用少量的大紧固件而不用大量的小紧固件（除了在需要保持气密或液封的地方）；

（4）安装一个单件时，紧固件的数量不要超过 4 个。通病是对于要求较为结实的结构往往用了过多的紧固件。

5）紧固件的配置

（1）能够操作而不用先卸去其他的零部件；

（2）操作时受其他结构的干扰为最小；

（3）在紧固件彼此之间或其他零部件之间互不相干扰；

（4）对人员、线路或软管不构成危害；

（5）其周围空间便于用手或工具操作。对于需要用双手或电力工具操作、解脱或卸下卡滞的紧固件问题应予考虑。

6）紧固件的标志

（1）在正常维修时要操作的所有外部的紧固件应具有与它们所在表面强烈对比的色彩；

（2）所有其他的外部紧固件和装配螺钉应具有与它们所在表面相同的颜色；

（3）一些"特殊"的螺栓和螺钉的头部应涂色或打印标记，以保证它们能被正确地处置、更换而不会搞错；

（4）只应标注大小型号和旋紧力矩的数值，略去厂名和商标；

（5）紧固件的标志必须用蚀刻或压印，使能承受化学品、燃烧、液氧、气候或其他使用条件的侵蚀；

（6）全系统内应只使用一种种类的紧固件标志，标志应提前确定并标准化，应遵守流行的标准。

4.4.2 轴 承

1. 概 述

正确的操作和安装对于优化轴承性能和寿命是至关重要的。除了标准的操作和安装以外，备用轴承的更换也是一个很关键很重要的方面。如果备用轴承被当作一种使机器迅速恢复运转的紧急措施的话，那么替代品应该被写入该机器的历史记录中去。这样就能记录零时的更换，同时可以避免作为临时替代品的轴承持续的工作下去。这种错误会导致很严重的后果，特别是当非正规选用的轴承持续使用并导致提前失效。所以以原来的地专用轴承更换掉劣质的替代品是非常重要的。

2. 考虑维修性的设计措施

（1）在安装滚动部件轴承的时候一条基本的原则就是至少要使轴承的一个轴瓦与其配合的轴或安装孔通过过盈配合镶嵌在一起来防止旋转。这是非常有必要的，这是因为在实际上想通过轴向夹紧轴承来防止转动是不可能的。

（2）要注意在轴承衬套有干涉配合的一侧表面施加装配或分解力。为了防止造成内部损坏，所加的力不能通过滚珠或滚动组件传递到其他轴承衬套。

（3）轴承拉出器能够把滚动部件轴承从其安装座上无损伤的的被拆卸下来。

（4）通常为实际应用选择最佳设计的轴承而不是选择最便宜的轴承。相对于替换部件和由于不恰当的使用轴承导致过早的轴承失效所引起的停产时间，最初使用的轴承的成本通常是很低的。

（5）不要在安装轴承前进行清洗或擦拭，除非说明具体指出了需要进行此项操作。对于这一规则的例外情况是，当使用油膜润滑，同时抗蚀润滑剂在贮存器里硬化或堵塞轴承衬套润滑孔的时候，最好用煤油或其他合适的石油基溶剂进行清洗。另一种例外是在安装前，抗蚀润滑剂被污染物或由于外界原因受到污染的情况下。

（6）在新轴承安装前不要打开轴承包装油纸。已开封的轴承不能再保存在其原始包装中，要将其放置于干净的纸张或不起毛的布料中。当轴承不使用的时候，将其包装在干净的防油纸中。

（7）安装轴承的时候，不要使用木槌，易碎或有缺口的工具，或不洁净的辅助设备和工具。

（8）安装轴承时，要避免轴承与轴发生歪斜。

（9）在拆除轴承的时候，要在分解轴承之前清洗轴承安装座和轴。

（10）污染物有磨蚀作用并决定了轴承设计寿命长度。

（11）使用干净的、经过过滤的和不含水的斯托达德溶液或冲洗油来清洗轴承。

4.4.3　密封件

密封件是产品中广泛应用的常用件。不论是液体、气体的防泄漏，还是电子器材的防潮防尘及光学仪器镜片的防霉防雾等，都需要密封。密封是维修的难点之一，正确设计和选配密封件十分重要。下面给出密封件的维修性设计措施：

（1）预安装的设备的检查应该包括以下几个方面：填料箱空间，横向或轴向的轴的运动（轴端间隙），径向的轴运动（摆动或挠曲），轴的偏斜（弯曲轴），填料箱表面的垂直度，填料箱内径的同轴度，传动器的校正，和导管的应变。

（2）为了恰当地得到密封，填料箱的径向间隙和深度必须和密封组件的草图所示的尺寸一致。

（3）传动器的校正是极其重要的，需要进行定期的检查。导管的应变也会损坏泵，轴承和密封，

（4）机械密封经常被选择并设计成和环境控制器一起工作，在设备启动之前，所有的冷却和加热线应该开动，并且在关闭设备之后也至少要保持一段时间。

（5）在设备启动之前，所有的系统必须得到合理的透风，填料箱必须被合理的透风以避免

蒸汽被锁在密封区间从而导致密封变得很干燥。

（6）在双重密封的装置中，必须保证在启动设备之前密封液体管道被连接，压力控制阀合理地被调整，密封液体系统在运行。

（7）在腐蚀的化学性的应用中装配，机械密封必须用清洁的水冲洗整个系统以防止化学侵蚀，冲洗用的液体的流量和压力根据特定型号而有所不同，但是必须保证有完全，连续的水流。

（8）在不同的应用过程中，填料用来密封轴。

（9）在非旋转的应用中，填料被紧紧地安装在轴的附近以防止泄露的发生。

4.4.4 电子与电气部件

1）蓄电池

（1）蓄电池的安装位置应离开热源并加防护以保证它在最高和最低气温的范围内能良好工作；

（2）蓄电池架应结实，具有便于操作的夹持装置，不需用工具，在一切振动、运动以及穿越炮火震动的情况下均能牢牢地固定住蓄电池；

（3）蓄电池应能有单人迅速方便的卸下进行保养和更换，既不需卸下装备上其他项目，也不需专用工具；

（4）应能完全无阻碍地添注电解液、测试比重和电压。尽可能避免使用松动的注液孔盖；

（5）应设有防尘帽，这样在搬运、移动或更换时，蓄电池的线端就不会接触到金属表面；

（6）蓄电池架、压钣以及在装置周围有可能滴上或渗漏酸液的地方应用防酸漆或覆盖层保护。蓄电池箱内的液体在需要时可用防酸管排出；

（7）蓄电池应放在通风的位置，必要时应能防冻；

（8）蓄电池不应在通风很差的舱室内充电，在那里可能形成氢和空气的爆炸性混合物；

（9）蓄电池课采用钯催化剂的专用注液盖，此种催化剂可以把氢和氧重新转变成水，减少蓄电池所在范围内的有毒雾气；

（10）只有经过审定可用于危险地点的电气装置方能用于蓄电池舱室内以防气体爆炸；

（11）蓄电池的接线端应能快速解脱，以便断电维修或处理紧急事故；

（12）应设有辨别蓄电池的必要标记，如种类、电压、极性以及充电的安全速率（即，不致产生危险浓度的氢气和过多热量时的充电速率）；蓄电池电路中的全部有关线端、接头、触点以及引线均应有标记。需要时，可附一蓄电池电路的方块图或线路图；

（13）除了某些不需要通风的密封干电池外，带有"干"电解质的蓄电池在应用时，也应按照上述要求安装；安装"干"电解质蓄电池的地方应保持干燥、防水、防潮、防污染；尽可能采用不需工具或无活动零件的插头式安装设计；

（14）为增加干电池的储存寿命，可用塑料薄膜封装或用防水的金属盒包装。蓄电池应储存在阴凉的地方。

2）保险与断路器

装备内的主要电路以及在过载和超热情况下需要保护装置不受损坏的其他电路，都应在装备内设置保护装置。对于因电路故障、调整不当、天线或电子管破坏或其他有害的影响等原因而可能承担过载的一切部分,在设计时应该照顾到这种过载。在无法照顾时,就应采用断路器、继电器、保险以及其他设施来保护受影响的部分。采用最低限度的次级保护装置是和好的工程技术实践相符的。

3）继电器

继电器设计应注意以下建议:

（1）可能时,所设计的电路避免采用继电器;

（2）继电器接触点应具有最大的实用尺寸,并应由最高级的抗火花材料制成;

（3）无论何时尽可能采用汞式继电器;

（4）为防止继电器触点氧化,可采用玻璃真空密封或充气继电器;如果电路特别重要,即使开始时是真空,也应考虑采用在贮存若干时间后有除气作用的材料;

（5）在潮湿和烟雾的环境中应采用气密密封继电器;

（6）在潮气中或直流高电势下,自然的有机绝缘体如纸和棉,能使线圈腐蚀;为减少这些影响,在继电器的结构中应采用合成绝缘材料;

（7）当大电流被继电器接通或断开时,能导致电源瞬间变化;如果不能在最小电流下操作,就可能要使用去耦电路和滤波器;

（8）当继电器的弹簧构件逐渐疲劳时,在触点接触与线圈电流之间的时间滞后将逐渐增长;如果精确同步很重要,建议采用外电路、继电器芯加缓动铜套或空气阻尼延迟器来控制继电器;

（9）把继电器触点安在短而厚的支臂上可以减少振动与振动的影响,在需承受振动时,应采用滑触的或跟进的接触点（如同步进式继电器中使用的那样）。可能时,继电器应用于供电部位,因为其保持力量较大,而无意间切断的危险较少。在线圈上应加上适当的电流以获得最大的衔铁吸力。

4）电阻与电容

电力与电子线路中采用的电阻与电容应具有最广泛的额定值和温度范围,不应当用串联或并联的电阻或电容来代替具有正确额定值的单一元件。在作衰减器、分压器和微调电容器等用途时可采用并联或串联。除了由于周围温度条件降低额定值外,电阻与电容至少应降到其正常负载峰值的 75%,以提高元件的可靠性与寿命。按照现行国家标准给出的名义值和容限选定元件以后,应降低其额定值,在把这些元件应用到电路设计中时,应注意关于瞬变电压的要求。

5）电子管

采用电子管时,设计者在电子管电路设计中应使用降低后的额定值,这个降低后的额定值是按照可利用的空间与产品性能获得的,是实用的最高值。电路的设计也应保证更换电子管后不需要重新校准所在的装备。

6）晶体管

采用晶体管时,在电路设计中应采用适当而有效的预防措施,以防止超电压损坏晶体管。设计也应反映出符合产品性能、降低后的晶体管额定值是实用的,最高的。

4.4.5　机械装置

设计机械装置时应考虑以下建议：

（1）所设计的小零件支座应能支撑该零件重量50倍的静负载，凡经试验需承受振动的装置应避免使用悬臂式支架；

（2）将齿间空隙与回转空回减至最小限度时，设计或选择运动副必须考虑其空转或空回的影响；

（3）所有凹头螺钉的凹头式样应是统一的；

（4）在可行部位采用有色金属螺钉、螺栓、螺帽等；

（5）武器各个支撑面与支座的最后定位应避免使用若干暗销，固定的若干定位点在支座互换时会发生问题，可考虑采用键和键槽或单一定位销作支座的最后定位；

（6）避免使用双暗销定位，可代以偏心轴销，插榫（带止动螺钉的、带切口的、带肩部边缘定位的等）；

（7）在可能的部位，避免用开口销，最好用锥形销；

（8）为便于更换零件和调整，采用对开纵向夹紧联轴器，而不用销子固定的轴套；

（9）用于仪器内部并易受腐蚀的钢铁零件应镀镉，因为仪器内部不能涂油，所以磷化处理不能起保护作用；

（10）使各个安装螺栓易于到达；

（11）要避免过分地分解掉附近的零件后才能达到带有螺母的螺栓；

（12）在不容易达到而需要专用的或特制的六方扳手的部位，不要用凹头螺钉；

（13）采用具有互换性的紧固件。螺母、螺栓和螺钉的大小和种类减至最少限度。在需要的部位，螺栓、螺钉要有锁紧垫圈；

（14）机罩、盖板等应采用快速的卡锁式紧定器，不需要专用工具；

（15）在设计各种专用环、座圈螺母、水准器等之前应先研究陆军现行工具目录，尽可能使设计适合现有的工具（通用的或专用的）；

（16）除了有些部位用套筒式轴承是合理的以外，全部火控设备应使用防腐蚀的密封轴承；

（17）在蜗杆蜗轮机构中应采用自位轴承，不要用球窝关节；

（18）不可用立销固定轴承，在长时间使用后，立销可能折断；

（19）在可行部位采用标准型号和大小的轴承；

（20）可行时采用浸油轴承；

（21）尽可能将有关的分部件组合在一起；

（22）为便于维修，方向机构和高低机构应设有手控装置进行啮合、解脱与紧定；

（23）门和铰接的盖板应设计成圆角，并设有活络的折合式撑子和限制器，使它们保持在开启状态；

（24）设置必要的通道口供调整仪表之用；

（25）对于内部的调整装置，外部应有通道；

（26）在各个火控零件的安装中，装置两侧应提供通道，并使技工在分解更换零件时有充分下手的位置；

（27）损害率高的零件应安排在通道口附近；

（28）各注油点位置应便于注油并有清晰标志；

（29）旋钮固定螺钉应标准化，对于每一给定直径的轴用相同标准的螺钉直径与螺纹；

（30）为了互换性，相同零件的公差应标准化；

（31）齿轮的固定方法应标准化，在有键或花键的部位应有驻螺；

（32）用于高速运转的齿轮副应规定采用不同磨损特性的材料；

（33）应设置各种防护设施、安全罩、警示标牌等，以防活动机件伤人；

（34）暴露的联轴器、万象关节等应设机盖或机罩。

4.5　软件维护性设计

4.5.1　概　述

软件维护是指软件已完成开发并交付使用以后，对软件产品进行的一系列软件工程活动。软件维护性可定义为阅读软件时易于理解的程度，在运行中发现其中的错误和缺陷时，为加强其功能和改善其性能而需作修改、变更的难易程度。它包含可测试性、可理解性和可修改性三个方面的内容。充分认识软件维护工作的重要性，并在技术、管理和资金上给以足够的支持，将有利于软件效益的发挥。

4.5.2　设计内容

1. 软件体系结构

1）软件层次结构

软件结构是软件元素（模块）间的关系表示，而软件元素间的关系是多种多样的，如调用关系、包含关系、从属关系和嵌套关系等。但不管是什么关系，都可以表示为层次结构。层次间由关系（接口）连接、受关系制约。

2）结构化设计

软件系统设计主要由概念（总体）设计和详细设计两部分组成。软件的概念设计是结构设计（表现各模块之间的组成关系）；软件的详细设计是软件模块内的过程设计。

结构化设计方法适于软件系统的概念设计，它是从整个程序结构出发，突出程序模块的一种设计方法，这种方法用模块结构图来表达程序模块之间的关系。由于数据流程图和模块结构图之间有着一定联系，结构化设计方法便可以和需求分析中采用的结构化分析方法（SA）很好地衔接。同时，它对软件结构质量的评价提供了一个指导原则。

使用结构化设计方法的关键是恰当地划分模块，采用试探方法处理好模块之间的联系问题，这可以逐步达到较好的设计效果。此外，这一方法还能和结构化程序设计（SP）相适应。因此，结构化设计方法得到广泛应用，它尤其适用于变换型和事务型结构数据处理系统。

系统（程序）结构图是采用结构化设计方法进行软件概要设计的重要手段，它是描述系统结构的主要工具。它能十分简明、清楚地表达模块之间的联系，表示模块间调用与控制关系。

以模块为软件层次结构是一种静态层次结构,将系统自顶向下,逐层分解、求精;通过对"问题"逐步定义、并转化成模块,就构成系统结构图。

这种层次结构概念,已成各类软件结构的一种表示形式,并获得广泛应用。因为它结构清晰,可理解性好,从而使可靠性、可维护性和可读性都得到提高。

2. 软件编码

源程序代码的逻辑简明清晰、易读易懂是好程序的一个重要标准,为做到这一点,应该遵循下述规则。

1) 具有程序内部文档

所谓程序内部文档包括恰当的标识符、适当的注解和程序的视觉组织等。选取含义鲜明的名字,使它能正确地提示程序对象(或模块)所表示的实体,这对于帮助阅读者理解程序是很重要的。注解是程序员和程序读者通信的重要手段,正确的注解非常有助于对程序的理解。合理的程序代码清单布局,将方便读者阅读、分析和理解程序。

2) 单一高级语言

尽可能只用一种符合标准的高级语言。为了一个特定设计课题要选用一种编程语言时,必须既要考虑工程特性又要考虑心理特性。然而,如果仅有一种语言可用,或者需求者指定要用某种语言,那就不用挑选了。当评价可用语言时应考虑下列方面:

(1) 一般的应用领域(考虑最多的);

(2) 算法及运算的复杂性;

(3) 软件运行的环境;

(4) 性能;

(5) 数据结构的复杂性;

(6) 软件开发组成员对该语言的熟悉程度。在选择语言时,"新的更好的"编程语言较有吸引力,但在一般情况下,还是选用一种"较弱的"(老的)、有可靠文档支持的语言为好;或选用软件开发组中每个人都熟悉的、并且过去有过成功经验的语言。

3) 程序的结构化和模块化

应采用自顶向下的程序设计方法,使程序的静态结构与执行时的动态结构相一致。模块化是指将程序按功能分解为一组较小的模块,模块结构必须遵循下列设计原则:

(1) 一个模块应只完成一个主要功能;

(2) 模块间相互作用应最少;

(3) 一个模块应只有一个入口和一个出口。

4) 标准数据定义

一定要为系统制定一组数据定义标准。这些数据定义可汇集于数据字典。字典项定义系统中使用的每个数据元素名字、属性、用途和内容。这些名字要尽可能具有描述性和意义。正确一致地定义数据标准,就会大大简化阅读和理解各模块,并确保各模块间的正确通信。

5) 对象实体和模块的命名

使用鲜明、确切的命名表示对象实体(在使用面向对象方法时)和模块。应做到:

(1) 使用标准术语。应该在应用领域中用人们习惯的标准术语作为类名(或模块名),不

要随意创造名字。例如,"交通信号灯"比"信号单元"这个名字好,"传送带"比"零件传送设备"好;

(2) 使用具有确切含义的名词。尽量使用能表示类(或模块)—对象含义的日常用语作名字,不要使用空洞的或含义模糊的词作名字。例如,"库房"比"房屋"或"存物场所"等确切;

(3) 必要时用名词短语作名字。为使名字的含义更准确,必要时用形容词加名词或其他形式的名词短语作名字。例如,"最小领土单元""储藏室""公司员工"等都是比较恰当的名字;

(4) 不要过多使用缩写。缩写形式不易理解,还有可能会造成误解,过多使用缩写形式将使程序的可读性降低。如果使用缩写,应使该缩写的规则保持一致,并且应该给每个名字加注解;

总之,命名应该是赋于描述性、简洁性而且无二义性。

6) 使用成熟代码

应尽量采用能够重复使用的别人写好并调试过的代码。把所有的代码都可写成移植的,以便代码将来可以被重用和共享。

7) 提高程序的可维护性

就维护性而言,除应遵守上述各项原则外,还应考虑下述各项:

(1) 对于数据库管理系统尽量全部采用数据库技术;

(2) 采用数据库管理系统、程序生成器及能够自动生成可靠代码的应用开发系统,从而减少纠错性维护的需要;

(3) 采用防错性程序设计,即写出有自检能力的程序;

(4) 采用改进系统可读性的工具(如自动格式化程序,结构生成程序,交叉引用生成程序以及文档工具等);

(5) 采用现代化工具,例如,设计良好的操作系统、文档生成程序、测试数据发生器、联机诊断程序、文档比较实用程序、资源及文档管理系统、联机调试程序等。

3. 软件错误控制

控制错误的方法是:

(1) 发现错误就应该立即修改它。应在完成某一功能或复杂结构后,立即检查错误,并修改发现的错误。

很多人习惯把错误修正工作延迟到项目结束时再做,而这将产生许多问题:①在项目末阶段难以估计修正残留错误要花费的时间,更不用说程序员在修正错误时可能会引入新的错误;②在修正一个错误时,往往要暴露出一些潜伏错误,而这些错误会被先前的错误掩藏,而在测试中又没有发现;③在项目要完成时,再修改错误会更浪费时间。因为几天前写的代码比很长时间以前写的代码更容易理解和修改。最糟糕的是不能预料项目什么时候可以完成。

立即修改错误有很多优点:①能有效控制住危害,越早知道错误,重复这些错误的可能性就越少;②阻止人们编写带有错误的新功能,防止错误在整个项目中扩散(由于很多新功能将会被其他功能所引用);③可以较快地判明造成错误的真正原因是什么,有利于从根本上改正错误;④让错误数目趋于零,可以容易地预测什么时候完成项目。例如,不需要估算完成 40 个功能和改正 1000 个错误所花费的时间,只需估算完成 40 个功能所花费的时间就可以了;⑤随时可以放弃未实现的功能并交付已经完成的东西。

（2）写完代码后，在调试器中追踪调试。在调试器中设置断点，判明哪个数据出了问题，然后往回追溯出错数据的源头。程序员在编写代码的同时单步执行这些代码和进行单元测试，虽然这种方法麻烦而且乏味，但它是种非常有效控制错误的方法。

（3）将不能满足质量要求、非必须的功能去掉。交付给用户的产品应该保证一定的质量标准，对于一些看似有用但没有经过充分测试，或运行起来影响整体性能（如速度、存储空间、输入输出限制要求等）的功能就要考虑去掉。根据用户使用情况，再来决定是否将其做好后，放在下一个版本中，交付用户。

（4）编写易于调试和阅读的代码。编程人员应该放弃自己喜爱但易出错的编程小技巧，采用小组通用或是公司通用的命名和编程风格，这将有利于测试人员和维护人员理解程序，并易于发现编程人员未能发现的错误。另外，编写易于调试和阅读的代码，也有助于编程人员日后调试时，发现潜在的错误。

（5）加入调试代码（防错性程序）。如果某一功能较为复杂，或包含数字表，这就需要加入调试代码，对该功能进行调试。另外，需注意区分源代码的版本和加入调试代码的版本，防止将调试代码带入总源代码中。

（6）检查程序边界条件。程序发生错误经常是在"临界"数据值上。在调试过程中，应加入对边界值的调试代码，或在程序中设置断点，检查程序取边界值时的运行状态。

（7）把代码编写成可移植代码。在应用软件中，有一些功能具有较普遍的使用范围。将它们编写成为适应面较广的标准（子）程序（标准模块），供编制应用软件时直接调用。

（8）在修改代码时，应特别注意可能在此过程中产生错误。其中在修改语句时，应注意：①删除或修改一个子程序；②删除或改变一个语句标号；③删除或改变一个标识符；④为改进执行性能所作的修改；⑤改变文件的打开或关闭；⑥改变逻辑运算符；⑦把设计修改翻译成主代码修改；⑧对边界测试所作的修改。

另外，在下述对数据修改中也可能产生错误：①重新定义局部或全局的常量；②重新定义记录或文件的格式；③增大或减少一个数组或高阶数据结构的大小；④修改全局数据；⑤重新初始化控制标记或指针；⑥重新排列 I/O 或子程序的自变量。

（9）不要轻易改变函数或共享代码的名称。如果在维护函数或共享代码时修改函数或共享代码的名称，将造成其他调用该函数或共享代码的程序发生错误，而且这些错误不易被发现，这将造成不必要的维护工作量。

4. 用户界面考虑

1）用户界面的重要性

用户界面的重要性表现在：

（1）软件用户界面（又称人-计算机界面）是使用者和计算机联系的中间媒介，也是软件中最重要、最关键的部分之一。它提供了用户和软件相互沟通的途径；

（2）屏幕上任何信息、文档里资料以及键盘输入命令都是用户界面的一部分。对屏幕设置、提示、菜单、报警和联机帮助等信息设计的好坏决定着用户界面是否高效、友好，也决定着产品是否能被广大用户接受；

（3）用户界面开发是应用的设计与实现中最困难、最费时部分。一个合适的用户界面的产生，应该从需求分析阶段一开始就被重视；

（4）用户界面与维护工作：如果用户界面设计有缺陷，造成用户使用中的不便或错误，将增加额外的维护工作量；另外，良好的用户界面也是实施有效维护的需要。

2）用户界面的功能

（1）系统管理：它包括屏幕规划和动态控制两种功能；

（2）会话管理：它包括串口管理和输入/输出管理；

（3）返回和对错误信息的处理；

（4）操作者支持：包括帮助和训练两个方面。

3）人机工程原则在用户界面设计中的运用

用户界面是人-计算机对话的界面，它的设计应体现人性化特点。因此，研究人机工程学，注意在特定环境下影响人的各种心理因素，努力开发友好的用户界面变得越来越重要。

在人-计算机对话系统的设计中，由于引入人机工程学的原理和方法，使系统功能大大扩展，性能大大提高。就系统性能看，在学习时间、运行速度、出错率和用户满意度等方面都得到了极大的改善。本节将在介绍用户界面设计一般要求的基础上，有选择地对四种常用的对话方式（单对话方式、命令对话方式、肢节操纵对话方式和填表对话方式）作一概要阐述。

5. 软件文档编写要求

1）软件文档及内容

（1）软件文档是指与软件研制、维护和使用有关的材料，是以人们可读的形式出现的技术数据和信息，是计算机软件的重要组成部分。例如，打印在纸上或显示在屏幕上的工作表格、技术文件、设计文件、版本说明文件等。没有软件文档的程序，将不可能成为软件产品。

（2）文档是软件维护的依据和基础，没有合适的文档资料和文档资料太少、或文档质量不高，将给软件维护带来很大困难，甚至会出现严重问题。

（3）文档提供有关软件特性与功能的全部信息，一个具有良好设计的文档一般包括：①积累开发过程的技术信息；②提供对软件的有关运行、维护和培训信息；③向用户报道软件的功能和性能；④提供软件总数与对根据需求组织分类功能解释的用户指南（如数据录入或打印报表）；⑤以特定顺序囊括全部指令与特性的参考指南（通常是以功能名的字母顺序或以功能类型分类）；⑥一种概述关节命令、代码与菜单选项的快速参考卡；⑦安装指南等。

2）维护用的软件文档种类

在一项计算机软件的开发过程中，一般地说，应该产生 14 种文件，其中与维护直接相关的有 5 种：

（1）设计说明书，包括：概要设计说明书、详细设计说明书、数据库设计说明书；

（2）测试分析报告；

（3）模块开发卷宗。

3）文档编写步骤

编写文档需要研究、计划与细致的写作，它一般要经过如下一些步骤：

（1）学习研究软件：创建文档，必须先学会软件，对软件有系统的了解；

（2）辨别用户需求：编写文档的作者必须了解用户背景，不仅要考虑写给维护人员的文档，还要考虑写给用户的文档。考虑文档读者对这个专业的熟悉程度。必须为有经验的用户

做到足够简练,又要为初学者做到足够详细;

(3)开始组织题目:在决定文档包含的内容以后,就需确定文档应提供多少细节。带有关键要点和简短解释的简捷索引卡片比厚重的参考手册更适用于日常工作。标题排列应具有逻辑性;

(4)写作正文:分辨出主题后,写作人员则需为要完成的文件定义要求。同时也构思出一个主线,写出正文,并给出图表与例子。完成的文本需经过审核,以确定其可理解性、准确性、文字的正确性;

(5)评估与测试文档;

(6)修改文档;

(7)发表文档:文档发表以后,该文档就进入试用阶段,同时也标志着一个新文档编写过程的开始。

6. 维护用的软件文档要求

在 GB/T 8567-1988《计算机软件产品开发文件编制指南》中,规定了 14 种软件文件的内容要求,作为文件编制的技术规范。当然,所有的条款都可以扩展,可以进一步细分,以适应实际需要。反之,如果章条中的有些细节并非必需,也可以根据实际情况缩并。此时,章条的编号应相应地改变。下面列举与软件维护有关的几个文件的内容要求。

1)概要设计说明书

概要设计说明书又称系统设计说明书,这里所说的系统是指程序系统。编制的目的是说明对程序系统的设计考虑,包括程序系统的基本处理流程、程序系统的组织结构、模块划分、功能分配、接口设计、运行设计、数据结构设计和出错处理设计等,为程序的详细设计提供基础。编制概要设计说明书的内容要求如下:

(1)引言:编写目的,背景,定义,参考资料;

(2)总体设计:需求规定,运行环境,基本设计概念和处理流程,结构,功能需求与程序的关系,人工处理过程,尚未解决的问题;

(3)接口设计:用户接口,外部接口,内部接口;

(4)运行设计:运行模块组合,运行控制,运行时间;

(5)系统数据结构设计:逻辑结构设计要点,物理结构设计要点,数据结构与程序的关系;

(6)系统出错处理设计:出错信息,补救措施,系统维护设计。

2)详细设计说明书

详细设计说明书又称程序设计说明书。编制目的是说明一个软件系统各个层次中的每一个程序(每个模块或子程序)的设计考虑。如果一个软件系统比较简单,层次很少,本文件可以不单独编写,有关内容合并入概要设计说明书。对详细设计说明书的内容要求如下:

(1)引言:编写目的,背景,定义,参考资料;

(2)程序系统的组织结构;

(3)程序 1(标识符)设计说明:程序描述,功能,性能,输入项,输出项,算法,流程逻辑,接口,存储分配,注释设计,限制条件,测试计划,尚未解决的问题;

(4)程序 2(标识符)设计说明:……

3）数据库设计说明书

数据库设计说明书的编制目的是，对于设计中的数据库的所有标识、逻辑结构和物理结构，做出具体的设计规定。其内容要求如下：

（1）引言：编写目的，背景，定义，参考资料；

（2）外部设计：标识符和状态，使用它的程序，约定，专门指导，支持软件；

（3）结构设计：概念结构设计，逻辑结构设计，物理结构设计；

（4）运用设计：数据字典设计，安全保密设计。

4）模块开发卷宗

模块开发卷宗是在模块开发过程中逐步编写出来的，每完成一个模块或一组密切相关的模块的复审时编写一份，应该把所有的模块开发卷宗汇集在一起。编写的目的是记录和汇总低层次开发的进度和结果，以便于对整个模块开发工作的管理和复审，并为将来的维护提供非常有用的技术信息。具体的内容要求如下：

（1）标题；

（2）模块开发情况表；

（3）功能说明；

（4）设计说明，源代码清单；

（5）测试说明；

（6）复审的结论。

5）测试分析报告

测试分析报告的编写是为了把组装测试和确认测试的结果、发现及分析写成文件加以记载。具体的编写内容要求如下：

（1）引言：编写目的，背景，定义，参考资料；

（2）测试概要；

（3）测试结果及发现：测试 1（标识符），测试 2（标识符），……；

（4）对软件功能的结论：功能 1（标识符）：能力，限制；功能 2（标识符）：……；

（5）分析摘要：能力，缺陷和限制，建议，评价；

（6）测试资源消耗。

7. 有助于维护的软件工程的新途径

传统的以结构分析及结构设计技术为基础的生命周期方法学，曾经给软件产业带来了巨大的进步，部分地缓解了"软件危机"，但是这种方法仍然存在比较明显的缺点。为克服传统方法的缺点，人们在实践中逐渐创造出快速原型法和面向对象方法等软件工程的新途径。尤其是面向对象方法，被誉为"程序设计方法中的一次革命"。

1）传统的生命周期方法的缺点

传统的生命周期方法，以其有条不紊的开发过程，保证了软件的质量，提高了软件的可维护性。然而，随着计算机科学的迅速发展，计算机软件的处理对象从简单的数字和字符串发展到记录在各种载体上并具有多种格式的多介质数据，例如数字、正文、图形、图像和声音等，使软件危机进一步突出，也暴露出传统的生命周期方法的如下缺点：

（1）软件的生产率难于满足人们对计算机软件需求量的急剧增长；

（2）软件重用程度很低：重用也称为 或复用，是指同一事物不经修改或稍加改动就多次重复使用。软件重用是节约人力，提高软件生产率的重要途径。但结构化技术没能很好地解决软件重用问题。标准程序库的作用有限，除了一些接口十分简单的标准数学函数经常重用之外，几乎每次开发一个新的软件系统时，都要针对这个具体的系统作大量重复而又繁琐的工作；

（3）软件仍然很难维护：在软件开发整个过程中，始终强调软件的可读性、可修改性和可测试性、以及文档和配置管理是软件的重要质量指标等，使软件从不能维护变成基本上可以维护。但是，实践表明，维护起来仍然相当困难，软件维护成本仍然很高；

（4）软件往往不能真正满足用户需要：对于一些涉及多种不同领域知识的大型软件系统，或开发需求模糊，或需求动态变化的系统所开发出的软件往往不能真正满足用户的需要。据报道，在美国开发出的软件系统中，真正符合用户需要、并顺利投入使用的系统仅占总数的四分之一左右，所谓"不能真正满足用户的需求"，主要有以下两种表现：①开发人员不能完全获得或不能彻底理解用户的需求，以致开发出的软件系统与用户预期的系统不一致，不能满足用户的需要。②所开发出的系统不能适应用户需求经常变化的情况，系统的稳定性和可扩充性不能满足要求；

（5）僵化的瀑布模型：生命周期法可以用瀑布模型来模拟，其各阶段间存在着严格的顺序性和依赖性。特别强调在软件开发之始，必须预先定义并"冻结"软件需求，然后再一步步地实现这些需求。这种方法不能适应用户需求不断变化的情况；

（6）结构化技术的缺点：用户需求的变化大部分是针对功能的，而结构化技术是以处理功能的"过程"来构造系统的，用户需求的变化往往造成系统结构的较大变化，即软件的修改需要花费很大的代价。

2）快速原型法对维护的意义

（1）用传统的生命周期方法开发某些类型的应用系统时往往不能真正满足用户的需要，欲克服传统方法学的这个致命弱点，需区分两类不同的软件系统：

① 预先指定系统：系统的需求比较稳定而且能够预先指定。例如，传统工业生产过程的计算机控制系统，卫星图像处理系统，空中交通管理系统，以及诸如操作系统、编译程序、数据库管理系统之类的系统软件，通常都可归类为预先指定系统。开发这类系统需以严格的需求分析为基础，并在严格管理下采用形式化的开发生命周期。事实上，生命周期方法学对相当数量的软件系统来说至今仍然是应用最广泛、最有效的软件开发方法之一；

② 用户驱动系统：需求是模糊的或随时间变化的，通常在系统安装运行之后，还会由用户驱动对需求进行动态修改。多数商业的和行政的数据处理系统、决策支持系统、以及其他一些面向终端用户需求的系统，都属于用户驱动系统。开发这类系统需要采用一种适于进行反复试探的技术。这类系统必须具有能够快速、简便地进行调整的特性，以便在运行使用的过程中，及时根据用户需求的变化相应地修改系统。遗憾的是，大量应归类为用户驱动的系统，至今仍然使用传统方法进行开发，以致花费了许多人力、物力，去分析确定的需求，并不能反映用户的真实需求，或者在系统开发出来之前就已经过时了。

（2）快速原型法概要可总结为：

① 快速原型法（简称原型法）的开发模式：其核心是，用交互的、快速建立起来的原型取代了形式的、僵硬的（不允许更改的）、繁多的规格说明，用户通过在计算机上实际运行和试用原型系统而向开发者提供真实的反馈意见。原型法打破了传统的自顶向下的开发模式，是目前比较流行的实用的开发模式；

② 原型法的基本思想：首先建立一个能反映用户主要需求的原型系统，让用户在计算机上运行、试用这个原型系统，通过实践，了解未来系统的概貌，以便用户判断哪些功能符合需求，哪些该加强、补充，哪些是多余的等。设计者修改原型系统，用户再次试用，经过对原型系统的反复试用和改进，最终建立起完全符合用户需要的新系统。

（3）原型法的优点有：

① 用户满意：开发者首先向用户提供一个"样品"，经"试用—反馈—修改"的多次反复，使得用户在开发中起到积极的作用，完全符合用户需求；

② 减少系统开发风险：尤其是大型项目的开发，对项目需求的分析难以一次完成，用原型法则效果明显；

③ 减少系统维护工作量：可大大减少或避免适用性维护和完善性维护，提高维护效率；

④ 传统生命周期法可以与原型法相结合，扩大用户参与需求分析、概要设计、详细设计等阶段的活动，加深对系统的理解。

3）面向对象方法对维护的意义

面向对象的软件技术以对象（Object）为核心，用这种技术开发出的软件系统由对象组成。把现实世界的实体抽象为对象，它由描述内部状态表示静态属性的数据，以及可以对这些数据施加的操作（表示对象的动态行为），封装在一起所构成的统一体。对象之间通过传递消息互相联系，以模拟现实世界中不同事物彼此之间的联系。对象是不固定的，由所要解决的问题决定。面向对象方法的主要优点如下。

（1）与人类习惯的思维方法一致：面向对象的设计方法与传统的面向过程的方法有本质不同，它尽可能模拟人类习惯的思维方式，使开发软件的方法与过程尽可能接近人类认识世界解决问题的方法与过程，把描述事物静态属性的数据结构和表示事物动态行为设计出由抽象类构成的系统框架，随着认识深入和具体化再逐步派生出更具体的派生类。这样的开发过程符合人们认识客观世界解决复杂问题时逐步深化的渐进过程；

（2）稳定性好：传统的软件开发过程基于功能分析和功能分解，当功能（用户需求）发生变化时将引起软件结构的整体修改。面向对象的软件结构是根据问题领域的模型建立起来的，而不是基于对系统应完成的功能的分解，所以，当对系统的功能需求变化时并不会引起软件结构的整体变化，往往仅需要作一些局部性的修改。由于现实世界中的实体是相对稳定的，因此，以对象为中心构造的软件系统也是比较稳定的；

（3）可重用性好：对象所固有的封装性和信息隐藏等机理，使得对象内部的实现与外界隔离，具有较强的独立性。因此，对象类提供了比较理想的模块化机制和比较理想的可重用的软件成分。继承性机制使得子类不仅可以重用其父类的数据结构和程序代码，而且可以在父类代码的基础上方便地修改和扩充，这种修改并不影响对原有类的使用；

（4）可维护性好：面向对象软件的可维护性好，是由于：①稳定性比较好：当对软件的功能或性能的要求发生变化时，通常不会引起软件的整体变化，所需做的改动较小且限于局部，比较容易维护；②比较容易修改：作为对象的"类"是理想的模块机制，它的独立性好，修改一个类通常很少牵扯到其他类。如果仅修改一个类的内部而不修改其对外接口，则可以完全不影响软件的其他部分；它特有的继承机制，对软件的修改和扩充比较容易实现，通常只须从已有类派生出一些新类，无须修改软件原有成分；③比较容易理解：在维护已有软件的时候，首先需要对原有软件与此次修改有关的部分有深入理解。面向对象的软件技术符合人们习惯的思维方式，软件结构与问题空间的结构基本一致，软件系统比较容易理解。并且派生新类的时候通常不需要详细了解基类中操作的实现算法，使了解原有系统的工作量可以大幅下降；④易于测试和调试：测试和调试，是影响软件可维护性的一个重要因素。对面向对象的软件进行维护，主要通过从已有类派生出一些新类来实现，维护后的测试和调试工作也主要围绕这些新派生出来的类进行。类是独立性很强的模块，对类的测试通常比较容易实现，如果发现错误也往往集中在类的内部，比较容易调试。

面向对象技术的优点并不是减少了开发时间，相反，初次使用这种技术开发软件，可能比用传统方法所需时间还稍微长一点。但这样做换来的好处是，提高了目标系统的可重用性，减少了生命周期后续阶段的工作量和可能犯的错误，提高了软件的可维护性。

习题 4

一、判断题

1. 设计产品时，对于功能不同结构外形相似的零件、重要连接件或安装时容易发生差错的零部件应从结构加以区别或有明显的识别标志。（　　）

2. 初始的维修设计准则应在进行了初步的维修性分析后制定。（　　）

3. 维修时，为了提高产品内部空间的利用率，其通道能容纳维修人员的手和臂即可，不必留有适当间隙以供观察情况。（　　）

4. 为避免危险状况，实体互换场合应具有功能互换；反之，功能互换的场合不应实体互换。（　　）

5. 在维修性设计中，互换性是目的，标准化是基础，模块化是保证。（　　）

6. 应将关键件安排在非关键件的外部，以保证关键件便于维修。（　　）

7. 在战场抢修设计中，容许取消或推迟预防性维修设计措施。（　　）

8. 在总体设计的维修性考虑中，飞机上不要用固定式的通道或是需要卸去永久性附着结构的通道。（　　）

9. 蓄电池的安装位置应离开热源并加以防护，以保证它在最高气温内能良好工作即可。（　　）

10. 对于需要维修的器材，注入式密封的效果要好于密封垫。（　　）

11. 软件维护包含可测试性、可理解性和可修改性三方面内容。（　　）

12. 数据字典项定义系统中使用的特定元素的名字、属性、用途和内容。（　　）

13. 如果在维护函数或共享代码时，修改了函数或共享代码的名称，将不会造成其他调量。用该函数或共享代码的程序发生错误，而且这些错误不易被发现，这将造成不必要的维护工作。（　　）

14. 预先指定系统的需求是模糊的或随时间变化的。（　　）

15. 面向对象的软件设计以实体为核心,用这种技术开发出的软件系统由对象组成。(　　)

二、填空题

1. 维修性设计准则是为了将_____及_____转换为具体的产品设计而确定的_____设计准则。

2. 可达性一般包括三个层次,即_____、_____和_____。

3. 故障定位一般可分为_____和_____两类,前者是确定故障的大致部位和性质的过程,后者则是把故障部分确定到需进行修理范围的过程,_____一般指后者。

4. 确定维修性设计准则的最基本依据是_____和_____。

5. 维修性设计准则符合性检查用到的文件是_____,其是一种用以检查某一事或物是否符合规定要求的文件。

6. 非工作状态包括存储状态、运输状态、_____或其他不工作状态。

7. 在制定非工作状态设计准则时,除了通用维修性设计准则(如可达性、简化、安全等)重点应考虑_____。

8. 维修工作的质量和效率取决于精密的维修技术和_____。

9. 战场抢修的特性是指时间紧迫、环境恶劣、_____、_____。

10. _____有磨蚀作用并决定了轴承设计的寿命长度。

三、选择题

1. 维修性人机工程设计中,极限尺寸应设计为保证_____和_____百分位的人群水准。(　　)
   A. 5%和95%　　　　B. 15%和85%　　C. 10%和90%

2. 以下哪项技术属于简化设计?(　　)
   A. 分解产品的功能,对于功能相似的结构没必要简化合并
   B. 产品设计和操作设计允许不协调
   C. 减少零部件的品种和数量

3. 由于我国维修性工作开展不久,在这种情况下,(　　)。
   A. 学习吸取国外经验,发挥维修性和产品设计专家的作用,促进我国维修性设计的发展
   B. 闭门造车,不断摸索积累经验
   C. 完全吸收照搬国外维修性设计,加快我国的维修性发展

4. 在维修环境的照明要求中,应采用_____入射角度的光透射到工作面,以利于识别表面的缺陷和质地。
   A. 高　　　　　　B. 低　　　　　　C. 水平

5. 对于机械装置的维修性设计,在可能的部位最好使用_____销。
   A. 开口　　　　　B. 锥形　　　　　C. 槽

6. 考虑维修性设计,在安装滚动部件轴承时的一条基本原则是至少要使轴承的一个轴瓦与其配合的轴或安装孔通过_____镶嵌在一起来防止旋转。
   A. 过盈配合　　　B. 间隙配合　　　C. 过渡配合

7. 下列哪项不是软件错误的控制方法。(　　)
   A. 发现错误立刻修改它

B. 写完代码后,在调试器中追踪调试

C. 编写易于调试和阅读的代码

D. 发现错误后留待以后再修改

8. 软件维护概要设计说明书内容要求不包括( )

 A. 引言   B. 总体设计   C. 结构设计   D. 运行设计

9. 软件维护数据库设计说明书内容要求不包括( )

 A. 概念设计   B. 外部设计   C. 结构设计   D. 运用设计

10. 下列哪项不是飞机系统的构成?( )

 A. 机电管理系统   B. 动力系统   C. 液压系统   D. 起飞降落系统

四、简答题

1. 维修性设计准则的主要内容是什么?

2. 环境防护对维修的意义主要有哪些方面?

3. 飞机系统的系统构成有哪些?(至少写出五条)

第 5 章　维修性设计方法

5.1　基本概念

产品设计是产品设计、制造、装配、使用和回收的整个生命周期中的第一环节,需要综合考虑功能、可靠性、维修性及保障性等因素的影响。维修性设计的主要目的是形成产品的维修性设计方案,结合相关设计准则进行产品的维修性设计。功能实现是产品设计人员最先考虑的方面。因此,为了实现确定的产品维修性设计要求,一般情况下应当在产品传统功能设计基本实现的基础上,开展产品的总体布局设计、LRU(Line Replaceable Unit ,现场可更换单元)规划设计、RMS(reliability,maintainability,supportability)相关设计以及验证评价等工作。当然,维修性设计工作也不是严格的必须是在产品功能设计之后进行,根据具体情况可以与功能设计同步进行,相互促进迭代。

维修性设计与产品设计阶段密切相关,不同的设计阶段,维修性设计所考虑的侧重点也不同。比如初始设计阶段更多关心的是产品的系统组成以及单元间的关系,如后文将讲到的各单元维修性分配以及预计。而详细设计阶段则更加关注单元自身内部的维修性设计因素(如维修性设计准则中的可视性、可达性、操作空间等,某些产品还会有专用的维修性设计准则)。维修性设计与产品层次密切相关,不同的产品层次,维修性设计内容不完全相同。

产品的维修性设计方法,具体包括维修性总体布局设计、现场可更换单元(LRU)规划设计、维修性分配与预计等。针对不同的系统或装备,由于其功能、组成、安装位置相差较大,因而在运用维修性设计方法时也有所区别。

产品维修性总体布局设计与 LRU 规划设计,在很大程度上确定了维修性设计的好坏,必须予以充分重视。总体布局设计主要考虑维修时的各系统安装位置、接近途径、相关功能与物理接口、管线布置等内容,在第四章中已经做了重点介绍。

LRU 规划设计方法是指为装备或一般产品的现场可更换单元的规划设计提供一种分析评价的方法。一般情况下,LRU 规划设计是在产品功能基本实现后进行,通过综合考虑各 LRU 可靠性以及系统可靠性、产品维修保障性、测试性等,对产品和系统进行必须的优化设计。合理规划设计 LRU 现场可更换单元,能改善产品的维修性和减少产品的寿命周期维修费用,是实现维修性定量要求的重要工作。

维修性分配的目的在于将维修性定量要求体现到各级产品设计上,也就是说把系统或设备级的指标转换为低层次产品的定量指标。分配是各层次产品维修性设计的依据,必须尽早分配才能充分地权衡、更改和向下层次分配。维修性分配是一个反复的过程,在总体方案论证阶段和研制阶段初期,由于能得到的信息有限,只能考虑在较高层次,如系统级进行初步的分配工作;而到了研制的详细设计阶段,系统的设计特点已逐步确定,可以进行更加深入和详细的维修性分配,此时应对各功能部分分配的维修性指标作必要的修正,必要时可重新进行一次分配,使之更符合实际情况,在以后各阶段也要根据情况的变化,不断地进行指标的复核和调整。

维修性预计的目的是预先估计产品的维修性参数,了解其是否满足规定的维修性指标,以便对维修性工作实施监控。维修性设计能否达到规定的要求,是否需要进行进一步的改进,这就要开展维修性预计。维修性预计是产品研制与改进过程必不可少,且费用效应较好的维修性工作方法,进行有效的维修性预计工作,可以节约大量的产品设计及后期的维护成本。研制过程的维修预计要尽早开始、逐步深入、适时修正。方案论证及确认阶段,就要对满足使用要求的系统方案进行维修性预计,预计比较粗略;工程研制阶段的初步设计中,需针对已做出的设计进行维修性预计,此时可利用的信息比方案阶段更多,预计会更精确;详细设计中,许多先前的假设或工程人员的判断已被具体设计所替代,可进行更详细和准确的预计;设计更改、改进或改型时,要进行预计来评估对维修性的影响和程度,如没有维修性预计结果,在维修性试验前应进行预计。一般预计不合格的不宜转入维修性试验阶段。

维修性的众多设计特征之间既可能存在促进关系,也可能存在一定的矛盾和冲突,设计过程中存在一个权衡和优化的问题。在进行维修测试验证时,决定用某一种测试方法还是综合几种测试方法一起用,需要考虑多种因素。如电路的稳定性、费用、人员训练与技能、允许的测试时间、所需要的测试资料、进行测试的维修级别、测试程序等,这就需要进行综合权衡。

5.2 维修性分配方法

5.2.1 基本概念

维修性分配是系统进行维修性设计时要做的一项重要工作,根据提出的产品维修性指标,按需要把它分配到各层次及其各功能部分,作为它们各自的维修性指标,使设计人员在设计时明确必须满足的维修性要求。

1. 维修性分配的目的

将产品的维修性指标分配到各层次各部分,根本目的在于明确各部分的维修性要求或指标,为系统研制单位提供对转承制方和供应方进行管理的依据和手段,通过设计实现这些指标,保证产品最终符合规定的维修性要求。其具体目的是:

(1)为系统或装备的各部分(各个低层次产品)研制者提供维修性设计指标,以保证系统或装备最终符合规定的维修性要求;

(2)通过维修性分配,明确各承制方或供应方的产品维修性指标,以便于系统承制方对其进行实施管理。

维修性分配是一项必不可少、费用效益高的工作。因此任何设计总是从明确的目标或指标开始的,不仅系统级如此,低层次产品也应如此。只有合理分配指标,才能避免设计的盲目性;而维修性分配主要是早期"纸上谈兵"的分析、论证性工作,所需要的费用和人力消耗不大,却在很大程度上决定着产品设计。合理的指标分配方案,可以使得系统经济而有效地达到规定的维修性目标。

2. 维修性分配的指标

维修性分配的指标应当是关系全局的系统维修性的主要指标,它们通常是在合同或任务

书中规定的。一般来说,最常见的维修性分配指标是:

(1) 平均修复时间 T_{CT};

(2) 平均预防性维修时间 T_{PT};

(3) 维修工时率 M_1。

对于具体的维修性分配工作,应按照任务书要求,针对具体参数指标做分配,并注意维修性分配的指标是与维修级别相关的。

3. 维修性分配的层次

原则上说,维修性分配的产品层次和范围,是那些影响系统维修性的部分。对于具体产品要根据系统级的要求、维修方案等因素而定,而且随着设计的深入,分配的层次也是逐步展开的。如果产品维修性指标只规定了基层级的维修时间(工时),而对中继级、基地级没有要求,那么指标只需分配到基层级的可更换单元。这里的可更换单元,有的部分可能是元器件,而对中继级、基地级没有要求,有的部分可能是元器件或零部件,有的部分可能是机组或设备。如果指标是中继级维修时间(工时),则应分配到中继级可更换单元,显然,它比基层级分得更细、更深。

4. 维修性分配的时机与过程

产品的维修性分配应尽早开始。这是因为它是各层次产品进行维修性设计的依据。只有尽早分配,才能充分地权衡、更改和向下层分配。

维修性分配实际上是逐步深入的。早在产品论证中就需要进行分配,当然这时的分配是属于系统级的、高层的。比如,一个产品在产品论证时只是将整个系统的指标,分配到各个分系统和重要的设备。在设计阶段,由于产品设计与可靠性等信息有限,维修性指标的分配也仅限于较高产品层次,比如某些整机更换的设备、机组、单机、部件。无论如何,各单元的维修性要求要在详细设计之前加以确定,以便在设计中考虑其结构与连接等影响维修性的设计特征。

总之,维修性分配应该在产品的论证阶段就开始进行,并随着产品研制工作的深入而逐步深化,在必要的时候要作适当的修正。在生产阶段遇有设计更改,或者在产品的改型、改进中都要修正或进行维修性分配(局部分配)。

维修性分配在各个阶段的实施情况,如表 5-1 所示。

表 5-1　维修性分配的时机

研制与生产阶段				装备的改型
论证	方案	工程研制	生产	
考虑开展	必须开展	必须开展	可能开展	可能开展

5. 维修性分配的条件

维修性分配只有具备以下几个条件才能进行:

(1) 首先要有明确的定量维修性要求(指标);

(2) 要对产品进行功能分析,确定系统功能结构层次划分和维修方案。如果对系统的组成部分及其相关关系不了解,或者有关的维修安排都没有,维修性分配也就无法进行;

(3) 产品要完成可靠性分配或预计。

维修性分配要以可靠性分配或预计为前提条件。这是因为维修性分配中,要考虑各部分的维修频率,而维修频率则与故障率有关,只有通过可靠性分配或预计,有了故障率等数据,维修性分配才能进行。

当后面两个条件不具备或者不完全具备时,就应该在维修性分配过程中完善这两个条件,即确定产品的功能层次、维修方案和维修频率。在此基础上,可以建立所需的维修性模型,以便进行维修性分配。

6. 维修性分配的原则

进行维修性分配时,应遵循下列一些原则:

(1)维修级别:维修性指标是按哪一个维修级别规定的,就应按该级别的条件及完成的工作分配指标;

(2)维修类别:指标要区别清楚是修复性维修还是预防性维修,或者二者的组合,相应的时间或工时与维修频率不得混淆;

(3)产品功能层次:维修性分配要将指标自上而下一直分配到需要进行更换或修理的低层次产品,直至各个不再分解的可更换单元为止。要按产品功能与结构关系根据维修需要划分产品;

(4)维修活动:每一次维修都要按合理顺序完成一项或多项维修活动。而一次维修的时间则由相应的若干时间元素组成。通常可分为以下七项维修活动:

① 准备:检查或查看;准备工具、设备、备件及油液;预热;判定系统状况。

② 诊断:检测并隔离故障,即确定故障情况、原因及位置,找出导致故障的产品。

③ 更换:拆卸;用可使用产品替换失效的产品;安装。

④ 调整、校准。

⑤ 保养:擦拭、清洗、润滑、加注油液等。

⑥ 检验。

⑦ 原件修复:对更换下来的可修产品进行修复。

(5)维修性分配中要注意维修环境对故障频率和维修性参数的影响,对不同的产品不同的环境应引入不同的环境因子来考虑。在考虑向下进行维修性分配时,应根据产品具体的结构情况留有适当的余量。

(6)对于新的设计,分配应以涉及的每个功能层次上各部分的相对复杂性为基础,故障率较高的部分一般应分配较好的维修性。

(7)若设计是从过去的设计演变而来或有相似的系统或设备,则分配应以过去的经验或相似产品的数据为基础。

对不同的产品,不同的维修级别及维修类型,一次维修包含的活动不相同,在分析、计算时间应分别考虑。

7. 常用维修性分配方法的比较

进行维修性分配时应优先采用 GJB/Z57 所推荐的维修性分配方法,包括等分配法、按故障率分配法、相似产品分配法、按故障率和设计特性的加权因子分配法和按可用度和单元复杂度的加权因子分配法,如表 5-2 所示。

表 5－2　维修性分配的常用方法（GJB/Z57 提供的方法）

编　号	方　法	适用范围	简要说明
101	等分配法	各单元复杂程度、故障率相近的系统；缺少可靠性维修性信息时做初步分配	取各单元维修性指标相等
102	按故障率分配法	已有可靠性分配值或预计值	按故障率高的维修时间应当短的原则分配
103	按故障率和设计特性的综合加权分配法	已知单元可靠性值及有关设计方案	按故障率及预计维修的难易程度加权分配
104	相似产品分配法	有相似产品维修性数据的情况	利用相似产品数据，通过比例关系分配
105	保证可用度和考虑单元复杂度加权分配法	有故障率值并要保证可用度的情况	按单元越复杂可用度越低的原则分配可用度，再计算维修性指标

　　在维修性设计工作中，可以采用不同方法进行维修性分配。按可用度分配是最经常和普遍采用的。按可用度分配，可以满足规定的可用度或维修时间指标，只需要可靠性的分配值或预计值，不需要更多的数据或资料。因此，在研制早期最宜采用。而加权系数分配法，考虑到各部分维修性实现的可行性，它要求知道装备系统整体及各部分的结构方案，故通常在方案阶段后期及工程研制阶段使用。相似产品分配法，不仅适用于产品改进改型，只要找到相似产品或作为研制过程的改进都是非常简便有效的，它可以提供合理、可行的分配结果。

　　对于各种不同的方法比较，如表 5－3 所示。

表 5－3　几种常用维修性分配方法比较

方　法	按故障率分配法	相似产品分配法	按可用度和单元复杂度的加权因子分配法	按故障频率和设计特性的加权因子分配法
适用阶段	方案阶段和工程研制阶段	论证阶段、方案阶段和工程研制阶段	论证阶段、方案阶段	方案阶段和工程研制阶段
分配参数	T_{CT}、T_{PT}	T_{CT}、T_{PT}、维修工时率 M_1	T_{CT}、T_{PT}、维修工时率 M_1	T_{CT}、T_{PT}
前提条件	已有可靠性指标且故障时间服从指数分布	相似产品的维修性数据较全	需要保证系统可用度并考虑各单元复杂性差异的串联系统	装备的设计特性（复杂性、可测试性、可达性、可更换性、可调整性、维修环境等）很清楚
需要数据	装备的组成结构以及各组成单元的故障频率数据	相似产品的总平均维修时间和相似产品的各个单元的平均维修时间	要求的系统可用度以及各单元的元件个数及故障频率	装备各单元的设计方案（包括复杂性、可测试性、可达性、可更换性、可调整性、维修环境等方面）和故障频率

　　在实际工程应用中，不同的分配方法用于装备研制的不同阶段及研制的不同层次。比如在军用飞机的研制过程中，考虑到军用飞机是一个复杂的系统，飞机的研制定型周期比较长，因此维修性分配也需要反复进行。

　　在飞机研制的早期阶段，具备可靠性分配或预计值的前提下，可采用等可用度分配法（即故障率分配法）进行系统级的分配。在具备飞机维修性总体布局及结构方案的详细设计阶段后，需要进行产品层次维修性分配，为了保证分配结果的合理性，一般可采用按故障率和设计特性的综合加权分配法。相似产品法等所需数据不多（只需要相似产品的可靠性数据即可）的分配方法，由于其方法本身的局限性，工程型号中较少采用。

由第三章维修性模型可知，系统（上层次产品）与其各部分（下层次产品，以下称单元）的维修性参数 T_{CT}、T_{BF}、T_{MAXCT}、$\overline{M}_1$ 等均为加权和的形式，即

$$T_{CT} = \frac{\sum_{i=1}^{n} \lambda_i T_{CT_i}}{\sum_{i=1}^{n} \lambda_i} \tag{5-18}$$

其他参数的表达式也类似。此式是指标分配必须满足的基本公式。但是，满足此式的解集 $\{T_{CT_i}\}$ 是多值的，需要根据维修性分配的条件及准则来确定所需的解。这样就有各种不同的分配方法。下面介绍两种较为简单的维修性分配方法。

1）等分配法

等分配法是一种最简单的分配方法。其使用的条件是：组成上层次产品的各单元的复杂程度、故障率及预想的维修难易程度大致相同，也可用在缺少可靠性、维修性信息时，作初步的分配。

分配的准则是使各单元的指标相等，即

$$T_{CT_1} = T_{CT_2} = \cdots = T_{CT_n} = T_{CT} \tag{5-19}$$

2）按可用度分配法

如前所述，产品维修性设计的主要目标之一是确保产品的可用性或战备完好性。因此，按照规定的可用度要求来确定和分配维修性指标，是广泛适用的一种方法。

由前可知，产品可用度 A 可表示为

$$A = \frac{T_{BF}}{T_{BF} + T_{CT}} = \frac{1}{1 + T_{CT}/T_{BF}} \tag{5-20}$$

式中：T_{BF} 为产品的平均故障间隔时间（h）。

由上式可得

$$T_{CT} = T_{BF}\left(\frac{1}{A} - 1\right) \tag{5-21}$$

在故障分布服从指数分布的情况下，A 可写为

$$A = \frac{1}{1 + \lambda T_{CT}} \tag{5-22}$$

$$T_{CT} = \frac{1-A}{\lambda A} \tag{5-23}$$

式中：λ 为产品的故障率。

显然，此式具有广泛的适用性。只要规定了可用度指标，已知故障率，就可以确定修复时间指标。在工程实践中，无论是对新研产品还是改进产品，这种情况是很多的。在这种情况下，维修性的分配就以可用度的确定为前提。

5.2.2　维修性分配工作流程

1. 系统维修职能分析

维修职能分析是根据产品的维修方案规定的维修级别划分,确定各级别的维修职能,在各级别上维修的工作流程。

各类产品由于用途、编配使用条件等不同,维修级别划分不尽相同。对军事装备来说,多数实行三级维修,即维修级别划分为:基层级(使用装备的分队和(或)基层维修机构,在使用现场或其附近以换件修理为主)、中继级(部队后方维修机构,除支援现场维修外,可在后方场所、设施进行修理)、基地级(后方的修理工厂或装备制造厂进行的修理)。维修职能分析对每个级别上的维修职能要进一步区分,即每个级别上干些什么,维修到什么程度,是换件修理还是原件修理等。

在区分维修职能的基础上,要确定各级别维修工作流程。可以用框图的形式描述这种工作流程。

2. 系统功能层次分析

在维修性分配前,要在一般系统功能分析和维修职能分析的基础上,对系统各功能层次各组成部分,逐个确定其维修措施和要素,并用一个包含维修的系统功能层次图来表示。

3. 确定各层次产品的维修频率

给各产品分配维修性指标,要以其维修频率为基础。故应确定各层次各产品的维修频率。各产品修复性维修的频率等于其故障率。如果已经进行了可靠性分配或预计,则有各产品的故障率的分配值或预计值,可以直接引用。否则,需要进行分配或预计。

为了便于维修性分配,可将上述获得的维修频率标注在功能层次框图各产品方框或圆圈旁边。同样应该注意,维修频率要随着研制的发展及时修正。

4. 分配维修性指标

将给定的系统维修性指标自高到低逐层分配到各产品。

5. 研究分配方案的可行性,进行综合权衡

分析各个产品实现分配指标的可行性,要综合考虑技术、费用、保障资源等因素,以确定分配方案是否合理、可行。

首先考虑技术上的合理性与可行性。例如,某个可更换件的分配指标是平均修复时间半分钟,那么,它就只能采用插接、扣锁等快速联结的形式,而不能用焊接、螺钉联结。对该件是否合适? 与可靠性有无矛盾? 其结构尺寸是否允许等,需要加以考虑。其次是考虑费用,如上述采用快速解脱的扣锁、插件等形式,费用可能比较高。第三是考虑人员、工具、设备等保障资源,是否因为该产品要求较短的时间而增加这些资源。

通过综合考虑,评估方案是否合理而可行。如果某些产品的指标不尽可行,可以采取以下措施:

(1)修正分配方案,即保证满足系统维修性指标的前提下,局部调整产品指标;

(2)调整维修任务,即对维修功能层次框图中安排的维修措施或设计特征作局部调整,使

系统及各产品的维修性指标都可望实现。但这种局部调整,不能违背维修方案总的约束,并应符合提高效能减少费用的总目标。

如果这些措施仍难奏效,则应考虑更大范围的权衡与协调。

5.2.3 按故障率分配法

按故障率分配法的分配原则是单元的故障率越高,分配的维修时间就越短;反之则长。

1. 分配步骤

按故障率分配法的分配步骤如下:

(1)确定第 i 种单元的数量 Q_i;

(2)确定单个单元的故障率 λ_{ss};

(3)确定第 i 种单元的总故障率 λ_i,即第 i 种单元的数量 Q_i 与其单个单元故障率 λ_{ss} 的乘积,$\lambda_i = Q_i \lambda_{ss}$;

(4)确定每种单元的故障率对总故障率影响的百分数,即确定每种分系统的故障率加权因子 W_i;

$$W_i = \frac{\lambda_i}{\sum_{i=1}^{n} \lambda_i} \tag{5-24}$$

式中: λ_i 为单元 i 的故障率;

n 为单元种类数。

(5)按公式(5-18)计算各单元的平均修复时间 T_{CT}

$$T_{CT_i} = \frac{T_{CT} \sum \lambda_i}{n \lambda_i} = \frac{T_{CT}}{n W_i} \tag{5-25}$$

2. 按故障率分配法示例

某串联系统由五个单元组成,要求其系统平均维修时间 $T_M = 40$ min,预计各单元的元件数和故障率如表 5-4 所示,试确定各单元的平均修复时间指标。

表 5-4 各单元的元件数与故障率

单元号	1	2	3	4	5	总计
元件数	400	500	500	300	600	2300
λ(1/h)	0.01	0.005	0.01	0.02	0.005	0.05

确定各单元的数量 Q_i,确定单个单元 i 的故障率 λ_{ss},如表 5-4 元件数与故障率所示;确定各单元的总故障率 $\lambda_i = Q_i \lambda_{ss}$,可得

$$\lambda_1 = 400 \times 0.01 = 4 \ (1/h)$$
$$\lambda_2 = 500 \times 0.005 = 2.5 \ (1/h)$$
$$\lambda_3 = 500 \times 0.01 = 5 \ (1/h)$$
$$\lambda_4 = 300 \times 0.02 = 6 \ (1/h)$$
$$\lambda_5 = 600 \times 0.005 = 3 \ (1/h)$$

确定各单元的故障率加权因子 W_i 为

$$W_1 = \frac{\lambda_1}{\sum_{i=1}^n \lambda_i} = \frac{4}{4+2.5+5+6+3} = \frac{8}{41}$$

$$W_2 = \frac{\lambda_2}{\sum_{i=1}^n \lambda_i} = \frac{2.5}{4+2.5+5+6+3} = \frac{5}{41}$$

$$W_3 = \frac{\lambda_3}{\sum_{i=1}^n \lambda_i} = \frac{5}{4+2.5+5+6+3} = \frac{10}{41}$$

$$W_4 = \frac{\lambda_4}{\sum_{i=1}^n \lambda_i} = \frac{6}{4+2.5+5+6+3} = \frac{12}{41}$$

$$W_5 = \frac{\lambda_5}{\sum_{i=1}^n \lambda_i} = \frac{3}{4+2.5+5+6+3} = \frac{6}{41}$$

计算各单元的平均修复时间 T_{CT} 为

$$T_{\mathrm{CT}_1} = \frac{T_{\mathrm{CT}}}{nW_1} = \frac{40 \times 41}{5 \times 8} = 41\ \mathrm{min}$$

$$T_{\mathrm{CT}_2} = \frac{T_{\mathrm{CT}}}{nW_2} = \frac{40 \times 41}{5 \times 5} = 65.6\ \mathrm{min}$$

$$T_{\mathrm{CT}_3} = \frac{T_{\mathrm{CT}}}{nW_3} = \frac{40 \times 41}{5 \times 10} = 32.5\ \mathrm{min}$$

$$T_{\mathrm{CT}_4} = \frac{T_{\mathrm{CT}}}{nW_4} = \frac{40 \times 41}{5 \times 12} = 27.3\ \mathrm{min}$$

$$T_{\mathrm{CT}_5} = \frac{T_{\mathrm{CT}}}{nW_5} = \frac{40 \times 41}{5 \times 6} = 54.7\ \mathrm{min}$$

3. 注意事项

仅依据故障率分配的维修性参数 T_{CT_i}，虽然合理但未必可行。比如，某个或某几个 T_{CT_i} 可能太小，就要考虑技术上是否能实现，如果在技术上难以实现或者要花费很大代价（包括经济上、时间上和人力上）就应进行调整。此时，应根据初步设想的结构方案，考虑各种影响维修时间或工时的维修性定性特点（例如：该部分的复杂程度、可达性、可调性、更换的难易程度、可测试性等）综合权衡予以确定。

对于 T_{PT} 的分配，将故障率换成预防性维修频率，平均修复时间换成某项预防性维修平均时间，其他与 T_{CT} 的分配步骤相同。

对于某些改进改型系统，并不是系统中所有单元都需要进行重新设计，有些单元可沿用原来的系统。对于这种情况需要单独考虑。设系统由 n 种分系统组成，其中 L 种是不需要进行改进设计的分系统，$(n-L)$ 种是需要进行新设计的的分系统，新设计的分系统的维修性分配由下式决定

$$T_{\mathrm{CT}_j} = \frac{T_{\mathrm{CT}_s} \sum_{i=1}^n Q_i \lambda_i - \sum_{i=1}^L Q_i \lambda_i T_{\mathrm{CT}_i}}{(n-L) Q_j \lambda_j} \quad j = L+1, \cdots\cdots, n; \tag{5-26}$$

式中：T_{CT_j} 为新设计的第 j 分系统的平均修复时间；

T_{CT_s} 为系统要求的平均修复时间；

T_{CT_i} 为第 i 分系统的平均修复时间；

Q_i 为第 i 分系统的数量；

λ_i 为第 i 分系统的故障率；

Q_j 为第 j 分系统的数量；

λ_j 为第 j 分系统的故障率。

具体的分配方法如前文所述。

5.2.4　按故障率和设计特性的加权因子分配法

按故障率和设计特性的加权因子分配法将分配时考虑的因素（复杂性、可测试性、可达性、可更换性、可调整性、维修环境等）转化为加权因子，按照设计特性的加权因子进行分配。

1. 分配步骤

按故障率和设计特性的加权因子分配法的步骤如下。

（1）分析产品的类型和产品的设计特性（包括复杂性、故障检测与隔离技术、可达性、可更换性、可调整性、维修环境等方面），根据各方面的特性确定产品各单元的各项加权因子 k_{ij}，确定各单元的各项加权因子之和为

$$k_i = \sum_{j=1}^{m} k_{ij} \tag{5-27}$$

式中：k_{ij} 为第 i 单元、第 j 种因素的加权因子。

（2）确定产品各单元的故障率 λ_i；

（3）计算产品各单元加权因子平均值 $\overline{k}$

$$\overline{k} = \frac{\sum_{i=1}^{n} k_i}{n} \tag{5-28}$$

（4）计算产品各单元故障率平均值 $\overline{\lambda}$

$$\overline{\lambda} = \frac{\sum_{i=1}^{n} \lambda_i}{n} \tag{5-29}$$

（5）计算单元 i 修复时间加权系数 β_i

$$\beta_i = \frac{\overline{\lambda} k_i}{\lambda_i \overline{k}} \tag{5-30}$$

（6）计算单元 i 的平均修复时间

$$T_{CT_i} = \beta_i T_{CT} \tag{5-31}$$

2. 按故障率和设计特性的加权因子分配法示例

某串联系统由三个单元组成，要求系统平均修复时间等于 0.5 h。据此对各单元进行分配，各单元设计方案和故障率情况如表 5-5 所示。

各单元各项加权因子 k_{ij} 如表 5-6 所示。

表 5-5　某系统各单元设计方案和故障率

单元	可测试性	可达性	可更换性	可调整性	$\lambda_i(1/\mathrm{h})$
1	人工检测	有遮盖、螺钉固定	卡扣固定	需微调	0.01
2	自动检测	能快速拆卸遮挡	插接	需微调	0.02
3	半自动检测	有遮盖、螺钉固定	螺钉固定	需微调	0.06

表 5-6　各单元各项加权因子值

i \\ j	1	2	3	4
1	5	4	2	3
2	1	2	1	3
3	3	4	4	1

于是

$$k_1 = 5 + 4 + 2 + 3 = 14$$
$$k_2 = 1 + 2 + 1 + 3 = 7$$
$$k_3 = 3 + 4 + 4 + 1 = 12$$

产品各单元的故障率 λ_i 如表 5-5 中所示；

产品各单元加权因子平均值 $\bar{k}$ 为

$$\bar{k} = \frac{1}{3}(k_1 + k_2 + k_3) = 11$$

产品各单元故障率平均值 $\bar{\lambda}$ 为

$$\bar{\lambda} = \frac{1}{3}(\lambda_1 + \lambda_2 + \lambda_3) = 0.03$$

单元 i 修复时间加权系数 β_i 为

$$\beta_1 = \frac{14 \times 0.03}{11 \times 0.01} \approx 3.82$$

$$\beta_2 = \frac{7 \times 0.03}{11 \times 0.02} \approx 0.95$$

$$\beta_3 = \frac{12 \times 0.03}{11 \times 0.06} \approx 0.54$$

单元 i 的平均修复时间为

单元 Ⅰ：$T_{\mathrm{CT}_1} = \beta_1 T_{\mathrm{CT}} = 3.82 \times 0.5 = 1.91 \text{ h}$
单元 Ⅱ：$T_{\mathrm{CT}_2} = \beta_2 T_{\mathrm{CT}} = 0.95 \times 0.5 = 0.48 \text{ h}$
单元 Ⅲ：$T_{\mathrm{CT}_3} = \beta_3 T_{\mathrm{CT}} = 0.54 \times 0.5 = 0.27 \text{ h}$

3. 注意事项

使用该方法进行分配时，注意分配对象的类型（机械、电子、机电等），并清楚该对象的维修性设计特性。该方法中的这些加权因子，实际上是从各因素对单元维修性指标的影响来考虑的。

对于 T_{PT} 的分配,将故障率换成预防性维修频率,平均修复时间换成某项预防性维修平均时间,其他与 T_{CT} 的分配步骤相同。

5.2.5 相似产品分配法

相似产品分配法借用已有的相似产品维修性状况提供的信息,作为新研制或改进产品维修性分配的依据。

1. 分配步骤

(1) 确定合适的相似产品;

(2) 确定相似产品的平均修复时间;

(3) 确定相似产品中的第 i 个单元的平均修复时间;

按公式(5-32)计算需要分配产品的第 i 个单元的平均修复时间。

$$T_{CT_i} = \frac{T_{CT_i}'}{T_{CT}'}T_{CT} \tag{5-32}$$

式中:T_{CT}' 为相似产品已知的或预计的平均修复时间;

T_{CT_i}' 为相似产品已知的或预计的第 i 个单元的平均修复时间。

2. 相似产品分配法示例

某定时系统组成及各单元数据如图5-1,要求对其进行改进,使平均修复时间控制在60 min 以内,试分配各单元的平均修复时间。

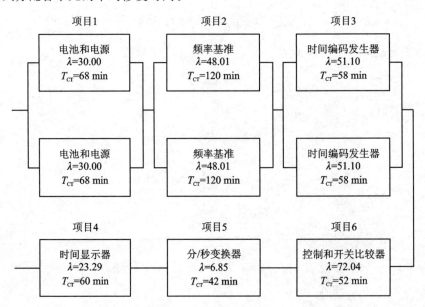

图5-1 定时系统组成

确定合适的相似产品。由于该系统是对原有系统进行改进,因此相似产品即是原有定时系统;

找到相似产品的平均修复时间。计算原有定时系统的平均修复时间为

$$T_{CT'} = \frac{\sum_{i=1}^{n} \lambda_i T_{CT_i'}}{\sum_{i=1}^{n} \lambda_i}$$

$$= \frac{2 \times 30 \times 68 + 2 \times 48.01 \times 120 + 2 \times 51.1 \times 58 + 72.04 \times 52 + 6.85 \times 42 + 23.29 \times 60}{2 \times 30 + 2 \times 48.01 + 2 \times 51.1 + 72.04 + 6.85 + 23.29}$$

$$= 74.7 \text{ min}$$

找到相似产品中的第 i 个单元的平均修复时间,如图 5-1 所示。

按公式(5-32)计算需要分配产品的第 i 个单元的平均修复时间。

$$T_{CT1} = \frac{T_{CT1}'}{T_{CT}'} T_{CT} = \frac{68}{74.7} \times 60 = 54.6 \text{ min}$$

$$T_{CT2} = \frac{T_{CT2}'}{T_{CT}'} T_{CT} = \frac{120}{74.7} \times 60 = 96 \text{ min}$$

$$T_{CT3} = \frac{T_{CT3}'}{T_{CT}'} T_{CT} = \frac{58}{74.7} \times 60 = 46 \text{ min}$$

$$T_{CT4} = \frac{T_{CT4}'}{T_{CT}'} T_{CT} = \frac{52}{74.7} \times 60 = 41 \text{ min}$$

$$T_{CT5} = \frac{T_{CT5}'}{T_{CT}'} T_{CT} = \frac{42}{74.7} \times 60 = 33 \text{ min}$$

$$T_{CT6} = \frac{T_{CT6}'}{T_{CT}'} T_{CT} = \frac{60}{74.7} \times 60 = 48 \text{ min}$$

3. 注意事项

该方法只适用于有相似产品维修性数据的新研产品的分配和改进改型产品的再分配。

对于 T_{PT} 的分配,将平均修复时间换成某项预防性维修平均时间,其他与 T_{CT} 的分配步骤相同。

5.2.6　按固有可用度和单元复杂度的加权因子分配法

工程实践中常需要考虑单元的复杂度,并需要保证系统的固有可用度。按固有可用度和单元复杂度的加权因子分配方法能够满足这一要求,并按单元越复杂固有可用度越低的原则进行分配。

1. 分配步骤

按可用度和单元复杂度的加权因子分配法的分配步骤如下:

(1)确定单元 i 的故障率 λ_i;

(2)确定单元 i 的元件数量 Q_i;

(3)确定系统的元件总数量 $Q_s = \sum Q_i$;

a)计算单元 i 的复杂度因子 k_i 为

$$k_i = \frac{Q_i}{Q_s} = \frac{Q_i}{\sum_{i=1}^{n} Q_i} \tag{5-33}$$

式中:Q_i 为单元 i 的元件数;

Q_s 为系统的元件数；

n 为单元种类数。

b）计算单元 i 的平均修复时间 T_{CTi}。

$$T_{CTi} = \frac{1}{\lambda_i}(A_s^{-k_i} - 1) \tag{5-34}$$

式中：λ_i 为单元 i 的故障率；

A_s 为产品的可用度要求值；

k_i 为单元 i 的复杂性因子。

2. 按固有可用度和单元复杂度的加权因子分配法示例

某串联系统由四个单元组成，要求其系统可用度 $A_s = 0.95$，预计各单元的元件数和故障率如表 5-7 所示，试确定各单元的平均修复时间指标。

表 5-7 各单元的元件数与故障率

单元号	1	2	3	4	总计
元件数	1000	2500	4500	6000	14000
$\lambda(1/h)$	0.001	0.005	0.01	0.02	0.036

确定单元 i 的故障率 λ_i，确定单元 i 的元件数量 Q_i，确定系统的元件总数量 $Q_s = \sum Q_i$，如表 5-7 中所示，元件总数为 14000。

计算各单元的复杂度因子 k_i。

$$k_1 = \frac{1000}{14000} = 0.0714$$

$$k_2 = \frac{2500}{14000} = 0.1786$$

$$k_3 = \frac{4500}{14000} = 0.3214$$

$$k_4 = \frac{6000}{14000} = 0.4286$$

计算各单元的平均修复时间 T_{CTi}。

$$T_{CT1} = \frac{1}{0.001}\left(\frac{1}{0.95^{0.0714}} - 1\right) = 3.714 \text{ h}$$

$$T_{CT2} = \frac{1}{0.005}\left(\frac{1}{0.95^{0.1786}} - 1\right) = 1.837 \text{ h}$$

$$T_{CT3} = \frac{1}{0.01}\left(\frac{1}{0.95^{0.3214}} - 1\right) = 1.667 \text{ h}$$

$$T_{CT4} = \frac{1}{0.02}\left(\frac{1}{0.95^{0.4286}} - 1\right) = 1.11 \text{ h}$$

3. 注意事项

影响单元复杂度的因素有很多，但在工程中一般可简化为单元的元件数与系统的总元件数之比。

5.2.7　基于时间特性的维修性分配

针对一个装备系统,按照维修中各项维修活动消耗时间的不同特性分别进行分配,考虑其维修时间受哪些因素及哪些设计部门影响,进行时间分类,将共同维修时间从 T_{CT} 中扣除,个体维修时间则参考传统的分配方法进一步向下分配。由于装备在高层次单元设计及低层次单元设计时,所得到的产品信息不同,时间分类不同,因此,分别建立高层次单元的分配模型和低层次单元的分配模型。

1. 分配步骤

在维修性设计进行的不同阶段,对系统高层次单元及低层次单元维修时间的分类,分别建立分配模型。

1）装备系统高层次产品单元的时间分配模型

针对系统高层次产品单元,系统包含 n 个分系统:分系统 1、分系统 2……分系统 n,对应的故障率分别为:λ_1、λ_2、$\cdots\lambda_n$。共用维修时间:准备时间 T_P、接近时间 T_D、再组装时间 T_R。个体维修时间为:$T_\uparrow = T_{CT} - T_P - T_D - T_R$。

其中,当系统共用检修通道,接近时间不为零,而系统的各个设备各自有独立的检修通道时,接近时间为零,即 $T_D = T_R = 0$。

个体维修时间利用常用的故障率分配法进行分配。则

$$T_{CTi}' = \frac{T_\uparrow \sum_{i=1}^{n} \lambda_i}{n\lambda_i} \tag{5-35}$$

式中:T_{CTi}' 为分配到各个设备的时间;

λ_i 为各个设备的故障率。

对于沿用产品,若系统有 K 个分系统,其中 1 到 L 个单元为已有产品有过去的经验资料可以提供使用,$(K-L)$ 个分系统是新设计的,此时,新设计的分系统维修指标可按下式分配

$$T_{CTj}' = \frac{T_\uparrow \sum_{i=1}^{k} \lambda_i - \sum_{i=1}^{L} \lambda_i T_{CTi}}{(K-L)\lambda_j} \quad (j = L+1, L+2, \cdots\cdots K) \tag{5-36}$$

式中:T_{CTi} 为分配到各个设备的时间;

λ_i 为各个设备的故障率。

2）装备系统低层次产品单元的时间分配模型

如果维修方案允许故障隔离到各 RU 组并通过 RU 组修复,则在各 RU 组互不相关时,可将每个 RU 组看作一个 RU。

平均交替更换次数 $\bar{S}_1$ 的计算取决于交替更换的平均次数,对隔离到 n 个单元的 RU,平均更换次数 $\bar{S}_1 = \frac{n+1}{2}$。

设备:故障率 λ、平均修复时间 T_{CT}。

RU_{m+1}:故障率 $\lambda_{m+1} = \lambda_{21} + \lambda_{22} + \cdots + \lambda_{2i} + \cdots + \lambda_{2n}$、平均修复时间 $T_{CT(m+1)}$。

RU_{m+2}:故障率 $\lambda_{m+2} = \lambda_{31} + \lambda_{32} + \cdots + \lambda_{3i} + \cdots + \lambda_{3n}$、平均修复时间 $T_{CT(m+2)}$。

个体维修时间按照故障率及设计特性加权方法进行分配。

个体维修时间 $T_\uparrow$：$T_\uparrow = T_I$，其中，T_I 为上层单元分到设备 I 的时间。

在此引入系数 α_i，来对加权因子进行修正，即

故障隔离到单个 RU，单个更换时，$\alpha_i = 1$。

故障隔离到模糊度为 n 的 RU 组，交替更换，$\alpha_i = \overline{S} = \dfrac{n+1}{2}$。

故障隔离到模糊度为 r 的 RU 组，全部更换，$\alpha_i = r$。

则各个单元的修复时间为

$$T_{CT_i} = \frac{k_i{}' \sum_{i=1}^{m+2} \lambda_i}{\lambda_i \sum_{i=1}^{m+2} k_i{}'} T_\uparrow \quad (i = 1, 2, \cdots, m+1, m+2) \tag{5-37}$$

式中：$k_i{}' = \alpha_i k_i$，$k_i = \sum_{j=1}^{r} k_{ij}$；

T 为加权因子个数；

k_{ij} 为第 i 个单元、第 j 种因素的加权因子。

对于沿用产品，若系统有 K 个分系统，其中 1 到 L 个单元为已有产品有过去的经验资料可以提供使用，$(K-L)$ 个分系统是新设计的，此时，新设计的分系统维修指标可按下式分配：

$$T_{CT_j}{}' = \frac{T_\uparrow \sum_{i=1}^{k} \lambda_i - \sum_{i=1}^{L} \lambda_i T_{CT_i}}{\lambda_j \sum_{j=L+1}^{k} k_j{}'} k_j{}' \quad (j = L+1, L+2, \cdots, K) \tag{5-38}$$

维修性加权因子 k_j 与产品的检测和隔离方式、可达性、可更换性和测试性等方面因素有关，维修性越差，k_j 值越大。

2. 基于时间特性的维修性分配示例

1）系统的功能原理及组成

Z 系统的主要功能为飞行控制、显示控制管理、任务数据加载和记录。包括三个子系统：飞控分系统、显控分系统和任务计算机。且显控分系统包含 10 个 LRU：管理控制计算机 1、管理控制计算机 2、多功能显示器、中央多功能显示器、平视显示器、航电系统启动板、上前方控制板、综合控制板、下显低压电源、平显低压电源。现已知系统的 T_{CT} 及三个分系统、10 个 LRU 的故障率及设计特性，要求利用基于时间特性系统维修性分配方法，确定显控分系统中 LRU 的时间指标。

本系统在方案设计时充分考虑维修性，预想采取的措施为：

（1）各分系统在安装位置上集中在后设备舱，检修通道对于观察和手工操作都足够；

（2）各分系统在接近时，需要拆卸阻挡物，为二次可达；

（3）外场可更换单元（LRU）具有互换性，更换后，不需调整、校准、标定便可正常工作，调校及检验工作可以不计；

（4）系统的故障诊断，部分 LRU 能够隔离到单个 LRU 进行更换，另外 LRU 隔离到一组分别进行交替更换和全部更换；

（5）外场更换单元的阻挡及安装方式如表 5-8 所示。

表 5 - 8   显控分系统各组成单元安装特点

序 号	LRU 名称	阻挡物	安装方式
1	管理控制计算机 1	由检修通道到达可更换单元不需机械拆卸	摇摆螺母
2	管理控制计算机 2	由检修通道到达可更换单元不需机械拆卸	摇摆螺母
3	多功能显示器	由检修通道到达可更换单元不需机械拆卸	螺栓固定
4	中央多功能显示器	由检修通道到达可更换单元不需机械拆卸	螺栓固定
5	平视显示器	由检修通道到达可更换单元不需机械拆卸	螺栓固定
6	航电系统启动板	需要大量拆卸	螺钉固定
7	上前方控制板 UFCP	需要大量拆卸	插片
8	平显低压电源	需要大量拆卸	螺钉固定
9	下显低压电源	需要少量拆卸	插片
10	综合控制板	需要少量拆卸	插片

2) 维修时间分配

（1）分配要求分析：由已知条件得知，本次分配是针对外场级修复性维修过程。已知：系统 $T_{CT}=30$ min，且显控分系统已经确定外场更换单元 LRU。

（2）维修对象分析：Z 系统功能层次分为三级。其中包含三个子系统：雷达分系统、显控分系统、任务计算机。且显控分系统包含 10 个 LRU。Z 系统功能层次图如图 5 - 2 所示。

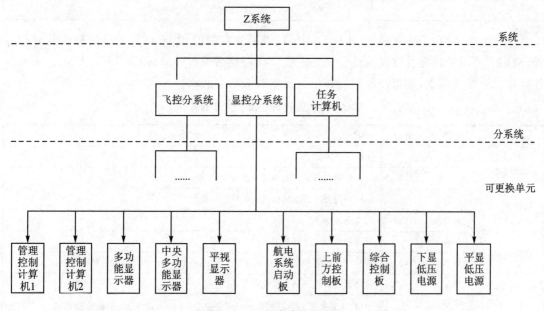

图 5 - 2   Z 系统功能层次图

（3）Z 系统信息分析：系统的三个子系统及显控分系统的 LRU 信息如表 5 - 9、表 5 - 10 所示。

表 5-9 系统高层次产品单元信息

序 号	分系统/设备名称	故障率
1	飞控分系统	0.0036
2	显控分系统	0.0049
3	任务计算机	0.0029

表 5-10 系统低层次产品单元信息

诊断隔离单元/组名称	代号	故障率	更换单元	代号	更换单元故障率
管理控制计算机 1	LRU_1	$\lambda_1 = 0.00034$	管理控制计算机 1	LRU_1	$\lambda_1 = 0.00034$
管理控制计算机 2	LRU_2	$\lambda_2 = 0.00034$	管理控制计算机 2	LRU_2	$\lambda_2 = 0.00034$
多功能显示器	LRU_3	$\lambda_3 = 0.00033$	多功能显示器	LRU_3	$\lambda_3 = 0.00033$
中央多功能显示器	LRU_4	$\lambda_4 = 0.00033$	中央多功能显示器	LRU_4	$\lambda_4 = 0.00033$
平视显示器	LRU_5	$\lambda_5 = 0.00067$	平视显示器	LRU_5	$\lambda_5 = 0.00067$
控制单元	LRU_6	$\lambda_6 = 0.00029$	航电系统启动板	LRU_{61}	$\lambda_{61} = 5.044E-05$
			上前方控制板	LRU_{62}	$\lambda_{62} = 4.322E-05$
			综合控制板	LRU_{63}	$\lambda_{63} = 0.0002$
电源单元	LRU_7	$\lambda_7 = 0.00054$	下显低压电源	LRU_{71}	$\lambda_{71} = 0.00021$
			平显低压电源	LRU_{72}	$\lambda_{72} = 0.00033$

GJBZ57-94 中给出了机电、电子设备加权因子的参考值,本节结合对时间特性的分析过程,给出了适用于时间特性维修性分配方法的设计特性因子参考值,如表 5-11 所示。参考设计特性因子参考值表,确定涉及到的加权因子如表 5-12 所示。

表 5-11 设计特性因子参考值表

因子	类型	评分	说明
故障检测与隔离因子	自动	1	使用机内测试 BIT
	半自动	3	人工控制机内检测电路进行故障定位
	人工检测	5	用机外轻便仪表在机内设定的检测孔检测
	人工检测	10	人工逐点寻迹
检修通道因子	足够	1	检修通道对于观察和手工操作都足够
	部分不足	3	检修通道对观察足够,对手工操作不足;或者对手工操作足够,对观察不足
	不足	5	检修通道对观察和手工操作都不足
卡锁和紧固件因子	简单	1	螺钉、卡锁和紧固件同时符合:固定牢靠、不需专用工具、稍微旋转即可松开三个要求
	困难	3	螺钉、卡锁和紧固件符合其中两个要求
	非常困难	5	螺钉、卡锁和紧固件只符合一个要求,或者都不符合

因子	类型	评分	说明
内部组装因子	不需拆卸	1	由检修通道到达可更换单元不需机械拆卸,即达到发生故障的可更换单元,所需时间少于 1 分钟
	少量拆卸	2	达到更换单元所需时间少于 3 分钟
	大量拆卸	4	需要大量拆卸,即多于 3 分钟
可更换因子	插拔	1	可更换单元是插件
	卡扣	2	可更换单元是模块,更换时打开卡扣
	螺钉	4	更换单元要上、下螺钉
	焊接	6	更换时要进行焊接
可调因子	不调	1	更换故障单元后无需调整
	微调	3	利用机内调整元件进行调整
	联调	5	需与其他电路一起

表 5－12　LRU 加权因子分析表

诊断隔离组名称		LRU_1	LRU_2	LRU_3	LRU_4	LRU_5	LRU_6			LRU_7	
组内 RU 名称		LRU_1	LRU_2	LRU_3	LRU_4	LRU_5	LRU_{61}	LRU_{62}	LRU_{63}	LRU_{71}	LRU_{72}
故障检测与隔离因子	自动	√	√	√	√	√					
	半自动									√	√
	人工检测						√	√	√		
	人工										
检修通道因子	足够	√	√	√	√	√	√	√	√	√	√
	部分不足										
	不足										
卡锁和紧固件	简单	√	√	√		√					
	困难						√	√	√	√	√
	非常困难				√						
内部组装可更换因子	不需拆卸	√	√	√	√	√					
	少量拆卸									√	√
	大量拆卸						√	√	√		
	插拔						√			√	√
内部组装	卡扣										
	螺钉	√	√	√		√		√	√		
	焊接										
	不需拆卸	√	√	√	√	√					

注：对应的设计因子项内打"√"

对照加权因子参考值,并考虑各个隔离组的更换特点及修正,$k_i' = \alpha_i k_i$；

对 LRU₁ 到 LRU₅ 这 5 个更换单元,故障隔离到单个 RU,则 $\alpha_i = 1$；

对 LRU_{61} 到 LRU_{63} 这组单元,故障隔离到一组并交替更换,则 $\alpha_i = \dfrac{n+1}{2} = 2$;

对 LRU_{71}、LRU_{72} 这组单元,故障隔离到一组并交替更换,则 $\alpha_i = 2$。由以上信息可以得到各个 LRU 加权因子,如表 5-13 所示。

表 5-13　各个 LRU 加权因子值

LRU 名称	各个 LRUk_i 值	故障隔离组名称	隔离组k_i 值	α_i	k_i'
LRU_1	8	LRU_1	8	1	8
LRU_2	8	LRU_2	8	1	8
LRU_3	8	LRU_3	8	1	8
LRU_4	12	LRU_4	12	1	12
LRU_5	8	LRU_5	8	1	8
LRU_{61}	14				
LRU_{62}	17	LRU_6	16	2	2
LRU_{63}	17				
LRU_{71}	10	LRU_7	10	2	20
LRU_{72}	10				

(4) 维修活动及影响因素分析:根据系统的维修方案及维修特点,可得系统的维修活动包括:准备、故障诊断、接近、更换、再组装,不考虑更换后的调校、检验活动,如表 5-14 所示。

表 5-14　维修活动及影响因素表

活动项目名称	影响因素
准备	基本作业项目
故障诊断	故障检测隔离因素
接近	检修通道、卡锁和紧固件、内部组装
更换	可更换因素
再组装	检修通道、卡锁和紧固件、内部组装

(5) 维修时间分类分析:根据系统总体布局决定,Z 系统的三个子系统(飞控分系统、显控分系统、任务计算机)都将布置在后设备舱,对任一分系统故障,维修人员进行准备,然后打开口盖,通过同一检修通道,进行拆除阻挡等动作。而故障诊断活动与各个分系统及 LRU 的诊断方式和手段相关,各个 LRU 的诊断预想方案不同。更换活动也是由各 LRU 自身的装配组装方式决定。

对三个子系统来说,准备活动、接近及再组装都是由系统总体决定的,因此,子系统层次,准备时间、接近及再组装时间为三个子系统的共同维修时间,从系统的 T_{CT} 中扣除,其他时间作为个体时间继续下分。

对显控分系统的 LRU 层次来说,已经不存在准备活动,这个层次上主要有继续接近、隔离、更换、再组装活动,与各个 LRU 的诊断手段及安装方式等相关,因此,都是个体维修活动时间,即这个层次上共同维修时间为零,如表 5-15 所示。

表 5 - 15　维修活动分析表

活动项目名称	时间名称	共同维修时间	个体维修时间	各个时间的确定方法
准备	T_P	√		现有基础数据确定
故障诊断	T_{FI}		√	继续下分到下层单元
接近	T_D	√		现有基础数据确定
更换	T_I		√	继续下分到下层单元
再组装	T_R	√		现有基础数据确定
调校	T_A		√	继续下分到下层单元
检验	T_C		√	继续下分到下层单元

注：符合的时间项内打"√"

针对整个系统的三个层次进行时间分类,得时间分类分配图如图 5 - 3 所示。

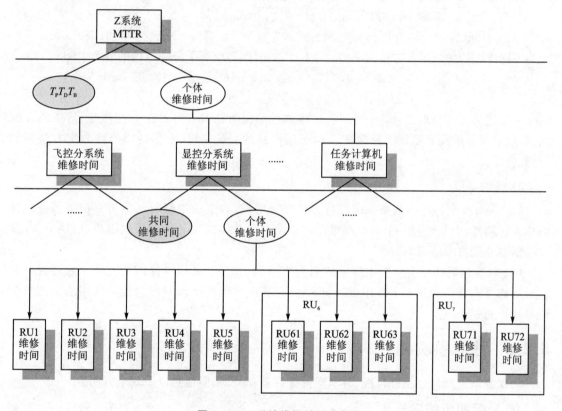

图 5 - 3　Z 系统维修时间分类图

（6）获取数据：在对产品信息分析时,已经分析并得到产品各个层次单元的故障率及加权因子数据。

（7）分配方法确定：将 Z 系统 T_{CT} 指标分配到三个子系统,属于产品高层次单元分配,选用高层次产品单元分配方法。再将显控系统的指标分到其下层的各个 LRU,属于产品低层次单元分配,选用低层次产品单元分配方法。

（8）指标分配：系统 T_{CT} 指标中的共同维修时间包括准备时间、接近时间、再组装时间。

由调研分析并采用经验值的方式确定。时间值为：准备时间 T_P 为 5 min，接近时间 T_D 为 6 min，再组装时间 T_R 为 6 min。

$$T_↑ = T_{CT} - T_P - T_D - T_R \tag{5-39}$$

$$T_{CTi}' = \frac{\lambda_L + \lambda_X + \lambda_J}{n\lambda_i} T_↑ \quad (i = L, X, J) \tag{5-40}$$

式中：T_{CTi}' 为分配到各个分系统的时间指标。

可得

$$T_{CTL} = 15.84 \text{ min}, T_{CTX} = 11.70 \text{ min}, T_{CTJ} = 19.65 \text{ min}$$

将显控分系统的时间继续下分到各个 LRU，由

$$T_{CTi}' = \frac{K_i' \sum_{i=1}^{7} \lambda_i}{\lambda_i \sum_{i=1}^{7} K_i'} T_{CTX} \tag{5-41}$$

根据表 5-7～表 5-13 中给出的故障率等数据，由公式（5-40）可得

$$T_{CT1}' = 7.371 \text{ min}, T_{CT2}' = 7.371 \text{ min}, T_{CT3}' = 7.605 \text{ min}$$

$$T_{CT4}' = 11.349 \text{ min}, T_{CT5}' = 3.744 \text{ min}, T_{CT6}' = 34.515 \text{ min}, T_{CT7}' = 11.583 \text{ min}$$

根据传统的加权因子方法对 LRU_6、LRU_7 的时间再继续下分到组内的各个 LRU。

$$T_{CT61}' = 57.879 \text{ min}, T_{CT62}' = 82.023 \text{ min}, T_{CT63}' = 17.725 \text{ min}$$

$$T_{CT71}' = 14.892 \text{ min}, T_{CT72}' = 9.477 \text{ min}$$

由上述实例可以得出：基于时间特性维修性分配方法具有详细的分配步骤、清晰的分配流程，能够很好的完成系统维修性 T_{CT} 向下层产品的分配，且比常用的维修性分配方法更加详细、合理。

3）其他事项

（1）在对一个特定的装备系统进行维修性分配时，以上的维修时间分析要根据装备自身的特点作调整，但是任何一个系统都可以认为是一个总体层次和其下层次组成，层层分析，直至维修性分配要求达到的层次。

（2）对维修时间分类分析中得出的两类维修活动时间，共同维修活动时间一般通过经验值或组成维修活动的基本维修作业时间累计而得，个体维修活动时间则运用常用的分配数学模型计算而得。

5.2.8 注意事项

为保证系统维修性指标合理、科学地分配到各部分，需要注意以下几个方面。

1. 分配的组织实施

整个系统的维修性通常由总设计师单位负责进行分配，他们应保证与转承制方共同实现合同规定的系统维修性要求。每一设备或较低层次产品的承制方（转承制方）负责将其承担的指标或要求分配给更低的层次，直至各个可更换件。

2. 分配方法的选用

1）分配与预计结合

为使维修性分配结果合理、可行，应当在分配过程中，对各分配指标的产品维修性做预计，

以便采取必要的措施。在分配同时进行维修性预计,当然可以应用或局部应用维修性预计方法。但由于设计方案未定,难以完成正规的预计,主要用一些简单粗略的方法。可以利用类似产品的数据,包括在其他装备采用的同类或相似产品的数据;可以从类似产品得到的经验,如各产品维修时间或其各维修活动时间的比例;再者就是根据设计人员、维修人员凭经验估计维修时间或工时。

2）分配结果的评审与权衡

维修性分配结果是研制中维修性工作评审的重要内容,特别是在系统要求评审、系统设计评审中,更应评审维修性分配结果。

对维修性分配结果要进行权衡。当某个或某些产品的维修性指标估计值比分配值相差甚远时,要考虑是否合适,是否需要调整,或者作为关键性的部分进行研究,还要考虑研制周期与费用,以及对保障资源的要求等。

对于电子产品以及其他复杂产品,故障检测与隔离时间往往要占整个故障排除时间很大一部分,而且获取其手段所消耗的费用及资源也占很大一部分。要把测试性的分配同维修性指标分配结合在一起,并进行权衡。分配给某产品维修时间时,首先要考虑其检测隔离故障的时间、可能采取的手段及检测率、隔离率等指标。

5.3　维修性预计方法

5.3.1　概　述

维修性预计是研制过程中主要的维修性活动之一,是以历史经验和类似产品的数据为基础估计、测算新产品在给定工作条件下的维修性参数,以便了解设计满足维修性要求的程度。

1. 维修性预计的目的

在产品研制和改进过程中,进行了维修性设计,但能否达到规定的要求,是否需要进行进一步的改进,这就要开展维修性预计。所以,预计的目的是预先估计产品的维修性参数,了解其是否满足规定的维修性指标,以便对维修性工作实施监控。其具体作用包括:

（1）预计装备设计或者设计方案可能达到的维修性水平,了解其是否能达到规定的指标,以作出研制决策（选择设计方案或转入新的研制阶段或实验）。

① 及时发现维修性设计及保障方面的缺陷,作为更改装备设计或保障安排的依据;

② 当研制过程更改设计或保障要素时,估计其对维修性的影响,以便采取适当对策。

（2）维修性预计的结果常常作为维修性设计评审的一种依据。维修性预计是研制与改进产品过程必不可少且费用效应较好的维修性工作。维修性预计作为一种分析工作,自然不能取代维修性的试验验证。但是,预计可以在试验之前、产品制造之前乃至详细设计完成之前,对产品可能达到的维修性水平做出估计。尽管这种估计不是验证的依据,却能赢得研制过程宝贵的时间,以便早日做出决策,避免设计的盲目性,防止完成设计、制成样品试验时才发现不能满足要求,无法或难于纠正。同时,预计是分析性工作,投入较少,利用它避免频繁的试验摸底,其效益是很大的。

2. 维修性预计的时机

研制过程的维修性预计要尽早开始、逐步深入、适时修正。

在方案论证及确认阶段,就要对满足要求的系统方案进行维修性预计,评估这些方案满足维修性要求的程度,作为选择方案的重要依据。在这个阶段可供利用的数据有限,不确定因素较多,主要是利用相似产品的数据,预计比较粗略。但它的作用却不可忽视。如果此时不进行维修性预计,选择了难以满足维修性指标的系统方案,工程研制阶段就会遇到种种困难,乃至不能满足要求,而不得不大返工。

在工程研制阶段,需要针对已做出的设计进行维修性预计,确定系统的维修性参数值,并作出是否符合要求的估计。此时由于比方案阶段有更多的系统信息,预计会更加精确。随着设计的深入,有了装备详细的功能方框图和装配方案,原来初步设计中的假设或工程人员的判断,已由图纸上的具体设计所替代,就可以进行更为详细而准确的预计。

在研制过程中,设计更改时,要做出预计,以评估其是否会对维修性产生不利影响及影响的程度。

如果没有现成的维修性预计结果,在维修性试验前应进行预计。一般情况下,预计不合格不宜转入试验。

3. 维修性预计的指标

维修性预计的参数指标应同规定的指标相一致。最常见的维修性预计指标是:

(1)平均修复时间 T_{CT};

(2)平均预防性维修时间 T_{PT};

(3)给定百分位的最大修复时间 T_{MAXCT};

(4)维修工时率 M_1。

维修性预计的参数通常是系统或设备级的,以便与合同规定和使用需求相比较。而要预计出系统或设备的维修性参数,必须先求得其组成单元的维修时间或工时及维修频率。在此基础上,运用累加或加权和等模型,求得系统或设备的维修时间或工时均值、最大值。所以根据产品设计特征估计各单元的维修时间及频率是预计工作的基础。

4. 维修性预计的层次

维修性预计的层次和预计的时机、维修级别、具体的维修方案有关。

在方案论证阶段,维修性预计限于较高层次的产品,甚至仅仅是整机的维修性指标;在工程研制阶段,维修性预计可拓展至某些整体更换的设备、机组、单机、部件,随着设计的深入,维修性预计层次可达到各个可更换单元。

5. 维修性预计的条件

不同时机、不同维修性预计方法需要的条件不尽相同。但预计一般应具有以下条件:

(1)现有相似产品的数据,包含产品的结构和维修性参数值。这些数据用作预计的参照基准;

(2)维修方案、维修资源(包括人员、物质资源)等约束条件。只有明确维修保障条件,才能确定具体产品的维修时间、工时等参数值;

(3)系统各产品的故障率数据,可以是预计值或实际值;

(4) 维修工作的流程、时间元素及顺序等。

6. 维修性预计的原则

进行维修性预计时,应遵循下列一些原则:

(1) 维修性预计应重点考虑在基层级维修的产品层次,对于在中继级或基地级进行维修的产品,可适当减少在维修性预计工作方面的投入,但应充分考虑战场抢修可能要求部分中继级或基地级维修工作在战场完成;

(2) 维修性预计时应妥善处理工作分解结构中不同产品间的接口关系,既要避免重复预计,也要避免遗漏;

(3) 维修性参数指标要区别清楚是修复性维修还是预防性维修,或者两者的组合,相应的时间或工时与维修频率不得混淆;

(4) 维修性预计一般按照产品结构层次划分逐层展开,维修性预计的层次通常应与维修性分配的层次保持一致;

(5) 应充分重视并参考相似产品的维修性数据;

(6) 维修性预计过程中,应充分重视工程经验的利用,以降低预计的误差。

7. 常用维修性预计方法的比较

维修性预计的各种方法均有其优点和一定的局限性,在 GJB/Z57-94《维修性分配与预计手册》中提供了 6 种方法,见表 5-16 所示。

(1) 方法 201:概率模拟预计法

这种方法用于预计机载电子和机电系统的外场修复时间等参数。包括各种基本作业、维修活动时间、故障实际修复时间、故障修复时间、系统修复时间、系统停机时间等,最终结果是系统停机时间的分布。它以基本作业为起点,通过时间分布的综合过程逐次导出维修时间参数。而基本作业的时间分布参数(时间均值或对数均值,标准差或对数标准差)由标准规定。进行这种预计,需要有关设备外场可更换单元的详尽资料。其优点是:①预计很细致、全面,可得到维修时间分布及其各参数;②用于同类产品可望取得与实测值相当吻合的结果。其缺点是:①计算统计繁杂;②由于基础数据限制,适用面较窄。

(2) 方法 202:功能层次预计法

这种方法用于海军舰船及海岸电子设备与系统预计修复时间和预防性维修时间。也可用来预计其他军兵种具有相似设计、使用条件和用途的设备或系统的维修性。此种方法使用简便,用在电子设备中预计值与实测值相当吻合,但有的数据已不适合现在研制的产品,需要补充和修正。

(3) 方法 203:抽样评分预计法

这种方法采用抽取装备中足够的可更换单元,按照核对表对其维修作业进行评分,再用经验公式估算出维修时间。用于工程研制阶段的维修性预计,通常在设计完成前进行粗略的估计,然后随着研制进程做出更详细的预计。

(4) 方法 204:运行功能预计法

这种方法没有提供任何现成的数据资料,只是提供一种程序。它要求以历史经验、主观评价、专家判断等数据为基础,对维修作业时间做出估计。它既可用于飞机上,也可用于其他产品的使用与研制过程各阶段和产品改进。

（5）方法 205：时间累积预计法

见本章 5.4.5

（6）方法 206：单元对比预计法

见本章 5.4.4.

表 5-16　维修性预计的常用方法（GJB/Z57 提供）

编号	方法	适用范围	简要说明
201	概率模拟预计法	各种系统与其设备维修时间预计	通过基本维修作业分布估计，逐步计算，累加，求得系统停机时间分布数值
202	功能层次预计法	各种电子设备的维修预计，也可用于其他设备的维修性预计	有两种方法，一种用于预计修复性维修，根据维修活动及产品层次查表确定修复时间；另一种可用于计算修复性及预防性维修时间，没有给出具体的数据
203	抽样评分预计法	地面电子系统和设备平均修复时间及最大修复时间预计	利用随机抽样原理，结合以往经验数据为基础的专用核对表评分和估算维修时间
204	运行功能预计法	各种系统与其设备维修时间预计	将修复性维修与预防性维修结合在一起，把任务过程分为若干运行功能，利用所建立的模型计算维修时间，它未提供任何时间数据
205	时间累计预计法	各种电子设备在各级维修的维修性参数预计，也可用于任何使用环境的其他各种设备的维修性预计	给出了较多的维修作业时间数据，按其规定程序，由基本维修作业逐步计算，累加求修复时间、工时等维修性参数值
206	单元对比预计法	各种产品方案阶段的早期预计	以某个维修时间已知的或能够估测的单元为基准，通过对比确定其他单元的维修时间，再按维修频率求均值，得到修复性或预防性维修时间

维修性预计方法有很多种，考虑到工程应用所需的简易性和实用性，本章着重选择推断法、单元对比预计法以及时间累计预计法进行具体介绍。

5.3.2　维修性预计的工作程序

维修性预计是产品进行维修性设计时要做的一项重要工作，这项工作的主要目的是评价产品是否能够达到要求的维修性指标。在方案论证阶段，通过维修性预计，比较不同方案的维修性水平，为最优方案的选择及方案优化提供依据；在研制阶段，通过维修性预计，发现影响系统维修性的主要因素，找出薄弱环节，采取设计措施，提高系统维修性。

研制过程阶段的维修性预计，适宜采用不同的预计方法，其工作程序也有所区别。但一般来说，维修性预计要遵循以下程序。

1）收集资料

预计是以产品设计或者方案设计为依据的。因此，维修性预计首先要收集并熟悉所预计产品设计或方案设计的资料，包括各种原理、方框图、可更换或者可拆装单元清单，乃至线路图、草图直至产品图等。维修性预计又要以维修方案、保障方案为基础。因此，还要收集有关维修（含诊断）与保障方案及其尽可能细化的资料。此外，所预计产品的可靠性数据也是不可缺少的。这些数据可能是可靠性预计值或者试验值。

2）维修职能与功能分析

与维修性分配相似,在预计前要在分析上述资料基础上,进行系统维修职能与功能层次分析(参见 5.3.2.1 与 5.3.2.2)

3）确定设计特征与维修性参数的关系

如前所述,维修性预计归根结底是要由产品设计或方案设计估计其参数。这种估计必须建立在确定出影响维修性参数的设计特征的基础上。例如,对一个可更换件,其更换时间主要取决于它的固定方式、紧固件的型式与数量等。对一台设备来说,其修复时间主要取决于设备的复杂程度(可更换件的多少)、故障检测隔离方式、可更换拆装难易程度等。因此,要从现有类似装备中找出设计特征与维修性参数值的关系,为预计做好准备。

4）预计维修性参数量值

预计维修性参数量值的各种方法不同,详见下面论述。

5.3.3　推断法

推断法是最常用的现代预测方法,把它应用到维修性预计中,就是根据新产品的设计特点、现有类似产品的设计特点与维修性参数值,预计新产品的维修性参数值。因此,这种预计方法的基础是掌握某种类型产品的结构特点与维修性参数的关系,且能用近似公式、图表等表现出来。

回归预计法是广泛应用的现代预测技术,也是最常用的推断法。即对已有数据进行回归分析,建立模型进行预测。把它用在维修性预计中,就是利用现有类似产品改变设计特征(结构类型、设计参量等)进行充分试验或者模拟,或者利用现场统计数据,找出设备特征与维修性参量的关系,用回归分析建立模型,作为推断新产品或改进产品维修性参数值的依据。

回归预计法这种推断方法是一种粗略的早期预计技术。尽管粗略,但因为不需要多少具体的产品信息,所以,在研制早期(例如战技指标论证或方案探索中)仍有一定应用价值。

对不同类型的装备,影响维修性参数值的因素不同,其模型有很大差别。影响电子设备维修时间的设计特征很多,经验表明其中最主要的可能是以下两个:

(1) 设备发生一次故障所需更换的零元器件平均数 μ_1;

(2) 设备的复杂性,即包含的零元器件数或可更换单元数 μ_2。

经验表明,设备 T_{CT} 与 μ_1、μ_2 近似为线性关系,即

$$T_{CT} = c_1\mu_1 + c_2\mu_2 \tag{5-42}$$

通过试验或统计数据,回归分析求出系数 μ_1,μ_2,可预计出 T_{CT}。

1. 预计模型

$$\hat{y} = \hat{y}(x_1, x_2, \cdots\cdots, x_s; b_0, b_1, \cdots\cdots, b_k) \tag{5-43}$$

其中,$\hat{y}$ 是因变量的预测值,即预计的维修性参数值;$x_1, x_2, \cdots\cdots, x_s$ 是自变量,即一组与维修性相关属性值,如产品结构特性、维修资源要求等;$b_0, b_1, \cdots\cdots, b_k$ 是未知参数。

2. 实施步骤

(1) 确定与研究对象具有相似或相近之处的实例;

（2）根据研究对象的特点以及实例所包含的信息,确定模型中必须考虑的重要影响因素和可以忽略的次要因素。确定重要因素可采用主成分分析法或方差分析法等;

（3）对影响维修性的重要因素进行分析,不仅要对单个因素的作用进行分析,而且还应分析因素间的交互作用及其对维修性的影响;

（4）综合各因素对维修性特征量的影响,提出影响因素与维修性特征量之间的假想函数关系并利用实例进行函数的回归分析;

（5）对回归得到的函数式进行验证,求得修正后的函数关系式;

（6）对研究对象的影响因素进行量化,并将因素的值作为输入值输入到回归模型中,求得研究对象的维修性特征量。

3. 实例分析

1）雷达维修时间回归预计

大量的试验统计表明,雷达的维修性指标符合回归公式(5-42),即

$$T_{CT} = c_1\mu_1 + c_2\mu_2$$

式中：μ_1 是雷达发生一次故障所需更换的零元器件平均数;

μ_2 是雷达所包含的零元器件总数或可更换单元数。

对相关雷达装备的试验或统计数据进行回归分析,求出系数 c_1,c_2,再代入拟作维修性预计的雷达的 μ_1 和 μ_2,即可计算出 T_{CT}。

根据我国的试验分析,对雷达可采用下式作为预计模型

$$T_{CT} = 0.15\mu_1 + 0.0025\mu_2$$

其中,T_{CT} 以小时计。

通过初步的分析论证,估测某新研雷达现场维修过程中可能需要拆装的零元器件数为 286 个,且发生一次所需更换的可更换单元数为 2.6 个,试预计该型雷达的平均修复时间。

将已知参数代入预计公式中,可得

$$T_{CT} = 0.15 \times 2.6 + 0.0025 \times 286 = 1.105 \text{ h}$$

预计该雷达平均每次故障的修复时间为 1.105 h。

2）飞机维修工时率回归预计

前苏联学者对苏式飞机建立了维修性指标的回归模型,如

$$M_1 = 9.4 + 0.265P$$

式中：M_1 为维修工时率(工时/飞行小时);

P 为不带发动机的飞机重量(t)。

此外,对于地面电子系统和设备,还有如下回归计算公式

$$T_{CT} = \exp(3.54651 - 0.02512A - 0.03055B - 0.01093C) \tag{5-44}$$

式中：T_{CT} 为单次修复性维修作业所需的维修时间;

A 为该次作业相关的结构设计因素评分;

B 为该次作业相关的维修资源要求评分;

C 为该次作业相关的对维修的人的因素评分。

5.3.4　单元对比预计法

　　针对产品在研制过程中都有一定的继承性,在组成新设计的系统或设备的单元中,总会有些是使用过的产品。因此,单元对比预计法假定系统中已知一个单元的维修时间和维修频率,并可将其作为基准单元,从研制的系统或设备中可找到一个可知其维修时间的单元,通过与该基准单元就维修难度、维修频率进行比较,进而确定系统或设备自身的维修时间和维修频率,并据此对系统维修性做出预计,这就是单元对比预计法的思路。

　　由于该方法不需要更多的具体设计信息,它适用于各类产品方案阶段的早期预计,同时它可预计预防性、修复性维修参数值。

1. 适用范围

　　单元对比预计法适用于各类产品方案阶段的早期预计。它既可预计修复性维修参数,又可预计预防性维修参数。预计的基本参数是平均修复时间 T_{CT}、平均预防性维修时间 T_{PT} 和平均维修时间 T_M。

2. 预计需要的资料

　　(1) 在规定维修级别可单独拆卸和可更换单元的清单;
　　(2) 各个可更换单元的相对复杂程度;
　　(3) 各个可更换单元各项维修作业时间的相对量值;
　　(4) 各个预防性维修单元的维修频率相对量值。
　　上述(2)~(4)条中需要的是相对值,而不一定要每个项目的绝对值。

3. 实施步骤

1) 明确预计参数

　　单元对比法通常用于预计平均修复时间(T_{CT})、平均预防性维修时间(T_{PT}),平均维修时间(T_M),相对维修时间系数(h_i)等。

2) 确定产品的可更换单元

　　以规定的维修级别(例如,现场维修)为准,根据产品设计方案和实施可能,划分并确定产品的各个可更换单元。

3) 选择基准单元

　　基准单元的选择原则,一是要能够估测其平均维修时间;二是要使它与其他单元在复杂性、维修性等方面有明确的可比性,以便于确定各项系数。对于修复性维修和预防性维修的基准单元,可以是同一个基准单元,也可以根据需要分别选择不同的基准单元。

4) 确定各项系数

　　(1) 相对故障率系数:第 i 个可更换单元的相对故障率系数为

$$k_i = \frac{\lambda_i}{\lambda_0} \tag{5-45}$$

式中:λ_i 为第 i 个可更换单元的相对故障率。实际预计中 k_i 并不一定通过 λ_i 和 λ_0 的量值计算,可以根据产品设计特性直接估算。

(2) 相对修复时间系数：若将修复性维修分解为定位、隔离、分解、更换、结合、调准、检验等活动,则相对时间系数 h_i 为

$$h_i = h_{i1} + h_{i2} + h_{i3} + h_{i4} + h_{i5} + h_{i6} + h_{i7} \tag{5-46}$$

式中：h_{ij} 由第 i 个可更换单元第 j 项维修活动时间(t_{ij})与基准单元相应维修活动时间(t_{0j})的比值确定,即

$$h_{ij} = h_{0j} \frac{t_{ij}}{t_{0j}} \tag{5-47}$$

同样,该系数也可根据设计方案直接估算确定。此外,修复性维修活动的分解也可根据实际情况进行相应的调整,比如分解为定位隔离、拆卸组装、安装更换、调准检测四项活动因素,以简化预计过程。

(3) 相对预防性维修频率系数：相对频率系数 l_i 是指第 i 个预防性维修单元的预防性维修频率 f_i 与基准单元预防性维修频率 f_0 的比值,即

$$l_i = \frac{f_i}{f_0} \tag{5-48}$$

对修复性维修的基准单元,令其 $k_0=1, h_{01}+h_{02}+h_{03}+h_{04}=1$, h_{0j} 的数值根据四项活动时间所占的比例确定。其他各可更换单元按相对于基准单元的倍比关系确定各项系数。对于预防性维修基准单元,令其 $l_0=1$,其他与修复性维修相似。

各相对系数确定后分别填入表 5-17 中。

表 5-17 可更换单元相对系数表

序 号	k_{ij}	h_{ij}				h_i	$k_i h_i$	l_i	$l_i h_i$
		h_{i1}	h_{i2}	h_{i3}	h_{i4}	$\sum h_{ij}$			
1									
2									
3									
4									
合计									

5) 计算相应的维修性参数值

(1) 平均修复时间 T_{CT} 为：

$$T_{CT} = \frac{T_{CT0} \sum_{i=1}^{n} h_{ci} k_i}{\sum_{i=1}^{n} k_i} \tag{5-49}$$

式中：T_{CT0} 为基准可更换单元的平均修复时间 T_{CT}；

h_{ci} 为产品中第 i 个可更换单元相对故障率系数,即第 i 个可更换单元平均修复时间与基准可更换单元平均修复时间之比；

k_i 为产品中第 i 个可更换单元相对维修时间系数,即

$$k_i = \lambda_i / \lambda_0 \tag{5-50}$$

式中：λ_i、λ_0 分别是第 i 个单元和基准单元的故障率。

(2) 平均预防性维修时间 T_{PT} 为：

$$T_{PT} = \frac{T_{PT0} \sum_{i=1}^{m} l_i h_{pi}}{\sum_{i=1}^{m} l_i} \tag{5-51}$$

式中：T_{PT} 为基准单元的平均预防性维修时间；

　　　h_{pi} 为产品中第 i 个预防性维修单元的相对维修时间系数。即第 i 个预防性维修单元平均预防性维修时间与基准可更换单元平均预防性维修时间之比；

　　　l_i 为产品中第 i 个预防性维修单元的相对预防性维修频率系数，即

$$l_i = f_i / f_0 \tag{5-52}$$

同样依据设计特性估计。

（3）平均维修时间 T_M 为：

$$T_M = \frac{T_{CT0} \sum_{i=1}^{n} h_{ci} k_i + \dfrac{f_0 T_{BF0} \sum_{i=1}^{m} l_i h_{pi}}{\lambda_0}}{\sum_{i=1}^{n} k_i + \dfrac{f_0 \sum_{i=1}^{m} l_i}{\lambda_0}} \tag{5-53}$$

4. 实例分析

设某产品在现场维修时，可划分为 12 个可更换单元（LRU），其设计与保障方案已知，第一号单元的平均修复时间为 10 min，故障率预计为 0.0005/h，第 3 号单元预防性维修频率为 0.0001/h。要求预计其平均维修时间是否不大于 20 min。

因为设计与保障方案已知，根据设计方案与维修规程，该系统在现场可更换的单元共为 12 个。故只需从确定基准单元开始。显然，取第 1 号单元为修复性维修基准单元，3 号为预防性维修基准单元为好。

然后，分别以 1 号单元为修复性维修基准单元，以 3 号单元为预防性维修单元，对其他各个可更换单元进行对比分析，得到各项系数，如表 5-18 所示。

表 5-18　某系统可更换单元相对系数表

序 号	k_{ij}	h_{ij}				h_i	$k_i h_i$	l_i	$l_i h_i$
		h_{i1}	h_{i2}	h_{i3}	h_{i4}	$\sum h_{ij}$			
1	1	0.4	0.3	0.1	0.2	1	1	0	0
2	2.5	0.5	1	2	0.6	4.1	10.25	0	0
3	0.7	1.8	0.3	0.5	0.7	3.3	2.31	1	3.3
4	1.5	2	1.2	0.8	0.5	4.5	6.75	0	0
5	0.5	1.2	0.5	0.3	2	4	2	0	0
6	2.8	0.4	1	0.25	0.5	2.15	6.02	2.5	5.375
7	0.8	1.3	0.7	1.2	0.8	4	3.2	0	0
8	2.2	0.2	0.5	0.4	0.3	1.4	3.08	0	0
9	3	0.6	0.8	0.6	0.5	2.5	7.5	1.5	3.75
10	0.08	5	2	2.5	3	12.5	1	0.04	0.5
11	0.9	1	2	0.8	1	4.8	4.32	0	0
12	1.4	0.6	0.3	0.4	0.5	1.8	2.52	0	0
合计	17.38						49.95	5.04	12.925

假定设备采用机外测试,确定第 1 号单元为修复性维修基准单元,其故障率系数 $k_0 = k_1 = 1$。检测隔离平均时间 4 min,拆卸组装 3 min;单元 1 为插接式模块,其更换只要 1 min,更换后的调准约 2 min,安装更换 1 min,调准检验 2 min,平均修复时间为 10 min,故障率预计值为 0.0005/h。于是,$h_{o1} = 0.4$,$h_{o2} = 0.3$,$h_{o3} = 0.1$,$h_{o4} = 0.2$。该模块不需做预防性维修,$l_1 = 0$。

假定单元 2 是一个重量较大需用多个螺钉固定的模块,其外还有屏蔽,寿命较短。因此,其相对故障率系数高,取 $k_2 = 2.5$。检测隔离与基准单元相差不大,取 $h_{21} = 0.5$;更换时需拆装外部屏蔽遮挡,比基准单元费时间,取 $h_{22} = 1$;多个螺钉固定,更换费时,$h_{23} = 2$;调准较费时,$h_{24} = 0.6$。不需预防性维修,$l_2 = 0$。

假定单元 3 是一个小型电机,依其设计、安装情况,与基准单元对比,估计出各系数如表中所示。因为它需要定期进行润滑、检修,故 l_3 不为零,作为预防性维修单元,$l_3 = l_0 = 1$。

其余各单元可照上面的办法估计各系数并列入表中。

按表所列,计算各系数之和。再计算出装备的维修性参数预计值。由于各维修时间系数均是以单元 1 为基准的,故公式中的基准单元维修时间均应用单元 1 的 10 min 计算。

(1)系统平均修复性维修时间为:

$$T_{CT} = \frac{T_{CT0} \sum_{i=1}^{n} h_{ci} k_i}{\sum_{i=1}^{n} k_i} = 10 \times \frac{49.95}{17.38} = 28.74 \text{ min}$$

(2)系统平均预防性维修时间为:

$$T_{PT} = \frac{T_{PT0} \sum_{i=1}^{m} l_i h_{pi}}{\sum_{i=1}^{m} l_i} = 10 \times \frac{12.925}{5.04} = 25.64 \text{ min}$$

(3)系统平均维修时间为:

$$T_M = \frac{T_{CT0} \sum_{i=1}^{n} h_{ci} k_i + f_0 T_{BF0} \sum_{i=1}^{m} l_i h_{pi} / \lambda_0}{\sum_{i=1}^{n} k_i + f_0 \sum_{i=1}^{m} l_i / \lambda_0}$$

$$= \frac{10 \times 49.95 + 0.0001 \times 10 \times 12.925 / 0.0005}{17.38 + 0.0001 \times 5.04 / 0.0005}$$

$$= 28.57 \text{ min}$$

预计的平均维修时间 $T_M = 28.57$ min 超过指标要求(20 min),需要更改设计方案。由 T_M 计算式可见,其中预防性维修的影响较小,可暂不考虑。要减少修复时间,即应减少 $\sum k_i h_i$,在 T_M 式中若令 $T_M = 20$ min,则可得

$$\sum k_i h_i = \frac{\left[T_M \left(\sum k_{ci} + \frac{f_0 \sum l_i}{\lambda_0} \right) - \frac{f_0 T_{PT0} \sum l_i k p_i}{\lambda_0} \right]}{T_{CT0}} = \frac{[20 \times 18.39 - 25.85]}{10} = 34.2$$

要将 $\sum k_i h_i$ 减至 34.2,由表 5-18 中可见,重点应放在减少 2、9、4、6、11 等单元的修复时间。

5. 注意事项

(1)对于修复性维修,为简化计算,不一定将维修活动划分为定位隔离、拆卸组装、安装更

换、调准检测等步骤并分别确定相对时间系数,可直接确定相对修复时间系数。

对于不同的预防性维修单元,其预防性维修步骤可能并不相同,因此相对预防性维修时间系数也可根据设计特性、维修规程或经验等直接确定。

(2) 若需提高预计精度,可以首先对基准单元及其他单元的结构设计因素、维修资源要求因素、维修人员的要求因素等方面进行细致的评分,在此基础上更为准确地确定各单元与基准单元的相对修复时间系数。

5.3.5　时间累计预计法

时间累积预计法是一种比较细致的预计方法。它根据历史经验或现成的数据、图表,对照装备的设计或设计方案和维修保障条件,逐个确定每个维修项目、每项维修工作、维修活动乃至每项基本维修作业所需的时间或工时,然后综合累加或求平均值,最后预计出装备的维修性参量。国军标《维修性分配与预计手册》提供的方法 201,202,205 是典型的时间累计法。其中,方法 201 是适用于航空机械电子及机电系统的外场维修的维修性参数预计。方法 202 适用于海军舰船及海岸电子设备与系统维修时间或工时的预计,但也可用于设计、使用和应用情况相同的其他装备。方法 205 是 202 的进一步发展,特别是把测试性结合进预计中去。提供的方法和数据更为完善,应用面也相当广泛。

时间累积预计法适用于预计航空、地面及舰载电子设备在各级维修的维修性参数,也可用于任何使用环境的其他各种设备的维修性预计,但所给出的维修作业时间标准主要是电子设备的,用于预计其他设备时,需要补充或校正。

时间累积预计法主要用于工程研制阶段。其中的早期时间预计方法用于初步设计中,能够利用估算的设计数据进行预计;精确时间预计方法用于详细设计中,它使用详细设计数据来预计维修性参数值。

平均修复时间 T_{CT} 是本方法预计的基本参数。还可以预计:在 φ 百分位的最大修复时间 T_{MAXCT};故障隔离率 r_{FI};每次修理的平均工时;工时率 MI($\overline{MMH/OH}$ 或 $\overline{MMH/FH}$,OH 和 FH 是设备工作小时或飞行小时)。

1. 早期时间累计预计法

对于一个修复性维修事件,通常可认为由以下几项活动组成:准备、故障诊断隔离、分解、更换、组装、调校、检验,修复过程有以下几种情况:

(1) 通过故障检测及隔离输出(FD&I)能将故障隔离到单个可更换单元(RU)时,对该故障单元的修复性维修过程如图 5-4 所示。

图 5-4　修复性维修的基本过程

(2) 通过故障检测及隔离输出能将故障隔离到可更换单元组并采用成组更换方案时,可将该单元组视为一个可更换单元,其修复性维修过程与图 5-4 相同。

(3) 通过故障检测及隔离输出能将故障隔离到可更换单元组并采用交替更换方案时,该故障单元的修复性维修过程如图 5-5 所示。

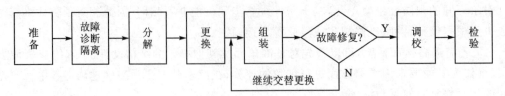

图 5-5　可更换单元的修复性维修的基本过程

　　根据特定的维修性预计对象,可根据实际情况对维修过程中的各项活动元素进行补充、简化或合并,例如分为定位隔离、拆卸组装、安装更换、调准检测四项。

　　时间累计法就是通过对系统中各个单元进行上述维修过程的分析,得到每个单元的平均修复时间,再根据其维修频率加权计算得到系统的平均修复时间。

　　维修性预计模型中常用的修复时间元素符号和定义如下:

- 平均准备时间 $\overline{T}_P$:故障隔离前完成相关准备工作所需要的时间;
- 平均故障隔离时间 $\overline{T}_{FI}$:将故障隔离到着手进行修复的层次所需的时间;
- 平均分解时间 $\overline{T}_D$:拆卸设备以便达到故障隔离所确定的可更换单元(或若干单元)所需的时间;
- 平均更换时间 $\overline{T}_I$:更换失效的或怀疑失效的可更换单元所需的时间;
- 平均组装时间 $\overline{T}_R$:在换件后重新组装设备所需的时间;
- 平均调准时间 $\overline{T}_A$:在排除故障后调整系统或可更换单元所需的时间;
- 平均检验时间 $\overline{T}_{CO}$:检验故障是否已被排除以及该系统能否正常运行所需的时间。

1）实施步骤

　　(1)确定预计要求及预计参数:明确预计的维修性参数及其定义,确定预计程序和基本规则,明确预计所依据的维修级别,了解其保障条件与能力。

　　早期时间累计预计法通常用于预计系统的平均修复时间 T_{CT},在此基础上还可预计给定百分位的最大修复时间 T_{MAXCT};每次修复的平均维修工时 $\overline{M}_{MH}/R_P$ 等。

　　(2)确定更换方案:为提高预计精度,须考虑产品修复过程中的更换方案,当故障隔离到单个 RU 时,即可单独更换该单元以排除故障。如果维修方案允许故障隔离到各 RU 组并通过 RU 组修复,则在各 RU 组互不相关时,可将每个 RU 组看作一个 RU。如果采用人工方法交替更换可更换单元组中的各单元,则需要计算平均交替更换次数 $\overline{S}_1$,修复过程中如果需平均交替更换 $\overline{S}_1$ 次才能排除故障,更换时间 T_I 和检验时间 T_{CO} 都要变更为可直接隔离到单一 LRU 所对应时间的 $\overline{S}_1$ 倍,有的情况下,分解时间与再组装时间 T_D、T_R 也要变为 $\overline{S}_1$ 倍。

　　$\overline{S}_1$ 的计算取决于故障隔离能力,如:X_1%隔离到小于或等于 N_1 个 RU;X_2%隔离到大于 N_1 而小于或等于 N_2 个 RU;X_3%隔离到大于 N_2 而小于或等于 N_3 个 RU。其中 $X_1 + X_2 + X_3 = 100$。则

$$\overline{S}_1 = \frac{X_1\left(\dfrac{N_1+1}{2}\right) + X_2\left(\dfrac{N_1+N_2+1}{2}\right) + X_3\left(\dfrac{N_2+N_3+1}{2}\right)}{2} \tag{5-54}$$

用此方法计算 $\overline{S}_1$ 的前提是假设设计已经(或将要)满足规定的故障隔离要求,而计算所得到的 T_{CT} 为固有的 T_{CT}。这种方法在装备研制的早期阶段对于维修性要求的分配和预计很有价值。当可以获取实际故障隔离特征数据时,则应以实际数据为准。

计算 $\overline{S}_1$ 的第二种方法,涉及到所分析装备故障隔离的具体特征。先将设备划分为 K 个相互独立的且能够估计其隔离能力的 RU 组。对每个 RU 组估计其平均隔离组 RU 的单元数 $\overline{S}_r$,然后按各 RU 组的故障率 λ_r 求加权平均值。即

$$\overline{S}_1 = \frac{\sum_{r=1}^{K} \lambda_r \overline{S}_r}{\sum_{r=1}^{K} \lambda_r} \tag{5-55}$$

(3) 收集数据:系统数据收集如表 5-19 所示,系统中每个单元的数据收集如表 5-20 所示。

表 5-19　系统数据收集表

单元名称	故障率	单元数	基本维修作业平均时间							合计
RU	λ_i	Q_i	$\overline{T}_{Pi}$	$\overline{T}_{FIi}$	$\overline{T}_{Di}$	$\overline{T}_{Ii}$	$\overline{T}_{Ri}$	$\overline{T}_{Ai}$	$\overline{T}_{COi}$	$\overline{T}_{CTi}$
RU1										
RU2										
...										
RUn										
系统平均修复时间合计 $\left(\sum_{i=1}^{n}Q_i\lambda_i T_{CTi} \big/ \sum_{i=1}^{n}Q_i\lambda_i\right)$										

表 5-20　单元数据收集表

单元名称		单元故障率	
维修活动(m)	每项维修活动所需平均时间 T_m	每项维修活动发生的频率 λ_m	λ_m 补充说明
准备			
检测隔离			
分解			
更换			
组装			
调校			
检验			

(4) 计算相应的维修性参数如下。

1) 单元平均修复时间 T_{CTi} 为

$$T_{CTi} = \frac{\sum_{m=1}^{M} T_{mj}\lambda_{mi}}{\sum_{j=1}^{n}\sum_{m=1}^{M}\lambda_{mi}} \tag{5-56}$$

式中:λ_{mi} 为第 i 项 LRU 第 m 项维修活动出现的频率;

T_{mj} 指完成第 j 项 RU 第 m 项维修活动所需的平均时间。

2）系统平均修复时间 T_{CT}：就系统而言，其 T_{CT} 为所有 RU 平均修复时间的加权平均值，表示为

$$T_{\mathrm{CT}} = \frac{\sum_{i=1}^{n} Q_i \lambda_i T_{\mathrm{CT}i}}{\sum_{i=1}^{n} Q_i \lambda_i} \tag{5-57}$$

计算得到平均修复时间 T_{CT} 后，即可计算其他的维修性参数值。

3）给定百分位的最大修复时间 T_{MAXCT}：如果给定百分位 φ、平均修复时间 T_{CT} 和系统修复时间对数标准差 σ，T_{MAXCT} 可用下式计算

$$T_{\mathrm{MAXCT}} = \exp\left[\ln T_{\mathrm{CT}} + Z_{\varphi}\sigma\right] \tag{5-58}$$

式中：Z_{φ} 为百分位 φ 对应的正态偏移量；

σ 通常由相似装备的数据决定。

4）每次修复平均维修工时为

$$\frac{\overline{M}_{\mathrm{H}}}{R_{\mathrm{P}}} = \frac{\sum_{n=1}^{N} \lambda_n \overline{M}_{\mathrm{H}n}}{\sum_{n=1}^{N} \lambda_n} \tag{5-59}$$

式中：$\overline{M}_{\mathrm{H}n}$ 为修复第 n 个 LRU 引起的故障需要的平均工时，且

$$\overline{M}_{\mathrm{H}n} = \frac{\sum_{j=1}^{J} \lambda_{nj} M_{\mathrm{H}nj}}{\sum_{j=1}^{J} \lambda_{nj}} \tag{5-60}$$

$M_{\mathrm{H}nj}$ 为修复由第 j 个 FD&I 输出的第 n 个 RU 所需的维修工时。

2）实例分析

本案例是在某型飞机的初步设计阶段对其工作舱的维修性进行初步预计。

本案例选取平均修复时间作为预计的维修性参数。选择工作舱中三个典型的 LRU 作为分析对象，计算该工作舱的平均修复时间。本案例中维修均在基层级完成，即对工作舱中的 LRU 实施换件维修。

假定均能将故障隔离到单个 LRU。

本案例中考虑各 LRU 的维修活动均只采用一种方法，且各维修子活动出现的频率均与产品故障率相当，因此在本案例中，将无须就每项 LRU 的维修活动单独列表进行说明，将各 LRU 的相关数据填入表中，如表 5-21 所示。

表 5-21 某型飞机工作舱典型 LRU 维修性数据

单元名称	故障率	单元数	基本维修作业平均时间							合计
RU	λ_i	Q_i	$\overline{T}_{\mathrm{P}i}$	$\overline{T}_{\mathrm{FI}i}$	$\overline{T}_{\mathrm{D}i}$	$\overline{T}_{\mathrm{I}i}$	$\overline{T}_{\mathrm{R}i}$	$\overline{T}_{\mathrm{A}i}$	$\overline{T}_{\mathrm{CO}i}$	$\overline{T}_{\mathrm{CT}i}$
回流风扇	390	1	1.5	1.5	2.48	2.2	2.88	0.5	1.5	12.56
应答机主机	208	1	1.5	0.017	0.52	0.23	0.42	—	0.017	2.704
副翼可逆助力液压器	256	1	2	1.5	3.14	2.2	5.64	0.4	1.5	16.38
系统平均修复时间 $\left(\sum_{i=1}^{n} Q_i \lambda_i T_{\mathrm{CT}i} / \sum_{i=1}^{n} Q_i \lambda_i\right)$							11.3			

计算系统平均修复时间,得到

$$T_{CT} = \frac{\sum_{i=1}^{n} Q_i \lambda_i T_{CTi}}{\sum_{i=1}^{n} Q_i \lambda_i} = \frac{4898.4 + 562.432 + 4193.28}{390 + 208 + 256} = 11.3 \text{ min}$$

根据三个典型 LRU 的分析,可初步判定该工作舱的平均修复时间为 11.3 min。

2. 精确时间累计预计法

与早期时间累计预计法相比,精确时间累计预计法最大的特点在于要求进一步明确不同的 FD&I 方式及其对应的维修过程与方法,并对详细的维修历程进行记录和分析,以此对维修时间进行更为精确的预计。

1) 实施步骤

(1) 确定预计要求及预计参数。此步与时间累计早期预计法的要求相同。

(2) 鉴别故障检测与隔离输出。一些较常见的 FD&I 输出包括:

① 显示器或信号器输出;

② 诊断或机内测试(BIT)输出;

③ 仪表读数;

④ 断路器和熔断显示器;

⑤ 显示图像;

⑥ 报警;

⑦ 不正常的系统运转迹象;

⑧ 不正常的系统响应;

⑨ 系统运行报警信号。

为应用本方法,预计人员应首先鉴别所有不同的基本输出,以决定其维修方法(如进行调整,直接修复,或者更换 LRU 等)。

(3) 建立 FD&I 输出与硬件的关系通常按以下 3 步来进行:

① 确定所有 FD&I 的设计要素。典型的设计要素包括诊断程序、机内测试程序、机内测试设备、性能监测程序、状态监控和测试点等;

② 给包括外部测试设备及人工故障诊断隔离在内的每个 FD&I 方式编号;

③ 确定与每个 FD&I 方式有关的 LRU 故障率。

考察每个 FD&I 方式并将与此要素有关的每个 RU 的故障率填入如表 5-22 中指定的栏位。如果同一 RU 需用不同测试方法检测其不同的故障模式,则故障率应根据各故障模式的频数比分配给相应的 FD&I 方式;如果某个 LRU 的同一故障模式可通过多个 FD&I 方式进行测试,则其故障率应分配给产生确定性故障输出的第一个 FD&I 方式。

(4) 时间历程分析:每个 RU 的修复时间均采用时间历程分析方法合成,通过估计每个基本维修活动所需的时间来计算该项维修活动所经历的全部时间。时间历程分析的步骤如下:

① 确定某项 RU 修复过程所包括的各项基本维修作业,并将基本维修作业名称分别填入表 5-23 中指定的栏位;

表 5-22 FD&I 设计要素与 RU 的关系

RU 项目		故障检测与隔离的故障率(10^{-6}/小时)				
RU 名称	总故障率(10^{-6}/h)	设计要素 1	设计要素 2	…	外部设备隔离	人工隔离
		FD&I$_1$	FD&I$_2$	…	FD&I$_{n-1}$	FD&I$_n$
RU$_1$						
RU$_2$						
……						
RUn						

② 分别填入每项 FD&I 方式对应的故障率 λ_{ij};

③ 确定每项 FD&I 方式对应的每个维修步骤、其所需的平均时间 T_{mij} 以及该步骤出现的频率 λ_{mij},并填入表 5-23 中;

表 5-23 维修时间历程分析记录

RU 名称						所属系统					
FD&I 方式	FD&I1			FD&I2			……			FD&In		
FD&I 对应的故障率 λ_{nj}												
基本维修活动	步骤	时间	该步骤出现的频率	步骤	时间	该步骤出现的频率	步骤	时间	该步骤出现的频率	步骤	时间	该步骤出现的频率
准备												
小计												
隔离												
小计												
分解												
小计												
更换												
小计												
结合												
小计												
……												
时间历程说明												
时间合计												

④ 如果维修人员不止一个时,应确定有哪些维修作业能够同时进行。在表 5 - 23 时间历程说明中应对此进行说明,对每个 FD&I 对应的故障隔离率应进行说明,同时对维修步骤出现的频率也应做适当说明;

⑤ 汇总计算得到每项 RU 的平均修复时间。

(5) 计算相应的维修性参数:在对每项 RU 进行时间历程分析的基础上,将每项 RU 的平均修复时间及相关参数填入表 5 - 24 中指定的栏位,在此基础上计算出系统的平均修复时间,并填入表中。

① 单元平均修复时间 $T_{\mathrm{CT}i}$ 为:

$$T_{\mathrm{CT}i} = \frac{\sum_{j=1}^{n} \sum_{m=1}^{M} T_{mij} \lambda_{mij}}{\sum_{j=1}^{n} \sum_{m=1}^{M} \lambda_{mij}} \tag{5-61}$$

式中:λ_{mij} 为第 i 项 RU 所对应的第 j 项 FD&I 方式,其第 m 项维修活动出现的频率,T_{mij} 指完成该项维修活动所需的平均时间。

② 系统平均修复时间 T_{CT}:系统平均修复时间,给定百分位的最大修复时间,每次修复平均维修工时等参数的计算方法和早期时间累计预计法中计算系统平均修复时间的方法相同。

表 5 - 24　系统平均修复时间汇总表

RU	λ_i	Q_i	$\lambda_i Q_i$	$T_{\mathrm{CT}i}$	$\lambda_i Q_i T_{\mathrm{CT}i}$
RU_1					
RU_2					
……					
RU_n					
系统平均修复时间 $\left(\sum_{i=1}^{n} Q_i \lambda_i T_{\mathrm{CT}i} \Big/ \sum_{i=1}^{n} Q_i \lambda_i \right)$					

2) 实例分析

本案例是在某型飞机的详细设计阶段对其前设备舱的维修性进行较为精确的预计。选取平均修复时间作为预计的维修性参数。选取前设备舱中三个典型的 LRU 作为分析对象,计算该前设备舱在外场级的平均修复时间。各 LRU 的维修活动均包括下列过程:准备;故障隔离;分解;更换;组装;调准。

其中,维修准备时间主要考虑到达需要更换的 LRU 所需要的时间和工具的预热等时间,到达维修地点的时间主要与维修通道有关,工具的预热时间主要由更换 LRU 所需要的工具决定。气象雷达收发机、气象雷达信号处理机、电子飞行信息系统(EFIS)处理计算机均装在驾驶舱地板下前设备舱内,进入前设备舱之前要打开驾驶舱地板上的舱盖,而后再进入前设备舱进行维修工作,舱盖采用了弹簧锁的快卸方式,开启方便。接近时间均为 2 min。因为不需要预热的工具,预热时间为 0。

本案例主要通过气象雷达收发机、气象雷达信号处理机、EFIS 处理计算机三个典型的外场可更换单元考察某型飞机前设备舱的维修性。实施维修即将故障定位至其中一个外场可更换件,然后对其进行换件维修。本案例中,故障均能直接隔离到单个故障单元,每个维修步骤出现的频率与该单元的故障率一致。

通过分析各种故障检测的输出,对故障单元进行定位。本案例中,气象雷达收发机与气象雷达信号处理机均配有 BIT,对 EFIS 显示处理计算机通常采用外部检测设备进行检测隔离,若采用这些手段不能顺利完成故障隔离,则需采用人工检测隔离的方法。

将预计所需的数据记录在相应的表格中,如表 5-25 所示。

表 5-25　FD&I 设计要素与 RU 的关系

RU 项目		BIT 故障检测与隔离时间（通电检测时间）(min)		人工隔离时间（通电检测时间）(min)	外部设备检测隔离时间（通电检测时间）(min)
RU 名称	总故障率（10^{-6}/h）	气象雷达收发机 BIT FD&I1	气象雷达信号处理机 BIT FD&I2		
气象雷达收发机	681	0.5			
气象雷达信号处理机	227		0.5		
EFIS 显示处理机	135				0.5

首先,将每个 RU 各项维修活动有关的数据分别填入表 5-26 至表 5-28 中指定的栏位。

表 5-26　气象雷达收发机维修时间历程分析表

可更换单元	收发机	所属系统	气象雷达
FD&I 方式	外部设备检测隔离		
FD&I 对应的故障率λ_{nj}	681		
活动	步骤		时间(min)
准备	接近故障产品		**2**
故障检测隔离	外部设备故障隔离		**0.5**
分解	拧下 Y50EX-1626TK1 低频插头		0.09
	打开波导上的快卸抠锁		0.03
	将收发机上硬波导用波导盖盖上		0.21
	将软波导用波导盖盖上		0.21
	拧下两个松不脱滚花螺母		0.06
小计			**0.6**
更换	取下收发机		0.34
	将收发机放到载机安装板上		0.5
小计			**0.84**
组装	拧紧两个松不脱滚花螺母		0.06
	取下硬波导盖		0.14
	装上密封圈		0.17
	取下软波导盖		0.14
	扣上波导扣锁		0.03
	拧上 Y50EX-1626TK1 低频插头		0.09

续表 5 - 26

可更换单元	收发机	所属系统		气象雷达
小计		0.63		
调校		0.8		
检验		0.3		
合计		**5.67**		

表 5 - 27　气象雷达信号处理机维修时间历程分析表

可更换单元	信号处理机	所属系统	气象雷达
FD&I 方式	外部设备故障检测隔离		
FD&I 对应的故障率 λ_{nj}	227		
维修活动	步骤		时间（min）
准备	接近故障产品		**2**
故障检测隔离	外部设备故障检测隔离		**0.5**
分解	拧下电缆插头 8LT3 - 32B53SN		0.09
	用包装纸包好插头		0.21
	拧下两个滚花螺母		0.06
小计			**0.36**
更换	向上托起把手拉出信号处理机		0.25
	将处理机推入安装架		0.38
小计			**0.63**
结合	拧紧两个滚花螺母		0.06
	取掉插头上的包装纸		0.14
	拧上电缆插头 8LT3 - 32B53SN		0.17
小计			**0.37**
调校			**0.8**
检验			**0.1**
合计	**4.76**		

表 5 - 28　EFIS 显示处理计算机维修时间历程分析表

可更换单元	EFIS 显示处理计算机	所属系统	EFIS
FD&I 方式	外部设备检测隔离		
FD&I 对应的故障率 λ_{nj}	135		
维修活动	步骤		时间
准备	接近故障产品		**2**
故障检测隔离	外部设备故障隔离		**0.5**
分解	拧下 2 个快卸螺母		0.36
	拔掉 4 个低频电缆		0.24

可更换单元	EFIS 显示处理计算机所属系统	EFIS
小计		**0.6**
更换	取下 EFIS 显示处理计算机	0.5
	换上 EFIS 显示处理计算机	1
小计		**1.5**
结合	插上 4 个低频电缆	0.36
	拧上 2 个快卸螺母	0.24
小计		**0.6**
调校		**0.5**
检验		**0.2**
合计	5.9	

将各 LRU 的数据填入维修性数据汇总表 5 - 29 中,并计算系统平均修复时间,得

$$T_{CT} = \frac{\sum_{i=1}^{n} Q_i \lambda_i T_{CTi}}{\sum_{i=1}^{n} Q_i \lambda_i} = \frac{5738.29}{1043} = 5.5 \text{ min}$$

表 5 - 29　某型飞机前设备舱典型 LRU 维修性数据汇总表

单元名称	故障率	单元数	基本维修作业平均时间								合计	
RU	λ_i	Q_i	$\overline{T_{Pi}}$	$\overline{T_{FIi}}$	$\overline{T_{Di}}$	$\overline{T_{Ii}}$	$\overline{T_{Ri}}$	$\overline{T_{Ai}}$	$\overline{T_{COi}}$	$\overline{T_{STi}}$	T_{Pi}
气象雷达收发机	681	1	2	0.5	0.6	0.84	0.63	0.8	0.3	—	5.67
气象雷达信号处理机	227	1	2	0.5	0.36	0.63	0.37	0.8	0.1	—	4.76
EFIS 处理计算机 DPU	135	1	2	0.5	0.6	1.5	0.6	0.5	0.2	—	5.9
系统平均修复时间合计 $\left(\sum_{i=1}^{n} Q_i \lambda_i T_{CTi} / \sum_{i=1}^{n} Q_i \lambda_i \right)$			5.5								

根据三个典型 LRU 的分析,可初步判定该机型前设备舱的平均修复时间为 5.5 min。

3. 专家经验预计法

在一般的预测问题中,专家预测法应用极为广泛。在产品研制中,应用专家预计法进行维修性预计,就是邀请若干专家各自对产品及其各部分的维修性参数分别进行估计,然后进行数据处理,求得所需的维修性参数预计值。

参加预计的应包括熟悉产品设计和维修保障的专家,其中一部分是参与本产品的研制、维修人员,另一部分应是未参与本产品的研制、维修的人员。预计的主要依据是:

(1) 经验数据,即类似产品的维修性数据以及使用部门的意见和反映;

(2) 新产品的结构(图纸、模型或样机实物);

（3）维修保障方案，包含维修分级、周期、维修保障条件等因素。

依据上述各项，由专家们对样机的观察而推测维修的方便性；按维修性设计核对表检查维修性的各项定性要求；分析维修所需人员的技能和行为因素；某些典型的维修操作的动作时间研究；分析新产品研制中已有的统计数据等。在此基础上估算、推断维修性参数值（如维修时间或工时等），提出维修性方面的缺陷和改进措施。

在实际运用中，为便于判断和进行比较，可采用欧文（J. N. Irvin）等人提出的按照产品项目结构、功能、维修人员（维修工作）三方面的设计特点编成的表格，选择新产品或其部件所对应的各项维修性因子。该表格（见表 5-30、表 5-31、表 5-32 所示）三个方面共 20 项，每一项根据不同的情况给出因子的最（较）小值、一般值以及较大值，相应的因子分别为 1～3、4～6 和 7，因子越小则表明维修时间或工时越少，即维修性越好。在按表格确定产品或其某个项目的各个因子后，再求得平均值，以作为同其他类似产品比较与推断维修性参数的根据。

表 5-30　结构设计特点决策指标

产品项目说明	较小值(1,2,3)	一般值(4,5,6)	较大值(7)
类型	简单电子或机械部件	机电或电子部件	复杂的机电部件
尺寸	手持的	单支架	多柜或多支架
功能	简单	少量有关联功能	带分散处理程序的多功能
材料	耐久，不需防护措施	较耐久，有些要维护	易损，极需维护
可达性	表面	拆卸单块板	复杂的拆卸
可见性	无阻挡，清楚	阻挡很小，有限	阻挡很大，不清
模块化	充分	有些	有限/没有

表 5-31　功能设计特点决策指标

产品项目说明	较小值(1,2,3)	一般值(4,5,6)	较大值(7)
零件种类	简单机械	一般机电	复杂机电
零件尺寸	手拿，容易操作	单人举起，易操作	多人或机械举起或极小且很难操作
结合的零件数/件	无	10～20	25 以上
障碍	无	少许障碍，易达到，不要拆卸	障碍多，难达到，要拆卸
安全考虑	无	要求一些预防措施	要求严格的预防措施

表 5-32　维修人员/维修工作设计决策指标

产品项目说明	较小值(1,2,3)	一般值(4,5,6)	较大值(7)
维修人员数/人	1	1	2 或 2 以上
维修人员水平	初级技术人员	特殊训练的技术人员	现场工程师
修复/装配	无或很少	有些设备装配	多种复杂设备装配
废弃物处理	扔掉	有些需处理和预防措施	要求特殊容器和处理
工作步骤数	小于 5	5～10	大于 25
训练与文件	一张明白的记录或卡片	一本相当清楚的手册	多本手册，难弄清楚措施
物理环境	实验室工作台	使用地域，照明好，气候尚可	受限制的不正常的工作条件或位置

维修性预计的深度取决于研制进程。设计研制初期,只能由专家们依据设计方案、产品及各部结构的类型和历史经验估计维修频率及维修时间(工时),显然这是粗略的。当进行至详细设计后,各部分分别进行预计,确定各自的维修性参数,然后再进行逐项逐级累加或求均值,从而得到产品的维修性参数预测值。

专家预测的具体方法可以多样化。对于熟悉该类产品及其维修的专家,在产品结构已经相对确定的情况下,则可以利用类似表 5-33 的表格征集各部分维修性参数,然后再求得产品系统维修性参数。

表 5-33   维修性参数征询表

部组件名称代号	失效元件	失效率λ_i(1/10000)	维修作业时间/min								$\lambda_i T_{CTi}$
			查找故障	查找故障	查找故障	查找故障	查找故障	查找故障	查找故障	查找故障	

专家预计法是一种经济而简便的常用方法,特别是在新产品的样品还未研制出而进行试验评定之前更为适用。为减少预计的主观性影响,应根据实际情况对不同产品、不同时机具体研究实施方法。

5.3.6   注意事项

维修性预计在我国是新开展的工作,缺乏实践经验和有关数据。即使在发达国家,由于产品结构的多样化,以及维修时间、工时同维修人员有密切的关系,维修性预计的准确性也不高。预计值与实测值相差有时可达 1/3,甚至 1/2。

为减少预计的偏差,保证正确预计,需考虑以下几个要素。

1. 预计方法的选用

本章介绍了一些常用的维修性预计方法。在国内外还在研究与应用着其他一些方法。

对于具体产品,应根据产品类型、要预计的参数、研制(或改进)阶段选择合适的方法,以便使预计有较好的准确性。

2. 预计结果的及时修正

维修性预计同整个维修性工作一样,强调早期投入,同时又强调及时修正。这是因为设计不断深化和修正,其维修性状况会逐渐清晰和变化。同时随着可靠性、综合保障工作的深入进展,可靠性数据和保障计划及资源的变化,会对维修性产生影响。所以,要随着研制进程,对维修性预计结果及时修正,以充分反映实际技术状态和保障条件下的维修性。预计的时机在本章 5.4.1.2 中已有介绍。需要特别注意的是,当有设计更改和新的可靠性数据时,应及时进行维修性预计,修正原来的预计结果。

3. 预计模型的选用

各种预计方法都提供了进行预计用的模型。但这些模型并不都是普遍适用的。因此,除选择预计方法时应考虑其模型是否适合所需预计的产品及研制阶段外,在选择方法之后,要对预计模型做进一步考察,着重从以下几个方面分析其适用性,必要时做局部修正。

（1）维修级别；

（2）维修种类；

（3）维修流程及维修活动的组成；

（4）更换方案。

4. 基础数据的选取与准备

产品故障及修复活动时间等数据是产品维修性预计的基础。在前述一些预计方法中提供了一些基础数据。但是因为这些数据较少，难以覆盖各种各样产品及其维修，并且这些数据并不一定适合某种具体装备上该产品的使用维修情况。因此，预计中的基础数据选取与准备是个关键问题。作为预计依据的这些数据，可从各方面获取，其优选顺序是：

（1）本系统或设备的历史数据，即使用、试验收集到的故障与维修数据；

（2）类似系统或设备的历史数据，特别是同一产品在类似系统或设备中使用、试验得到的数据；

（3）有关标准提供的数据，例如 GJB299A《电子设备可靠性预计手册》和 GJB/Z57－94《维修性分配与预计手册》提供的数据；

（4）由使用维修人员提供的经验数据；

（5）设计人员凭经验判断提出的数据。

习题 5

一、判断题

1. 维修性分配的目的就是将维修性定量要求转化到各级产品设计要求中，也就是说，把系统或设备级的指标转换为低层次产品的定量指标。分配应该尽早进行。（　　）

2. 产品设计是产品在设计、制造、装配、使用和回收整个寿命周期中的第一环节，也是最重要的环节。（　　）

3. 定量分析体现分析的全面性，定性分析则抓住系统平均修复时间和寿命周期维修费用两项指标进行评价，体现了分析的客观性。（　　）

4. 在方案论证阶段，维修预计不限于高层次产品，可拓展至某些设备、机组。（　　）

5. 对影响维修性的重要因素进行分析时，不仅要对单个因素的作用进行分析，而且还要分析因素间的交互作用及其对维修性的影响。（　　）

6. 在维修性分配中，即使产品维修性指标只规定了基层级的维修时间（工时），而对中继级、基地级没有要求，指标也应分配到中继级。（　　）

7. 维修性分配只要有明确的定量维修要求、产品的功能分析（确定系统功能结构层次和维修方案）和产品的可靠性分配或预计就可以进行。（　　）

8. 分析各个产品实现分配标准的可行性，要综合考虑技术、费用、保障资源等因素，以确定分配方案是否合理、可行。（　　）

9. 维修性设计是整个产品设计最重要的组成部分。（　　）

10. 维修性分配方法中等分配法适用于各单元复杂程度、故障率相近的系统。（　　）

11. 维修性预计是研制与改进产品过程中必不可少的工作，工作投入较多，同时效益很

大,费用效应较好。(　　)

12. 维修性预计的层次根据预计的时机、维修级别、具体的维修方案和维修试验有关。(　　)

13. 维修性预计方法中概率模拟预计法的特点是方法使用简便,用在电子设备中预计值与实测值相当吻合,但有的数据已不适合现在研制的产品,须补充修正。(　　)

14. 维修性预计按照产品结构层次划分逐层展开,维修性预计的层次通常与维修性分配的层次保持一致。(　　)

15. 维修测试是实施各类测试活动时对装备进行的各项维修工作。(　　)

二、填空题

1. 通常,在满足产品基本功能设计的基础上,维修性设计工作应在_____、_____、_____、_____等方面全面展开,并与_____同步,相互协调迭代。

2. 产品的维修性设计方法,具体包括_____、_____、_____、_____等。

3. 一般来说,常见的维修性预计指标是_____、_____、_____。

4. 维修性预计常用的方法有_____、_____、_____。

5. 单元对比预计法的实施步骤为:_____、_____、_____。

6. 研制过程的维修性预计需要_____、_____、_____。

7. 常用维修性预计的方法有_____、_____、_____、时间累积预计法和单元对比预计法。

8. 维修测试设备的类型有_____、_____、_____。

9. 维修预计模型选用过程中,从_____、_____、_____几个方面分析其适应性。

10. 维修测试在进行复杂的装备或系统的维修测试工作时,通常结合_____、_____、_____、_____、边际测试等方法一起进行测试。

11. 维修性预计是_____产品过程必不可少且_____的维修性工作。

12. 设备的寿命周期费用主要有:_____、_____、_____。

13. 常用的维修性分配方法有:_____、_____、_____。

14. 修复性维修的基本步骤有:_____、_____、_____、_____、_____。

三、选择题

1. 在GJB/Z 57—94《维修性分配与预计手册》中,方法201指的是(　　)。
   A. 概率模拟预计法　　　　　　　　B. 单元对比预计法
   C. 功能层次预计法　　D. 抽样评分预计法

2. 在GJB/Z 57—94《维修性分配与预计手册》中,方法204指的是(　　)。
   A. 抽样评分预计法　　　　　　　　B. 运行功能预计法
   C. 时间累积预计法　　　　　　　　D. 概率模拟预计法

3. 在LRU规划设计定性分析RMS因素体系的结构层次中,不属于第一层次因素的是(　　)。
   A. 供应保障　　　B. 成本情况　　　C. 现场检测　　　D. 现场更换

4. 下列哪一项不是 LRU 规划设计的因素？（　　）

    A. 产品功能方面因素　　　　　　　　B. 维修性因素

    C. 效能因素　　　　　　　　　　　　D. 环境因素

5. 下列哪一项不是维修性因素？（　　）

    A. 人员操作　　　　B. 快速便捷　　　　C. 人员安全　　　　D. 维修工具

6. 维修性分配工作的时机在哪一阶段必须开展？（　　）

    A. 论证阶段　　　　B. 方案阶段　　　　C. 生产阶段　　　　D. 装备改型

7. 哪种维修性分配方法最适合已有可靠性分配值或预计值的情况？（　　）

    A. 等分配法　　　　　　　　　　　　B. 相似产品分配法

    C. 按故障率分配法　　　　　　　　　D. 加权分配法

8. 维修性分配的工作程序中，在使用需求分析后，下一步骤的内容是（　　）。

    A. 确定分配的参数和指标　　　　　　B. 系统功能层次分析

    C. 确定产品的维修频率　　　　　　　D. 系统维修职能分析

9. 下列哪一项不是维修性预计指标？（　　）

    A. 平均修复时间

    B. 维修工时率

    C. 给定百分比的最大修复时间

    D. 平均故障间隔时间

10. 故障单元的修复性维修基本过程不包括（　　）。

    A. 分解　　　　　　B. 更换　　　　　　C. 评价　　　　　　D. 检验

四、计算题

1. 某串联系统由四个单元组成，要求其系统平均维修时间 $T_M = 40$ min，预计各单元的元件数和故障率如习题表 5-1 所示，试确定各单元的平均修复时间指标。

习题表 5-1　各单元的元件数和故障率

单元号	1	2	3	4	总计
元件数	300	400	500	500	1700
$\lambda/(1/h)$	0.02	0.01	0.02	0.01	0.06

2. 某串联系统由四个单元组成，要求系统的平均修复时间为 0.4 h，据此对各单元进行分配，各单元故障率和各单元各项加权因子值分别如习题表 5-2 和习题表 5-3 所示。

习题表 5-2　各单元故障率

单元	可测试性	可达性	可更换性	可调整性	$\lambda/(1/h)$
1	人工测试	有遮盖、螺钉固定	卡扣固定	需微调	0.02
2	自动测试	能快速拆卸遮挡	插接	需微调	0.04
3	半自动测试	有遮盖、螺钉固定	螺钉固定	需微调	0.05
4	自动测试	能快速拆卸遮挡	插接	需微调	0.01

习题表 5 – 3　各单元各项加权因子值

i＼i	1	2	3	4
1	4	3	2	5
2	3	1	4	3
3	1	4	1	2
4	3	1	5	2

3. 某串联系统由四个单元组成,要求其系统可用度 $A_S = 0.90$,预计各单元的元件数和故障率如习题表 5 – 4 所示,试确定各单元的平均修复时间指标。

习题表 5 – 4　各单元的元件数和故障率

单元号	1	2	3	4	总计
元件数	4000	5000	2000	2500	13500
$\lambda/(1/h)$	0.001	0.002	0.005	0.01	0.018

4. 某产品在现场维修时,可划分为 8 个可更换单元,其设计与保障方案以及系统可更换单元相对系数已知,第一号单元的平均修复时间为 9 min,故障率预计为 0.004/h,第 2 号单元预防性维修频率为 0.0001/h。要求预计产品的平均维修时间是否不大于 20 min。若大于,该如何改进设计。

习题表 5 – 5　某系统可更换单元相对系数表

可更换单元序号	k_{ij}	h_{ij}				h_i	$k_i h_i$	l_i	$l_i h_i$
		h_{i1}	h_{i2}	h_{i3}	h_{i4}	$\sum h_{ij}$			
1	1	0.4	0.3	0.1	0.2	1	1	0	0
2	0.7	1.8	0.3	0.5	0.7	3.3	2.31	1	3.3
3	1.2	2	0.5	1.2	0.7	4.4	5.28	2	8.8
4	0.9	0.8	0.4	0.9	1.1	3.2	2.88	0	0
5	2.5	0.3	0.2	0.7	0.1	1.3	3.25	1.5	1.95
6	0.09	1.3	0.9	0.35	0.7	3.25	0.29	0.04	0.13
7	1.1	0.5	0.7	0.2	0.3	1.7	1.87	0	0
8	0.6	1.6	2.4	0.8	1.4	6.2	3.72	0	0

5. 某设备各 LRU 的相关数据如习题表 5 – 6 所示,各 LRU 的维修活动均只采用一种方法,且各维修活动出现的频率均与产品故障率相当。计算系统平均修复时间。

习题表 5-6　某设备各 LRU 相关数据表

单元序号	故障率	单元数	基本维修作业平均时间						
RU	λ_i	Q_i	$\overline{T}_{Pi}$	$\overline{T}_{Fli}$	$\overline{T}_{Di}$	$\overline{T}_{li}$	$\overline{T}_{Ri}$	$\overline{T}_{Ai}$	$\overline{T}_{COi}$
1	382	1	1.5	1.3	2.12	0.68	5.1	1.3	2.5
2	179	1	2	1.1	1.24	2.3	2.1	1.5	1.6
3	285	1	2	0.7	0.54	0.32	1.34	—	0.024
4	340	1	1.5	1.5	3	1.2	1.9	1.5	1.4

五、问答题

1. 保障性评价因素包含哪些方面？

2. 设备寿命周期费用 C_T 包括哪些？

3. 简述维修性分配的步骤。

4. 维修性预计有哪些常用的方法？请简要说明。

第6章　维修性分析技术

6.1　基本概念

维修性分析是一项重要的维修性工程活动。一般地说,维修性分析包括产品研制过程中涉及维修性的所有分析。比如对产品维修性参数、指标的分析,根据维修性要求进行分配、预计,对试验结果的分析都属于维修性分析评价的范畴。

GJB451A—2005《可靠性维修性保障性术语》将维修性分析定义为"通过应用预计、核查、验证和评估等技术,确定应该采取的维修性设计措施、评价维修性要求实现程度所进行的工作"。GJB368B—2009《装备维修性工作通用要求》将维修性分析描述为"分析从承制方的各种报告中得到的数据和从订购方得到的信息,以建立能够实现维修性要求的设计准则、对设计方案进行权衡、确定和量化维修保障要求、向维修保障计划提供输入,并证实设计符合维修性要求"的活动。GJB368A—1994《装备维修性通用大纲》将维修性分析解释为把从承制方的研究报告和工程报告中获得的数据和从订购方得到的信息,转化为具体的设计而进行的分析活动。需要特别注意的是,GJB368A—1994《装备维修性通用大纲》将维修性分配、维修性预计和FMEA等工作列为单独的工作项目,所以,大纲中所说的维修性分析不再包括分配、预计和FMEA等分析。严格地讲,大纲中所提的维修性分析是整个系统维修性分析的重要组成部分,一般应在进行了初步的维修性分配后开始,在最终的设计确定前完成。

维修性分析作为产品设计分析的一个关键环节,所分析的是与维修性有关的项目,但分析过程中除了维修性参数外,还会涉及来自可靠性工程、保障性工程、人素工程等其他工程专业的参数。对产品设计方案进行维修性的权衡分析,既包括对维修性设计自身的权衡,也包括维修性与其他性能设计的权衡,要确保整体优化。因此,维修性分析的项目很难与其他专业工程的分析截然分开。例如,对几个待选的维修性设计方案进行权衡研究,选取最佳方案时,分析内容至少应包括各设计方案的维修方案、保障方案以及对可达性、可视性、维修安全性、维修操作空间的分析等。而这些方案、参数则分别来自可靠性工程、保障性工程和人素工程。维修性分析应特别注意与保障性分析协调一致,实现分析数据的共享。

6.1.1　维修性分析的目的与意义

1. 为制定维修性设计准则提供依据

维修性分析是确定维修性设计准则的前提条件。只有根据产品的维修性定量要求和设计约束进行维修性分析,才能恰当地确定维修性设计准则。例如,分配到某产品的基层级平均修复时间不大于 10 min,根据这一要求指导设计人员进行设计。$T_{ct} \leqslant 10$ min 意味着在基层级没有充足的时间完成详细的判断故障和修复活动,故障定位、隔离以及校准等测试活动必须由机内测试设备自动快速完成,并通过故障显示器直接显示故障信息,然后由基层级的人员进行换件修理。为了满足不大于 10 min 的平均修复时间要求,产品的换件必须简便迅速,因此对该产品的可更换单元可采用快速紧固件固定。经过这些分析可确定该产品的设计准则如下:

（1）采用机内测试设备进行故障定位、隔离以及指示;

（2）该产品的各功能单元应为可拆卸的模件;

（3）各模件应采用快速解脱的紧固件进行固定。

2．为设计决策提供依据

当某一产品的维修性设计存在两种或两种以上的设计方案时,就需对这些方案以平均修复时间和寿命周期费用或其他相关的维修性参数为主要的决策变量进行权衡研究,其目的是选择费用—效能最佳的设计结构。

3．评估并证实设计是否符合维修性设计要求

维修性分析的主要目的之一是评估设计满足定性和定量的维修性要求的程度,尤其是定性要求,如产品的互换性、标准化程度、各通道口的尺寸、可达距离、操作空间等。分析过程主要是以 FMEA 结果为基础对系统的每张图纸做评估。定量的维修性要求一般是通过维修性预计来评定的。

4．为确定维修策略和维修保障资源提供数据

应将影响维修计划和维修保障资源的维修性分析的结果制成清单,作为进行保障性分析、确定维修计划和维修保障资源的重要输入。该清单一般应包括:

（1）与设计有关的初始的人员技能要求和人力需求、人工或自动测试系统的特性、维修级别;

（2）每一维修级别维修的程度、范围和频数;

（3）每一维修级别要求的初始维修技术资料;

（4）每一维修级别必须的初始培训及培训器材;

（5）每一维修级别要求的初始设施;

（6）每一维修级别要求的初始专用与通用保障设备和工具。

5．评估保障方案和维修策略的效果

对已有保障方案和维修策略进行评价,对不合理的地方提出进一步的改进措施。

6.1.2　维修性分析的主要内容

图 6-1 是维修性分析的地位与作用示意图。整个分析工作的输入是来自订购方和承制方两方面的信息。订购方的信息主要是通过各种合同文件、论证报告等提供的维修性要求和各种使用与维修方案要求的约束。承制方的信息来自于各项研究与工程活动的结果,特别是各项研究与工程报告。其中最为重要的是可靠性分析、人素工程研究、系统安全性分析、费用分析、前阶段的保障性分析（LSA）等。此外,产品的设计方案,特别是有关维修性（包含测试性）的设计特征,也是维修性分析评价的重要输入。

维修性分析评价内容主要包括:

● 对规定维修性要求的全面符合性;

● 需要进行修复性维修活动区域的开放程度;

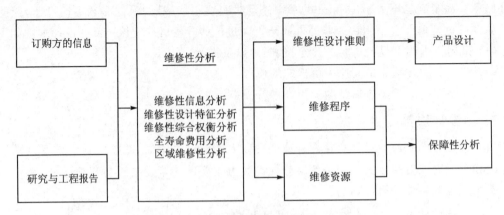

图 6-1　维修性分析的地位与作用示意图

- 具有接口和间隙要求的设备的兼容性;
- 建成硬件对于规定配置要求的准确和适当;
- 对于可恢复/可替换单元的故障隔离失效的机内测试设备的准确性;
- 综合考虑人素影响后,零件和材料的选择与应用的可接收性;
- 具体的维修性保障任务是否充分,包括维修性验证试验计划;
- 维修方案与目前设计配置和可靠性、可维修性评估的兼容性;
- 备件是否可得到和供应规划;
- 供给紧急维修活动和应急计划的子系统和设备的通用性等级;
- 维修指南、工具书和说明书是否充分;
- 培训计划和培训设备要求是否充分;
- 各维修级别(基地(航线)级、中继(车间)级、基地级)的平均修复时间和最大修复时间;
- 有关维修级别的每工作小时维修工时和每工作小时维修时间;
- 平均预防性维修时间和预防性维修工作量;
- 各维修级别的机内检测设备和外部故障检测设备故障检测率,不同模糊度的故障隔离率、虚警率、不能复现率、重测合格率;
- 对不同修理级别需要的机内检测和外部检测,自动、半自动检测和人工检测及其组合测试能力的确认;
- 开发独特的外部测试设备与使用现有的测试设备(库存的或通用的)之间的比较分析;
- 维修性设计的各备选方案与设备设计参数之间的权衡分析,以提出能满足系统设备要求而又经济较好的设计;
- 在进行设计权衡时,凡是对维修性折衷的有关部分,应评估其对系统维修性的影响;
- 特定的维修性设计分析,如再次离站时间,拆换发动机时间等。

6.2　故障模式、影响分析

6.2.1　基本概念

故障模式、影响分析(FMEA)是 GJB450—88《装备研制与生产的可靠性通用大纲》所规定的一项基本的可靠性工作项目,应按专用的标准(GJB/Z1391)进行。通过这项分析,可以明确产品可能发生的故障及故障原因和危害程度,用以确定维修性要求。故障模式、影响及危害性分析(Failure Mode, Effects and Criticality Analysis, FMECA)是在 FMEA 的基础上增加了危害性分析(Criticality Analysis, CA),实际任务中多用 FMECA 进行维修性分析。

1. FMEA 的目的

进行 FMEA 的目的在于查明一切潜在的故障模式(可能存在的隐患),尤其是查明一切灾难性、致命性和严重的故障模式,以便通过修改设计或采用其他补救措施尽早予以消除或减轻其后果的危害性。最终目的是改进设计,提高系统的可靠性、安全性和维修性。其具体作用包括:

(1) 能帮助设计者和决策者从各种方案中选择满足可靠性要求的最佳方案;

(2) 保证所有元器件的各种故障模式及影响都经过周密考虑,找出对系统故障有重大影响的元器件和故障模式并分析其影响程度;

(3) 有助于在设计评审中对有关措施(如冗余措施)、检测设备等作出客观评价;

(4) 能为进一步定量分析提供基础;

(5) 能为进一步更改产品设计提供资料;

(6) 为装备备件及其他维修保障决策提供基础。

2. FMEA 的术语和步骤

1) 术语

(1) 故障模式(Failure Mode),即故障的表现形式;

(2) 故障影响(Failure Effect)或称故障后果,是故障模式对产品的使用、功能或状态所导致的结果。故障影响一般分为 3 级,即局部的、高一层次的和最终的;

(3) 危害度(Criticality),对故障模式的后果及其出现频率的综合度量;

(4) 约定层次,根据分析的需要,可按产品的相对复杂程度或功能关系来划分产品的层次,称为约定层次。要进行 FMEA 总的、完整的产品所在的层次,称为最初约定层次。

2) 基本步骤

FMEA 是一个反复迭代、逐步完善的过程,基本步骤如图 6-2 所示。

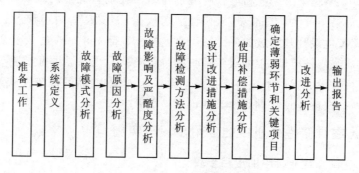

图 6-2　FMEA 分析基本步骤

其包括以下内容:

(1) 准备工作——收集被分析对象的有关信息,策划 FMEA 工作的总要求;

（2）系统定义——对被分析对象进行功能分析、绘制框图；

（3）确定产品所有可能的故障模式；

（4）确定每一个故障模式可能的原因及其发生概率等级；

（5）确定每一个故障模式的可能影响；

（6）确定每一个故障模式的可能检测方法；

（7）制定每一个故障模式的设计改进、使用补偿措施；

（8）确定薄弱环节及关键项目；

（9）判断是否需要改进设计；

（10）提供 FMEA 报告。

6.2.2 FMEA 在维修性分析中的应用

1. 概　述

FMEA 是直接从产品出发考虑其故障模式、影响及其危害性的严重程度；而维修性分析则主要是从产品维修的角度出发，考虑产品具备好修、易修的特性。维修性分析工作不应单纯地只从产品设计方案入手，应动态地考虑整个维修过程中维修人员与被修对象之间的相互关系，包括相对位置、交互类型（如推、拉、抬等操作类型）、相对活动空间等。

FMEA 与维修性分析工作有如下关系：

（1）利用 FMEA 结果，针对故障的基本维修措施进一步确定维修性的设计与分析要求；

（2）利用 FMEA 技术，研究维修中由于人机交互而引发的"新"的故障模式，并进行相应的 FMEA，从而为维修性设计分析中的维修安全、防差错措施、人素工程要求等方面提供信息。

根据维修性分析的需要，应按 GJB/Z 1391 的工作项目 103、104 进行，提供有关维修、维修性和战场抢修方面的信息。在 FMEA 的基础上确定需要的维修性设计特征，包括故障检测隔离分系统的设计特征。FMECA 给出的故障模式及其相应的维修措施正是开展维修性分析的输入条件；FMECA 中给出的故障模式严酷度可作为开展维修性权衡分析时的依据之一；FMECA 中给出的设计改进和使用补偿措施可作为维修性设计分析的参考内容。

维修性工程中 FMEA 的深度和范围取决于各维修级别上规定的维修性要求和产品的复杂程度和类别。如果某产品比较简单，维修性要求仅限于基层级，则这种产品的 FMEA 范围就比较小，分析深度也只到基层级的（外场）可更换单元。而对于一个比较复杂的产品，如果基层级和中继级都有维修性要求，中继级（车间）的可更换单元在基层级可能是不可更换单元，基层级可更换单元的分单元在中继级可能是可更换单元，则该产品的故障模式及影响分析的范围就比较大，分析的深度要求达到中继级的可更换单元。

2. FMECA 在维修性分析中的应用步骤与实施

1）FMECA 在维修性分析中的应用步骤

如图 6-3 所示，将 FMECA 应用于维修性分析，可以分两个层次来进行。

（1）明确维修对象，开展产品设计 FMECA 工作。基于工程经验等方法，填写 FMECA 维修性信息分析表，可获得"基本维修措施""最低设备清单"等内容，进一步开展维修性分析，明

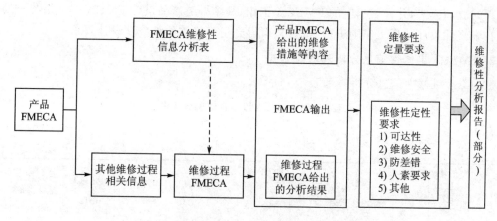

图 6-3　FMECA 在维修性分析中的应用步骤

确维修性设计要求。其具体做法：

① 确定分析对象。例如，现场可更换单元(LRU)、车间可更换单元(SRU)等；

② 从维修性信息分析表的输出中提取该对象的信息，进而再提取出对维修有影响的内容（例如有污染性或有毒气体、液体的泄漏等）；

③ 对于分析中出现的情况，可考虑在维修规程中有针对性地对此类会影响人身安全问题进行处理，或制定必要的防护措施，或修改产品设计，以改变其维修特性。

(2) 补充维修过程信息，开展维修过程 FMEA 工作。将维修作业看作一种人机交互过程，可以定义一类范围更广的"系统"。这种系统的定义中包含了维修人员在完成维修任务过程中由于人机交互而可能引起的不满足预期目标的状态——"故障"。该"故障"不一定是产品实体发生的故障，也可能是在维修过程中是产品执行了不应该执行的正常功能，这同样能够对维修人员或产品造成危险。此时的 FMECA 可视为一种针对维修过程的 FMECA。

(3) 利用 FMECA 信息进行维修性分析。装备维修性的好与坏，是通过装备维修过程体现出来的。FMECA 工作给出的装备故障信息，指明了维修的对象是触发维修任务的原因。

从消除故障这一过程来看：

① 检测诊断迅速简便是第一步。在维修性设计时要考虑是否采用自动检测装置(ATE)。

② 可达性设计是第二步。这主要是尽量保证故障的位置很容易接近。在制定装备设计方案时，充分考虑 FMEA 给出的故障信息，在满足使用功能要求的前提下，有针对性开展可达性设计，能够在很大程度上改进维修性水平。

③ 防差错及标示，这是为了维修过程中避免不必要的错误。

④ 维修安全性。考虑在维修过程中避免出现伤及维修人员的问题。例如，当维修人员接触到了有毒气体、高温部件时，不应伤及维修人员。通过 FMEA 预先分析出可能存在的这些问题，在装备设计时加以考虑，就能够在日后装备使用维护中避免或减少此类事故的发生，从而保证人员安全、降低财产损失。

上述都是针对产品发生故障后，考虑如何便于维修而提出来的更为具体的维修设计要求。FMECA 的结果，尤其是"设计改进、使用补偿措施"的内容，为维修性设计要求提供了重要的参考信息。FMECA 中排除故障所需要的"基本维修措施"信息可用于确定维修性的定性、定量要求，也可直接用于开展维修过程 FMECA 工作。这样，在定义"人机"系统的基础上分析获得新的故障模式,并开展相应的 FMECA 工作,其结果与产品设计 FMEA 的结果统一处理,一并在维修性设计分析工作中进行考虑,从而得到更为具体的维修性设计要求。

2) FMECA 维修性信息分析表填写方式

FMECA 维修性信息分析表如表 6-1 所示。

表 6-1 FMECA 维修性信息分析表

初始约定层次　　　　　　　　任务　　　　　　审核　　　　第 页.共 页
约定层次　　　　　　　　　　分析人员　　　　批准　　　　填表日期

代码	产品或功能标志	功能	故障模式	故障原因	故障影响			严酷度类别	故障检测方法	基本维修措施	是否属于最低设备清单	备注
					局部影响	高一层次影响	最终影响					
(1)	(2)	(3)	(4)	(5)	(6)	(7)	(8)	(9)	(10)	(11)	(12)	(13)

第(2)栏的内容在维修性分析应用中,分析的产品对象应定位于 LRU 与 SRU。

第(10)栏填写排除此故障模式所需的基本维修措施或维修工作。如果采取能够消除此故障模式的设计更改措施,则不填此栏。

第(12)栏,填写分析对象是否属于"最低设备清单"。它可视为一种衡量产品重要程度的手段,用于维修性设计方案(如设备结构、安装要求)的权衡分析。

6.2.3　应用案例

本例选择了某型导弹地面检测设备来进行实例应用分析。表 6-2 给出了该导弹地面检测设备分析的部分内容。有关该设备的系统定义、功能原理说明、可靠性框图等文字说明略去。

根据表 6-2 给出的分析结果,可得到以下结论:可根据该设备的研制情况采取改进电缆插接方式、改进电源控制面板上控制开关的布置,并在"基本维修措施"上采取重新插拔电缆等措施。

表 6-2 某型导弹地面测试设备 FMECA 维修性信息分析表

初始约定层次　　　　　　　　任务　　　　　　审核　　　　第 页.共 页
约定层次　　　　　　　　　　分析人员　　　　批准　　　　填表日期

代码	产品或功能标志	功能	故障模式	故障原因	故障影响			严酷度类别	故障检测方法	基本维修措施	是否属于最低设备清单	备注
					局部影响	高一层次影响	最终影响					
＊＊	电源柜	为测控迹象及相关设备用电	供电模块输出不正常	电缆插接不正常,导致电源线路发生短路、断路	测试设备工作不正常	导弹测试无法进行	延误影响导弹的使用	III	自检	事情重新插拔电缆或更换电缆	是	
			电源控制柜面板误操作	电源控制柜在仪器柜的最下方,操作人员容易碰到设备	测试设备工作不正常	影响导弹测试	延误影响导弹的使用	III	操作人员检查监控	中断测试设备工作,重新启动系统	是	

6.3　维修性综合分析

维修性综合分析是为了使系统的某些参数优化,而对各个备选方案进行分析比较,确定其最佳参数、结构组合的过程。综合分析贯穿于产品的整个研制过程,从论证阶段参数选择和指标确定,到设计方案和保障方案的确定,无不使用综合权衡技术。综合分析涉及性能、可靠性、维修性、费用和风险等多种因素,可以是定性的也可以是定量的。

6.3.1　以可用度为约束的综合分析

1. 以可用度为约束的综合分析的基本问题

系统的可靠性和维修性共同决定系统的固有可用度 A_i。

$$A_i = T_{BF}/(T_{BF} + T_{CT}) \tag{6-1}$$

当规定了系统的固有可用度时,显然要在可靠性和维修性之间进行权衡分析。针对这个基本问题,综合分析方法不仅仅需要考虑各个系统参数,还会受到技术、经济条件等各方面因素的限制。

2. 以可用度为约束的综合分析的一般步骤

1) 画出可用度曲线

根据给定的可用度,按图 6-4 所示的坐标系画出可用度直线,方程为

$$T_{BF}/T_{CT} = A_i/(1 - A_i) \tag{6-2}$$

2) 确定权衡区域

一般来说,MTBFL 和 MTTRU 由订购方根据战术要求确定。T_{BF} 太小,故障率势必太大;T_{CT} 太大,造成修理时间过长。所以二者必须限制在一定范围内。MTBFU 和 MTTRL 是由承制方根据现有研制能力确定的。这样,由四条直线与可用度曲线所围成的区域即为可以权衡的区域,如图 6-4 所示。

3) 拟定备选设计方案

从不同角度提出若干有代表性的设计方案。比如,对可靠性设计可以采用降额设计、冗余设计提出不同的 T_{BF} 值;对维修性可以采用模块化设计、自动测试等方法提出若干个 T_{CT} 值。前提是这些可靠性和维修性指标必须落在允许的可行区域内。

4) 明确约束条件,进行分析决策

对于在图 6-4 阴影区域内的无数个组合,都能满足规定的可用度要求。在实际工程中不可能没有其他约束,通过对约束条件的分析,确定最终的方案。

3. 案　例

要求设计一台雷达接收机,必须满足固有可用度为 0.99,T_{BF} 最小为 200 h,T_{ct} 不超过 4 h,通过综合分析,选择最佳方案的过程如下:

(1) 按 2. 中的步骤(1)、步骤(2),在 MTBF—MTTR 坐标系中画出 $A=0.99$ 的直线以及

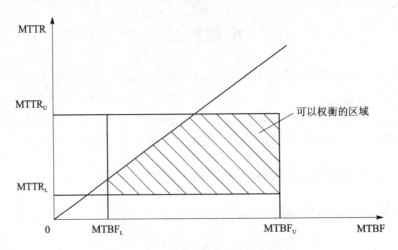

图 6 - 4   可靠性与维修性指标权衡法

可行区域,如图 6 - 4 中阴影所示。在阴影区域中的所有组合都是满足要求的;

(2)现有四种备选方案如表 6 - 3 所示。在满足可用度要求的方案中,方案 1 强调维修性设计,方案 3 强调高可靠性,方案 2 处于 1 和 3 之间。方案 4 为 1 和 2 的组合,有更高的可用度;

表 6 - 3   备选方案

设计方案		A	MTBF(h)	MTTR(h)
1	R:军用标准件降额使用	0.990	200	2.0
	M:模块化及自动测试			
2	R:高可靠性元器件及部件	0.990	300	3.0
	M:局部模块化,半自动测试			
3	R:设计采用部分冗余度	0.990	350	3.5
	M:手动测试及有限模块化			
4	R:高可靠性元器件及部件	0.993	300	2.0
	M:模块化及自动测试			

(3)从费用角度出发,四种方案的费用情况如表 6 - 4 所示。从费用表格分析可知,方案 2 在可用度为 0.99 情况下费用最低。方案 4 的采购费用较高,但是 10 年的保障费用明显降低,进而使其寿命周期费用最低,同时提高了系统的可用度。所以,方案 4 是最优方案,在费用最低的条件下提高了系统的可用度。

表 6 - 4   备选方案的费用比较

项目		现用	1	2	3	4
采购费用	研制	300	325	319	322	330
	生产	4500	4534	4525	4530	4542
	总数	4800	4859	4844	4852	4872

续表 6 - 4

项目		现用	1	2	3	4
10 年保障费用	备件	210	151	105	90	105
	修理	1297	346	382	405	346
	培训、手册	20	14	16	18	14
	补给、维护	475	525	503	505	503
	总数	2002	1036	1006	1018	968
寿命周期费用		6802	5895	5850	5870	5840

6.3.2　半定量综合分析技术

这种技术又叫 NSIA 综合分析技术,是由美国国家安全工业协会(NSIA)研究的一种维修性综合分析技术。主要用于维修性待选设计方案的分析与评价。

它的最大特点是迅速简便,缺点是不够精确。当由于进度和人力限制不能进行复杂的综合权衡时,可以考虑使用这种方法。

基本原理是:产品的某一项维修性设计必然会对系统的其他特性(如可靠性、性能、费用、进度、保障性等)产生影响。通过专家评估,将这种影响表示为具体数值,量化时使用的基本评定标准如图 6 - 5 所示。如果认为所评定的设计对系统某一特性的影响是完全不能接受的,则影响值为 −100;认为绝对必要的则其影响值为 +100;如果认为利害相当难以区分,影响值为 0,其他值落在 +100 和 −100 之间。经过专家打分后,再按给定的权重求其均值。此均值表示对于该项设计的综合评价,均值越大综合评价越高;反之,评价越低。

为了减少因主观评价而引入的偏差,提高权衡效果,使用该技术时应考虑下列措施:

(1) 评定只应由胜任的专家来做;

(2) 每一个问题的评定,应该尽可能由至少两名以上专家独立完成,取其代数平均值;

(3) 尽量给出系统一切可能的特性,并考虑所评价的设计对它们的影响,以尽量减少评价误差。

案例:某空中导航系统需要精确的稳压电源才能良好地工作。由于向设计师提出了严格的重量和装载的空间要求,要把电源变压器限制在给定的空间中,从而增加其可能的故障率。预期约每工作 500 h 需更换一次。该飞机的检修时间为 18 min,不能超出此限。按目前设计更换电源变压器平均约 35 min。试问以下两种可能方案哪个更为合适?

方案 1:把该电源重新设计成为一台完整的可更换设备,以便整个部件快速更换;

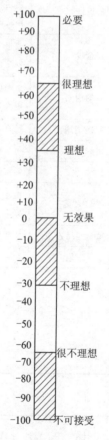

图 6 - 5　NSIA 综合分析基准

方案 2：重新设计电源变压器使之成为快速解脱的器件，以便在电源部件内快速更换失效的变压器。

利用 NSIA 方法，表 6－5、表 6－6 分别给出了这两个待选方案的数据表。从表中分析可以看出，方案 1 的平均值为＋11.85，方案 2 的平均值为－12.96，由此可见，方案 1 比方案 2 更理想。

表 6－5　方案 1 数据表

序号	特性	评估意见	权衡因子	基本评定值		加权后的值	
				不理想	理想	不理想	理想
1	生产进度	将延迟两周。不理想但尚能容忍	3	－30		－90	
2	保障要求	整个电源作为备品增加了储存空间的要求	3	－20		－60	
3	维修费用	无实际影响	1	0	0	0	0
4	环境影响	无实际影响	1	0	0	0	0
5	可靠性	当运转临近失效时，检查更换迅速，改进了系统的可靠性	3		＋40		＋120
6	安全性	改进了导航系统的工作从而提高了飞机的安全性	4		＋30		＋120
7	人的因素	电源的故障能够在较好的基地环境下修复。更换容易，改进了维修工作	1		＋30		＋30
8	制造费用	每台约增加 $200	2	－40		－80	
9	维修时间	每次更换时间减少到 10～14 min	4		＋60		＋240
10	性能	无实际影响	3	0	0	0	0
11	维修人员	由于节约了维修时间也就减少了总的人力要求	2		＋20		＋40
12	重量与所占空间	无实际影响	0	0	0	0	0
		合计	27	－90	＋180	－230	＋550

计算：

净值：＋550－230＝＋320

平均值：＋320/27＝11.85

平均净值＋11.85

结论：较理想

表 6－6　方案 2 数据表

序号	特性	评估意见	权衡因子	基本评定值		加权后的值	
				不理想	理想	不理想	理想
1	生产进度	将延迟 3 周。不理想但尚能容忍	3	－40		－120	
2	保障要求	要求将该更换用的变压器作备件储备。无问题	3	0	0	0	0

序号	特性	评估意见	权衡因子	基本评定值		加权后的值	
				不理想	理想	不理想	理想
3	维修费用	由于减少了更换时间,维修费用稍有降低	1		+10		+10
4	环境影响	无实际影响	1	0	0	0	0
5	可靠性	因插接器失效使故障率稍有增加	3	-10		-30	
6	安全性	系统失效降低了飞机的安全性	4	-20		-80	
7	人的因素	由于插接式期间更换简单,减轻了维修人员的工作量	1		+20		+20
8	制造费用	每台约增加 $50	2	-10		-20	+30
9	维修时间	更换时间的范围从 13~22 min	4	-30		-120	
10	性能	由于连接器麻烦,可能稍稍降低系统性能	3	-10		-30	
11	维修人员	维修时间的节约降低了人力的要求	2		+10		+20
12	重量与所占空间	无实际影响	0	0	0	0	0
		合计	27	-120	-40	-400	+50

计算:

净值:+50-400＝-350

平均值:-350/27＝-12.96

平均净值-12.96

结论:不理想

6.3.3 综合评分技术

该方法主要通过对定性要求的判断进行量化处理,达到对维修性设计措施的综合评估。量化的处理技术可采用对各项因素打分方式实现,分值根据满足程度取 0~10 量值。满足要求取 7~10 分;基本满足取 4~6 分;不满足取 0~3 分。评估因素可从以下方面确定:

(1) 设计因素。如身体和视野的可达性、工具的可达性、标准化、模块化等;

(2) 维修资源因素。如工具、测试设备的要求等;

(3) 维修中人的要求。如力量、姿态等;

(4) 可靠性因素。如零部件的可靠性水平等;

(5) 费用因素。如备件费用、维修费用等。

综合评估结果可采用简单的算术平均值处理,也可以根据因素重要性采用加权计算。设为评估维修性建立考察项目集 $C=\{c_1,c_2,\cdots c_N\}$,权重矢量 $W=\{w_1,w_2,\cdots w_N\}$,各检查项目评分 $A=\{a_1,a_2,\cdots a_N\}$,则综合评分为

$$V=\sum_{i=1}^{N} w_i a_i \qquad (6-3)$$

满足:$\sum_{i=1}^{N} w_i=1$。 当 $w_i=1/N$ 时即为简单平均法。V 值越大维修性设计越好。

6.4 区域维修性分析方法

6.4.1 概 述

现有的维修性分析工作一般是按照修理一个产品的目标展开的,对于修理过程中维修工作对周围设备或环境的其他影响考虑不够,因此,需要提供一种分析方法来补充对周围其他产品或工作影响内容的考虑,暴露和评估可能存在的交联作用下的维修性问题。这是常规分析不太关注的。区域维修性分析的新特点是不但关注本身维修的方便问题,也要关注对区域内其他事物的影响问题。

6.4.2 基于区域的维修性分析流程

基于区域的维修性分析流程主要是基于常规的维修性分析流程,但是,增加了常规分析中不太关注的维修对周围其他产品或工作的影响分析。本节所述的区域维修性分析对常规的维修性分析方法进行了相应的补充,不但关注了设备本身维修方面的问题,也关注了维修工作对区域内其他事物的影响。

1. 基于区域的维修性分析总体流程

区域性维修分析工作主要是按照下述程序来进行,如图 6-6 所示。

1) P1:按照相应准则划分区域

这一步主要是利用相应的区域划分准则将装备划分为不同的内部以及外部区域,明确每一区域的相关信息,同时确定出装备的关键区域。

但是若是将区域维修性分析作为整个区域分析工作中的一个模块来进行的时候,则无需再对装备进行区域划分,只需利用区域分析流程中区域划分的结果进行后续工作即可。

2) P2:检查区域划分的合理性

这一步主要是依据区域划分的原则对所划分的区域进行检查,判断区域是否满足相应的准则要求。

3) P3:列出各区域的相关信息

在这一阶段需根据装备的系统描述、装配关系以及模型等方面的信息确定选定区域中所包含的分系统以及设备的名称、编号、数量等方面的内容。

除此之外,还应包括区域空间的大小、区域的接近通路以及其他相关信息等。

4) P4:制定评级表格

制定评级表格主要是为了确定区域的维修检查间隔以及相应的检查方式,这些信息可以通过国军标中的相应要求来确定。

5) P5:影响因素细化

在对区域进行相应的维修性分析过程中,通过对 FMEA 分析的结果以及与维修相关的因素进行归纳总结,判断出每个因素对装备区域维修性的影响方面以及各个因素之间的相互关系。这一步的工作仍然需要根据装备的不同以及使用环境进行相应的调整。

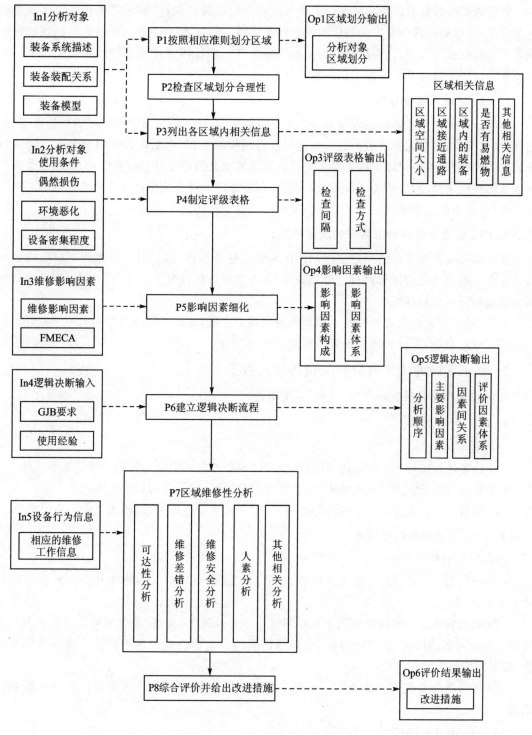

图 6-6 区域维修性分析工作流程

6）P6：建立逻辑决断研究

依据国军标的要求以及与装备的使用维修相关的经验信息，能够建立其相关的区域逻辑决断流程，通过对流程中提出的相应的逻辑判断问题的回答，能够判断出装备的区域维修性影响因素之间的相互关系，完善已建立的区域维修性分析评价因素体系，同时，判断出每个因素对装备的区域维修性分析评价工作的重要性。

7）P7：区域维修性分析

本部分工作主要从影响装备维修性的五个方面出发，通过对装备关键区域的可达性、防差错性、维修安全、维修人素等方面的内容逐一进行相应的分析，判断出各个因素对装备的区域维修性的影响，研究底层评价因素对上层评价因素的交叉影响及其耦合性影响，判断出装备关键区域的故障类型、相应的关联故障、相应的控制措施以及在完成维修任务时应注意的一些问题，同时确定维修工作中对装备区域中的其他产品以及工作产生的影响。

8）P8：综合评价并给出相应的改进措施

这一部分主要是针对已经建立起来的区域维修性分析评价因素体系，采用相应的现代综合评价方法对这些相应因素进行定量化处理，从而获得该区域对应的维修性评分，以此来描述装备关键区域的维修性好坏。

另外，通过逻辑决断过程判断出区域的薄弱环节之后，在这一部分则针对每一薄弱环节提出相应的改进措施，以降低薄弱环节的影响。

2. 基于区域的维修性分析流程的输入数据

在区域维修性分析流程中一共包括五类输入。

1）In1：分析对象

分析对象包括：

（1）装备的系统描述：装备的功能构成，即以功能的方式来划分装备的系统及子系统；

（2）装备的装配关系：设备的安装、拆卸方式及顺序，即装备的功能框图；

（3）装备模型：装备中各组成部分的位置、空间大小及连接关系，即装备的物理模型。

2）In2：分析对象的使用条件

分析对象的使用条件包括：

（1）环境影响：包括装备的工作环境、维修时所处的环境以及维修工作空间内的工作环境等相关条件；

（2）偶然损伤：在装备的使用过程中可能出现意外撞击、振动、温度骤降等情况以及装备维修过程中可能出现碰撞、电线短接、爆炸等情况的发生都会对区域造成或大或小的偶然损伤，这些损伤是无法预计的；

（3）设备的密集程度：设备的密集程度反映了该区域中设备是否容易出现相互影响的情况。

3）In3：维修影响因素

维修影响因素信息包括：

（1）FMECA 结果：FMECA 分析结果中提到设备的故障模式、故障原因、故障影响、最终

影响等信息,这些信息对于装备特定区域的维修性分析有着重要作用;

(2)维修性相关因素:维修性相关因素主要指定性设计方面,通过在区域中进行相应分析,能够得到对应的维修性分析结果。

4) In4:逻辑决断输入信息

逻辑决断输入信息包括:

(1)国军标的要求:国军标中对装备的维修性设计有一套相应的设计要求,通过对设计要求的分析,能够明确在对装备的区域进行相应的维修性分析中应从哪些信息入手,进行问题的设置;

(2)相关的使用及维修经验要求:装备相关的使用以及维修经验信息能够准确反映出装备维修性设计中的薄弱环节,从这些环节入手,设置相应的问题,能够快速分析出装备区域中对应的维修性薄弱环节。

5) In5:设备行为信息

设备行为信息主要包括用来描述维修工作以及行为过程的信息。

区域维修性分析方法输入数据及关系如表 6-7 所示。

表 6-7　区域维修性分析方法输入数据及关系

序号	数据来源	输入目标	内容
1	In1	P1	装备物理模型、设备安装位置、装备空间大小、设备装配关系、装备三维模型等
2	In1	P3	装备物理模型、设备安装位置、设备装配关系、设备功能构成等相关信息
3	In2	P4	包括装备的工作环境、维修时所处的环境以及维修工作空间内的工作环境等相关条件,在装备使用过程中可能出现意外的撞击、振动、温度骤降等情况以及装备维修过程中可能出现的碰撞、电线短接、爆炸等情况
4	In3	P5	设备故障模式、故障原因、故障影响、最终影响等信息以及装备维修性定性设计方面相关因素
5	In4	P6	国军标中对装备的维修性设计有一套相应的设计要求以及装备相关的使用以及维修经验信息
6	In5	P7	包括用于描述设备的维修工作方面的信息,需完成哪些工作,工作的要求等

3. 基于区域的维修性分析输出数据

在区域维修性分析流程中一共包括六类输出。

1) Op1:区域划分输出

区域划分输出的结果主要包括区域的划分模型图、区域的位置信息等相关信息。

2) Op2:区域相关信息输出

区域相关信息输出主要包括:

(1)区域空间的大小:主要用于判断区域可达性的好坏;

(2)区域的接近通路:主要用于判断维修工作人员进入区域进行维修工作的时候是否需要特殊的要求才能够接近工作区域;

(3)区域内的设备清单:通过设备清单的列写能够明确该区域内部的复杂程度,用以判断工作中是否容易发生关联故障；

（4）区域内是否具有易燃物品等其他相关信息。

3）Op3：评级表格输出

评级表格的输出信息包括：

（1）检查间隔：判断维修工作是否需要频繁进行；

（2）检查方式：判断装备区域分析中所应采用的检查是采用一般目视检查还是详细检查，是采用离位维修还是原位维修等方式。

4）Op4：影响因素输出信息

影响因素输出信息包括：

（1）影响因素的构成：主要输出的是影响因素共有哪些，每一个影响因素对应的名称以及内容；

（2）影响因素体系：根据每一影响因素逐步建立起的反映各影响因素的影响对象的整体评价体系。

5）Op5：逻辑决断输出

逻辑决断的输出信息包括：

（1）完善后的评价因素体系：用以作为最终的区域维修性评价的参考；

（2）因素间的相互关系：用以判断底层评价因素之间是否具有相互作用，同时判断出每个因素之间的相对重要程度；

（3）主要影响因素：即为重要程度最高的因素；

（4）分析顺序。

6）Op6：评价结果输出信息

评价结果输出信息包括：

改进措施意见：根据分析过程中发现的薄弱环节提出相应的改进措施以及控制方法。

区域分析方法输出数据及关系如表 6－8 所示。

表 6－8　区域分析方法输出数据及关系

序号	数据来源	输出目标	内容
1	P1	Op1	区域的划分模型图、区域的位置等相关信息
2	P3	Op2	区域空间的大小尺寸、区域接近通路的情况以及区域中包括的设备信息等
3	P4	Op3	维修工作的频繁性、所采用的检查方式以及相应的维修方式
4	P5	Op4	主要包括装备维修因素的影响因素对应的名称和内容以及根据每一影响因素逐步建立起的反映各影响因素的影响对象的整体评价体系
5	P6	Op5	完善后的评价因素体系以及因素间的相互关系等信息
6	P8	Op6	依据分析过程中发现的薄弱环节提出相应的改进措施以及控制方法

在进行装备的区域分析研究时，由于并不单单是进行区域维修性分析评价，因此，这里提出的区域维修性分析工作流程仅为进行装备的区域分析提供相应的参考，获得与维修性相关的主要信息，为后期进行区域分析工作中的耦合性影响提供输入。

6.4.3　分析因素细化

维修性评价中的任何维修作业都离不开维修人员的直接参与,本节主要关注与人员相关的因素以及人员与设备、人员与人员还有人员与环境等相关的接口。装备维修工作中"人-机-环境系统"整体协调,有利于提高维修工作绩效,减少维修差错,实现维修安全。在"安全、及时、快速、有效、经济地维修"这五个方面中,与装备维修性分析关系最密切的主要是安全、有效两个方面。虽然这五个方面是互相联系、不可绝对分开的,但是有时候会出现某一方面与其他方面发生矛盾的情况。当出现这种情况时,需要分析人员综合权衡考虑,但是在无法调解这种矛盾时,更多的考虑还是维修人员的安全和操作可达性。

通过对准则的分析可了解到,在对装备进行区域维修性分析评价时,需要着重对五个因素进行评价和权衡,如图 6-7 所示。这五个因素分别为:

(1) 可达性因素;

(2) 防差错性因素;

(3) 维修安全因素;

(4) 测试性因素;

(5) 维修人素因素。

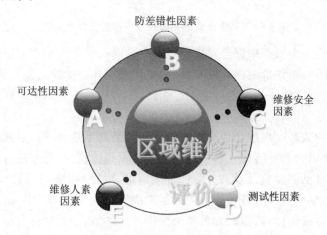

防差错性因素

可达性因素

维修安全
因素

区域维修性

评价

维修人素
因素

测试性因素

图 6-7　影响维修性的主要因素

针对以上五个主要评价因素,实际的分析评价工作中缺乏一种有效的分析手段来直接获得这五项评价因素的分析评价结论,导致装备的区域维修性分析评价工作将无法进行下去。对这五个评价因素进行细化,寻找影响这五个评价因素的、可以在实际工作中直接进行分析评价的、更为细小的因素,进而使分析工作继续进行下去。这五个评价因素即为分析评价过程中的综合评价因素,其余因素则是用于分析评价这五个综合评价因素的,因此称之为中间层评价因素或是底层评价因素,如图 6-8 所示。

通过这一步的工作,使得装备的区域维修性分析评价具有了较强的可操作性。在实际的区域维修性分析评价工作中,只要能够完成这些可以直接进行量化或者定性评价的底层评价因素的评价,就能够逐步地汇总得到对中间层因素以及综合评价因素的评价结果。

在分析评价过程中需要注意的是,整个因素的细化过程中有可能出现重复的情况。例如,

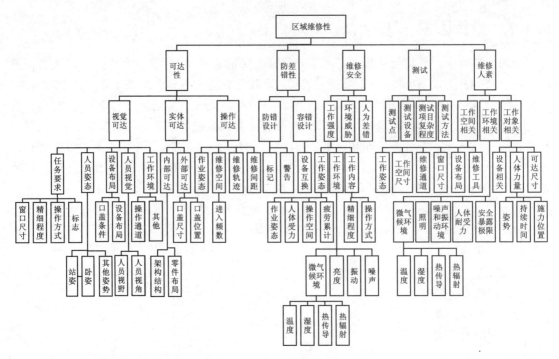

图 6-8　基于区域的维修性分析影响因素细化图

维修安全因素和维修人素因素中都会对维修过程中维修人员的人体受力以及维修姿态做出相应的评价。这几个因素所评价的内容是相同的,也就是说评价的输入是相同的,但是在整个分析评价过程中,它们所用的评价准则可能不尽相同,即对同一输入的衡量标准是不同的,因此,最后的输出结果也是不同的。

　　此处所建立起的装备区域维修性分析评价因素体系并不是在进行后期的分析评价中所使用的因素体系,这是因为此处所建立起来的因素体系主观性较大,是在进行分析评价过程前期由分析评价人员凭自己的经验以及已有的评价准则等总结出相应的因素从而建立起来的,所以并不十分完善,需要通过区域分析评价中的逻辑决断研究获得各个因素之间的相应的关系以及其重要程度等方面的内容,由此完善整个分析评价体系,为后期的分析评价过程提供较全面的因素输入。

6.4.4　逻辑决断研究

　　由于可达性、防差错性、维修安全、测试性以及人素等因素对装备维修性分析都有着极其重要的影响,但这几个因素在向下细化分解的过程中存在着或多或少的相互联系以及影响,因此,通过不断的"是"、"否"回答完成区域维修性分析逻辑决断,采用逻辑决断流程图可以全面、系统地进行逻辑思维和作出关于各个评价因素的相关性分析,最终做出区域维修性分析决策。

1. 维修性分析工作的相关准则

　　进行装备的区域维修性分析工作时,主要偏向维修性定性分析,在分析的过程中以装备的维修性设计是否满足设计中的定性要求作为评价准则。对产品的维修性设计中相关的定性要求作出相应的分析后得出相应的区域维修性定性分析评价因素,分别为可达性、防差错性、维修安全、测试性以及人素等五个方面的因素,可参考4.2节中维修性评价准则来确定这五个方面的准则。确定关于五项因素相应的准则之后,就需要依照相关的准则提出适当的问题,进行逻辑决断分析,通过"是""否"的回答分析出对装备维修有影响的因素,进行下一步的分析评价工作。

2. 逻辑决断过程

在对于装备维修相关的因素准则进行确定之后,就需要确定相应的逻辑决断过程。

传统的逻辑决断过程一般分为两个层次来进行:

第一层:确定装备维修性的主要影响因素以及影响因素的重要程度。主要因素的确定主要来源于与装备相关的维修性系列准则,通过对准则的梳理总结,分别提问,确定影响装备区域维修性分析的相关影响因素,这些影响因素对于进行装备区域维修性分析影响的重要程度则可以通过建立其重要度矩阵分析得出。

第二层:细化影响装备维修性的各因素。根据各因素的特点、出现原因以及后果等,按照其不同的相关程度逐步细化,通过对所提出的问题进行判断,从而判断出对装备的维修性相关主要因素有影响的低层因素。预计的低层因素包括维修工作人员的受力、工作姿态、环境温度、可达时间等。

传统逻辑决断图的判断依据是维修性相应的设计准则,这就需要对维修性设计准则进行分析。分析得到相应的主要影响因素,再根据不同的影响因素选择相应的决断图入口,按照决断图进行维修性影响因素的判断。这种判断方法细致入微,对所有的影响因素考虑详尽。但是由于装备中所包含的设备种类繁多,对每种设备进行相应的分析,再加上决断图中的多个判断条件的一一回答,使得传统逻辑决断方法显得非常繁琐,不利于实际使用。

1) 基于区域的维修性分析逻辑决断流程

考虑到对装备进行分析评价应做到详尽、简明、适合各类评价人员进行操作,因此,本文对传统逻辑决断过程进行了相应的修改,如图6-9所示。

首先,将设备、维修人员以及环境因素之间的接口和影响装备维修性的主要因素相结合,这样有利于将烦琐的工作进行简化。以装备、人员以及环境因素之间的接口作为评价因素的基础,并对之后所提出的问题进行约束,能够提高分析评价逻辑决断的效率,再结合改进后的维修分析评价逻辑决断图,可以提高分析的适用性。

其次,装备的区域维修性分析评价不再和以往的分析评价一样直接作整机的功能分解,而是先将装备按照其物理结构划分为不同区域,针对区域内部的设备以及其他情况进行维修性分析,此举能够提高装备维修性分析评价逻辑决断的有效性,避免内容的遗漏。

2) 维修可达性因素逻辑决断流程

维修可达性逻辑决断流程如图6-10所示。

3) 防差错性因素逻辑决断流程

防差错性逻辑决断流程如图6-11所示。

4) 维修安全因素逻辑决断流程

维修安全逻辑决断流程如图6-12所示。

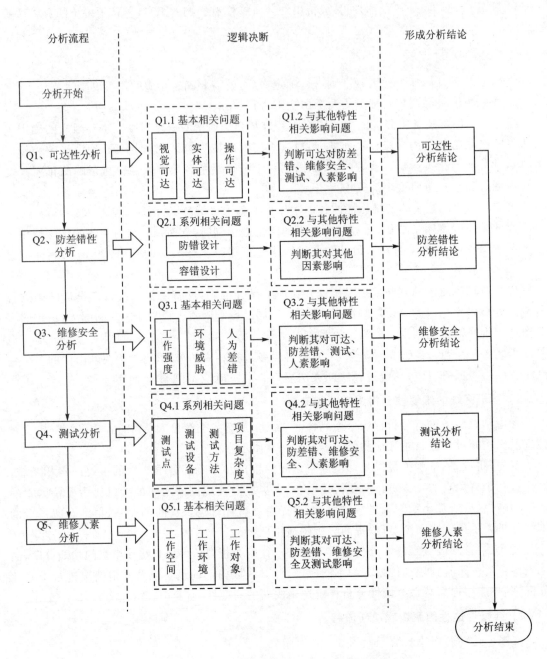

图 6 - 9　基于区域的维修分析逻辑决断框架

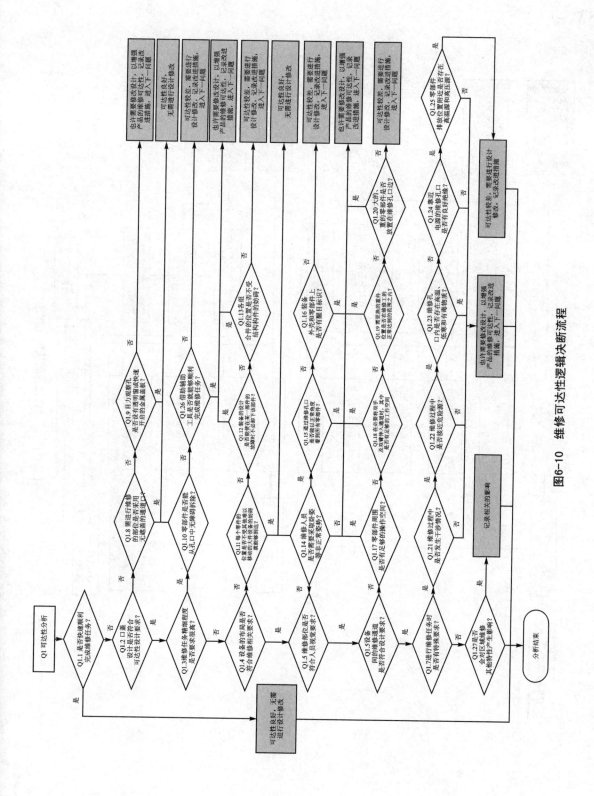

图6-10　维修可达性逻辑决断流程

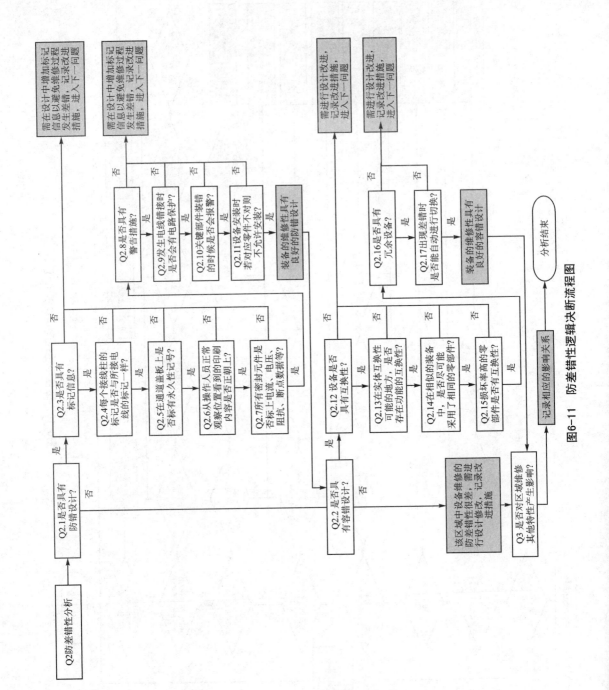

图6-11 防差错决策逻辑流程图

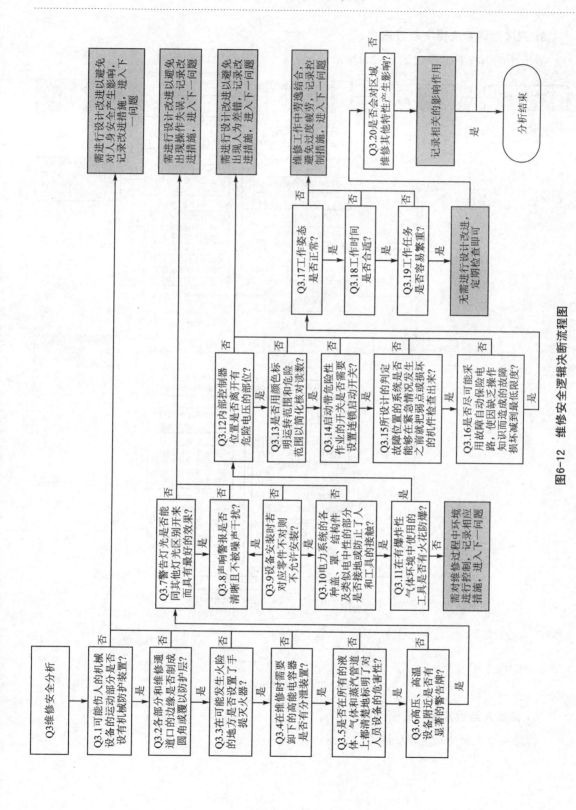

图6-12　维修安全逻辑决断流程图

5）测试性因素逻辑决断流程

测试性逻辑决断流程如图 6-13 所示。

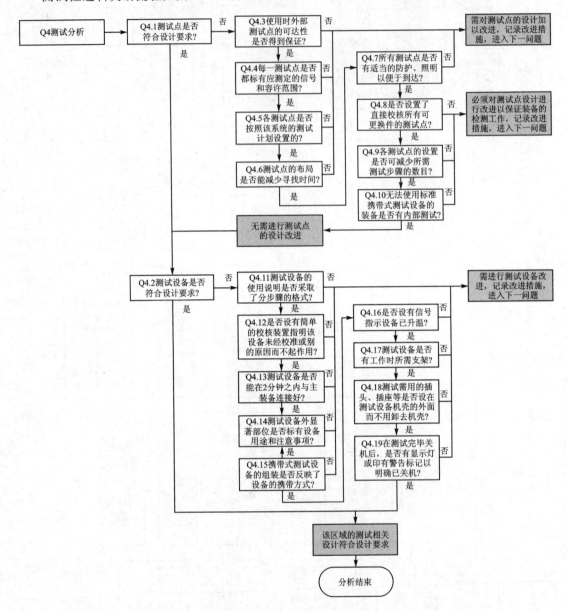

图 6-13 测试性逻辑决断流程图

6）维修人素因素逻辑决断流程

维修人素逻辑决断流程如图 6-14 所示。

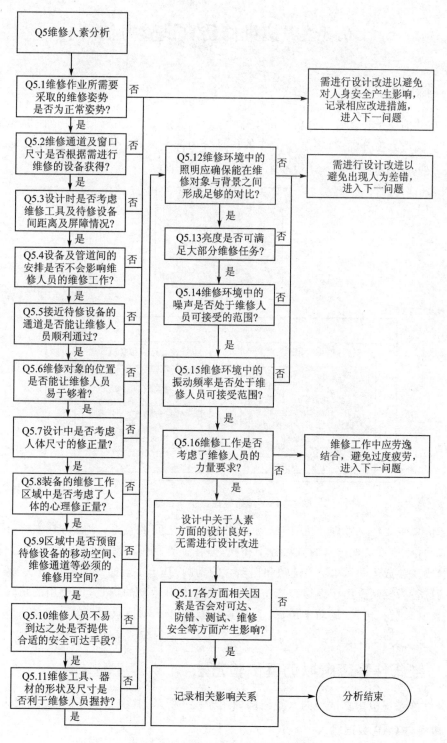

图 6 - 14　维修人素逻辑决断流程图

6.5 虚拟维修仿真试验方法

6.5.1 概 述

在维修性虚拟仿真试验与分析评价工作中,进行维修工作的仿真试验是评价的基础。以是否开始动画仿真为分界点,将维修工作的仿真分为两个阶段:静态仿真阶段和动态仿真阶段。图 6-15 表示虚拟维修工作仿真试验具体手段与内容。

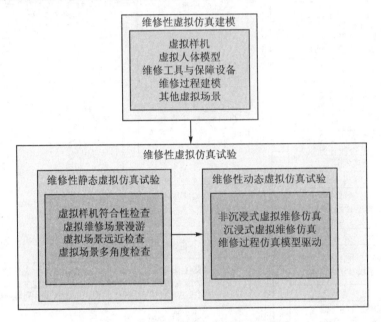

图 6-15 维修性虚拟仿真试验类别

静态仿真主要针对维修样机、维修场景、维修人员之间的关系;动态仿真主要针对维修过程及维修动作,尽管实现仿真的方法各不相同,但在计算机图形和虚拟环境中,基本上采用以下技术合成及合成运动:基于关键帧和运动学的动画、基于运动捕获的运动回放、基于物理的仿真和高层行为控制。由于虚拟维修仿真中主要考虑对运动的仿真,所使用的仿真技术也不例外,主要有关键桢仿真、运动学仿真、动力学仿真、基于运动捕获数据的仿真和人物或运动规划仿真。

6.5.2 维修性静态虚拟仿真试验方法

维修性静态虚拟仿真试验的系统结构如图 6-16 所示,其由三部分构成。

1) 建模与 CAD 数据输入

建模与 CAD 数据输入主要分为三个部分:建立维修场景、维修样机模型和建立虚拟维修人员模型。

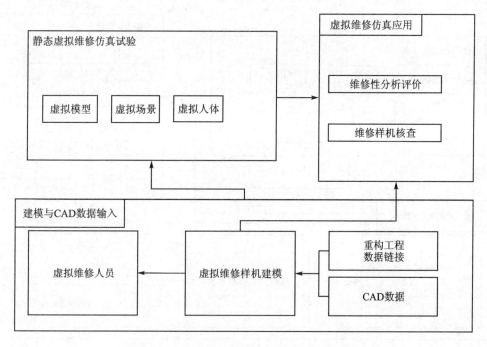

图 6 - 16　维修性静态虚拟仿真试验系统结构

2）静态虚拟仿真试验

所谓静态虚拟仿真试验，主要是指不需要建立维修过程仿真动画，只建立规定的维修场景、维修样机模型、维修人员模型以及它们之间的相对关系。可以进行维修场景漫游、维修样机静态任意角度观察、维修人员任意空间和任意位置放置、维修人员任意静态姿态的调整，以及碰撞检测工具、维修操作人员视锥工具、可达性包络范围工具的使用。

3）静态虚拟维修仿真应用

静态虚拟维修仿真应用的范围主要包括维修性早期设计与分析、维修样机核查。

6.5.3　维修性动态虚拟仿真试验方法

实现维修过程动态虚拟仿真的方式可以分为沉浸式和非沉浸式两种。由于两种所采用的基本方法上的不同，使得采用两种方式来实现维修过程仿真的基本思路有很大不同，因此本节将从沉浸式和非沉浸式两个方面分别说明维修过程仿真的基本思路。

1. 基于非沉浸式虚拟现实技术的维修仿真方法

非沉浸式虚拟维修仿真系统的结构如图 6 - 17 所示，其由三部分构成。

1）建模与 CAD 数据输入

建模与 CAD 数据输入主要分为两个部分：建立维修样机模型和建立虚拟维修人员、工具、设备和设施模型。

2）维修过程仿真

动态虚拟仿真可分为虚拟人体动作的仿真和维修对象变动的仿真两类。其中，人体维修

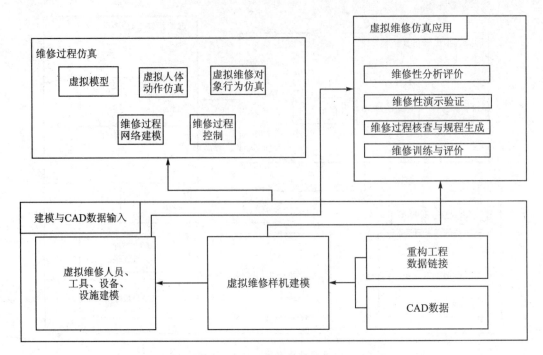

图 6 - 17　非沉浸式虚拟维修仿真系统结构

动作可以分为移动和操作两个大类,这两大类的动作又可分为 10 类基本维修动作,这 10 类基本维修动作组成维修动作库,它们可组合成多种常见的维修动作。基于动作模型库的仿真方式,采用参数化的方法来控制生成运动的特征,从而达到快速生成所需运动的目的,可以增强仿真的通用性。本章介绍三种方式来实现按基于动作模型的维修过程仿真,即动画方式、脚本方式和网络模型驱动的方式。

采用 Petri 网模型支持仿真方法,通过建立适当的变迁触发规则,采用仿真方法可以方便地检验系统过程中的每个环节以及各环节之间的相互作用关系,有助于发现设计中存在的问题。

基于上述分析,建立一种 Petri 网的仿真流程,如图 6 - 18 所示。

图 6 - 18 给出了一种"粗线条"的算法流程。针对不同的应用特点,对算法中的"异常判定"、"触发规则"判定等内容都能够作适当的调整。

图 6 - 19 给出了某个维修作业的描述模型,表 6 - 9 则对模型中的库所与变迁所表示的内容进行了说明。在此模型中,行为之间的关系比较简单,并且不需要考虑每个变迁所表达维修操作的"过程特性",因而使用基本网完全能够描述。

在模型中,如 P_1 中存在 token,表明装备目前正处于待修状态;而 P_{10} 与 P_{11} 中若存在 token,则表明目前资源或人员处于可以工作的状态,即满足维修保障要求。应该指出,这里对建模工作进行了简化,并没有完全按照维修工作 Petri 网的标准元素给出模型。例如,没有给出时间标识与相应的函数;假设人员或资源都可用普通的 token 表示,没有采用对象集表达形式。同时,对 t_6 与 t_8 也作了简化,没有给出它们与 P_{10} 之间的连接关系,此时 t_6 与 t_8 中流经的 token 不仅具有流程标识的作用,同时也表示了维修资源(这里是人员)。由于本例比较简单,为此图中对公共库所相关的变迁都均引入了"弧",而没有采用分别建立多个"公共"库所的

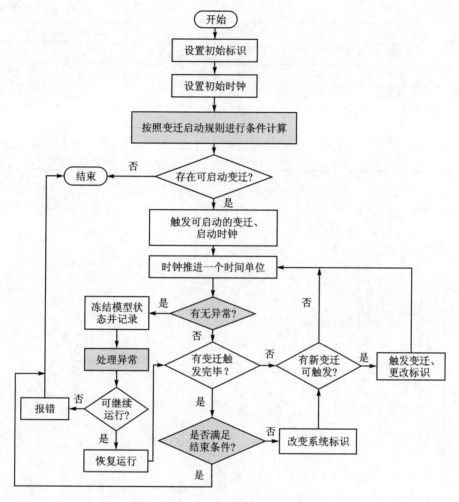

图 6 - 18　Petri 网仿真流程

方法。很显然,图中的 P_{10} 为公共库所。

在表 6 - 9 中,"变迁"说明中空白的项表明该变迁不对应具体的维修操作,而仅仅是完成一个抽象的逻辑操作。变迁描述中括号内的数字表明需要的维修人员数量。

表 6 - 9　变迁、库所含义说明

序号	库所(P)	变迁(t)
1	设备待修状态	驱动阀门 2,关闭右泵(1)
2	右泵关闭状态	
3	可拆外管(可开应急手泵)状态	拆外管(2),开应急手泵(1)
4	外管拆除状态	
5	可开左阀门状态	驱动阀门 3,开启左泵(1)
6	左阀门开启状态	关闭左泵(1)
7	左泵关闭状态	送修、开应急手泵(2)

序号	库所(P)	变迁(t)
8	送修状态	关闭应急手泵(1)
9	应急手泵使用状态	
10	工人就绪状态	
11	运输工具就绪状态	
12	可送修状态	
13	应急手泵关闭状态	

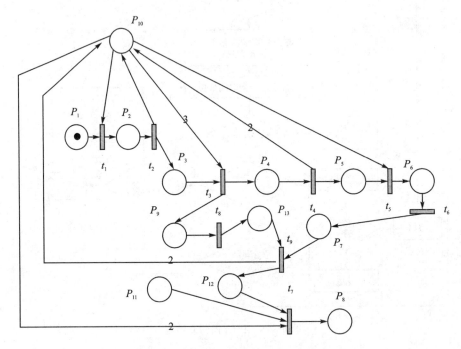

图 6 - 19 某维修工作的 Petri 网模型

　　虚拟人根据工作分解后形成的仿真网络图,进行动作仿真。网络图中每一个节点对应的是一个动作或动作序列的指令。这些指令都是虚拟仿真环境能够识别的。每条指令应该说明动作的执行实体、动作的被作用实体、动作。其中,动作的执行实体和被作用实体是虚拟场景中的虚拟人或其他实体。而动作则是系统动作数据库中的某个动作的名称的映射。根据动作指令生成一个动作调用。该动作调用对应动作数据库提供的动作函数。

　　下面是一个最简单的动作指令的示例:

$$动作指令 1: \begin{pmatrix} 执行者:Agnet1 \\ 被作用者:Box1 \\ 动作:Lift(50) \end{pmatrix}$$

　　根据动作指令 1 生成的动作调用是:ActLift(Agent1,Box1,50)。

　　因此,从网络图中读取动作指令到动作的仿真流程如图 6 - 20 所示。

　　图 6 - 20 中虚线框内的内容表示一个网络节点的仿真流程。

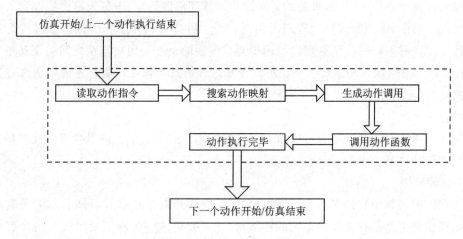

图 6 – 20　动作仿真流程

从上面的分析中可以看出,动作数据库的建立是非常重要的。动作数据库会影响维修任务分解的程度,维修任务分解结束的标志是每个网络节点上的动作在数据库中都有相应的动作函数。否则虚拟人无法自动完成相应的动作。为了使数据库尽可能提供足够多的动作函数,需要在建立数据库之前,对一些典型的维修动作进行抽象和提取,通过对实际维修动作的观察,总结出其间的一些典型维修动作:如开(门),旋转(舱盖)等。

动作数据库中的动作难易程度是不同的。有的动作可能只是一个简单的姿势,有的动作本身就是一个由一些简单动作组成的简单网络,有的动作还需要加入智能判断等。

3) 非沉浸式虚拟维修仿真应用

非沉浸式虚拟维修仿真应用范围主要有以下几个方面:维修性分析评价,利用专门工具以虚拟维修仿真过程与结果信息为分析对象进行维修性核查,如可达性、可视性、维修时间等;维修性演示验证,通过仿真,对重要设备的维修过程进行分析,以便验证维修性设计是否达到设计要求。如可更换单元拆装是否方便,机构设计是否符合维修性设计原则等;维修过程核查与规程生成,针对装备故障,利用虚拟维修仿真检查其维修过程是否存在问题。将合理的维修过程输出,在此基础上生成装备的维修规程,进行发布。

2. 基于沉浸式虚拟现实技术的维修仿真方法

沉浸式虚拟维修系统由四个部分组成:

(1) 多模式输入/输出的硬件;

(2) 建模与 CAD 数据输入;

(3) 虚拟维修环境管理系统;

(4) 虚拟维修仿真应用。

沉浸式虚拟维修系统的输入输出是通过外部软硬件设备来共同完成的。图 6 – 21 展示了一个完整的沉浸式虚拟维修仿真系统的结构。为了在给用户提供高度沉浸感的同时提供自然的人机交互方式,系统采用立体的视觉、听觉显示设备和力反馈装置来产生对用户的输出,同时采用数据手套、跟踪设备、虚拟操纵装置和语音输入装置来输入用户的有关数据和对系统的控制命令。

沉浸式虚拟维修仿真中,最重要的是对虚拟维修环境的管理、虚拟人员的控制和人机交互技术的实现。其中,虚拟维修环境管理分为两部分:用户接口程序和虚拟维修过程仿真。用户接口程序实现对用户的系统表现以及用户与系统间的交互。用户与系统间的交互主要有四类:视点控制、选择、操纵和系统控制。虚拟维修过程仿真实现对环境的管理和仿真过程的开发与控制。

(1) 场景管理

虚拟环境中所有的可见部分可以由一个分层的场景图来表示。场景管理实现对场景中的组织结构和拓扑关系的维护、更新和管理。

(2) 碰撞检测

由于在虚拟场景中有许多对象,任何对象间位置的相对变化都有可能引起对象间碰撞的发生。碰撞检测主要是找出发生碰撞的物体对,或需要更进一步确定发生碰撞的位置和深度等信息。

(3) 对象管理

虚拟维修系统中用户与系统的交互大多是为了改变环境中对象的属性,而对象管理则是对对象属性如颜色、位置和状态的管理。例如,当一个对象被抓起时,其颜色变成高亮色,并可在虚拟场景内符合现实物理规律的运动等。

(4) 事件管理

事件管理负责用户使用虚拟维修系统时的管理,实现对仿真过程中任务、过程、资源、对象等所对应的场景、事件、运动等的协调,控制场景中活动的触发和产生。

(5) 基于物理的仿真

基于物理的仿真主要指对虚拟样机、工具、设备、设施等的仿真,由于维修人员仿真的特殊性,将其作为一个单独的部分来进行说明。基于物理的仿真主要包括两个方面,即运动学仿真和动力学仿真,实现虚拟场景中物体按照某一种给定的物理规律运动,如将某一物体在重力场中释放,它就会自动在 Z 轴的反方向加速,直到发生碰撞。

(6) 拆装约束管理

虚拟维修系统中样机部件的运动必须遵从部件间的装配约束关系,而且当部件间的约束关系发生改变时,部件的运动形式也会发生相应的变化。拆装约束的管理主要实现对拆装约束的自动识别和管理,根据样机的运动自动实现部件间约束的建立和删除。

(7) 人体运动控制

人体运动控制主要用来实现虚拟维修系统中用户的化身和用户自身运动间的映射,利用数据手套、动作捕获设备和其他的跟踪设备(如电磁传感器等设备)所采集到的用户身体各个部分的空间位置,来驱动虚拟环境中用户化身的运动,主要采用反向运动解算的方法来实现。

沉浸式虚拟维修仿真的主要应用范围包括维修性的设计、分析;核查与演示验证;维修规划的核查、确认及自动生成;维修工作分析与评价;维修训练及评价,如图 6-21 所示。

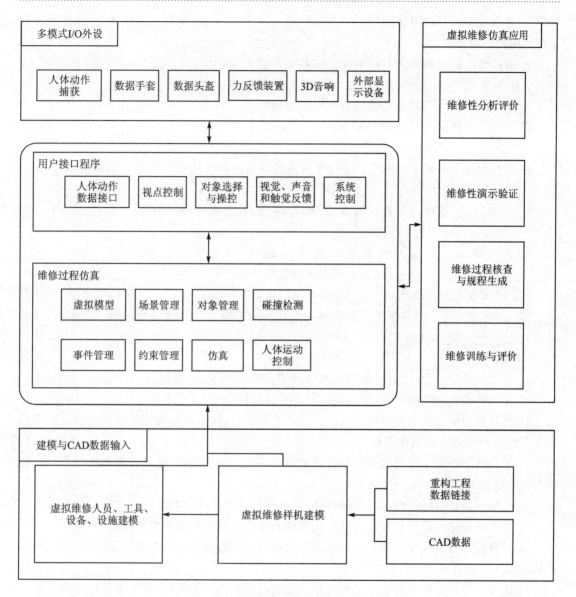

图 6 - 21　沉浸式虚拟维修仿真系统结构

习题 6

一、填空题

1. GJB 368B《装备维修性工作通用要求》中指出,维修性分析作为一个单独的工作项目,是指将从_____和_____中得到的数据和从订购方得到的信息,转化为具体的设计而进行的分析活动。

2. 维修性工程中 FMEA 的深度和范围取决于各维修级别上规定的_____和产品的_____。

3. 维修性综合权衡主要决策参数是_____和_____。

4．维修性分析过程中会涉及_____、_____、_____等其他工程专业，需要对各个工程方向进行权衡。

5．维修性综合分析是为了使系统的某些参数优化，而对各个备选方案进行分析比较，确定其最佳参数、结构组合的过程。综合分析涉及_____、_____、_____和_____等多种因素，可以是定性的也可以是定量的。

6．维修性分析的内容或对象很广泛，本章内容涉及的有_____、_____、_____、_____等。

7．维修性综合分析中的综合评分技术方法的评估因素可从以下几个方面确定_____、_____、_____、_____、_____。

8．维修性工程中 FMEA 的深度和范围取决于各维修级别上规定的_____和_____。

9．在对装备进行区域维修性分析评价的时候，需要着重对_____、_____、_____、_____、_____这五个因素进行权衡评价。

10．FMEA 的目的在于_____，而重点在于查明一切_____的故障模式，以便通过_____或采用_____尽早予以消除或减轻其后果的危害性。最终目的是_____，提高系统的_____和_____。

二、判断题

1．在维修性分析中，FMEA 和 FMECA 的作用是相同的，只需进行一种即可。（　　）

2．维修性设计准则的确定，不一定非要进行维修性分析。（　　）

3．维修性分析工作不应单纯的从产品设计方案入手，应动态地考虑整个维修过程中维修人员与被修对象之间的相互关系。（　　）

4．维修性分析的主要目的是对设计满足定性和定量的维修性要求的情况进行评估。侧重点是对定量要求的分析。（　　）

5．一般地说，维修性分析是产品研制的系统工程活动涉及维修性的所有分析。（　　）

6．常规的维修性分析比较关注维修对周围其他产品或工作的影响分析。（　　）

7．维修性综合分析中的综合评分技术主要通过对定性要求的判断进行量化处理，达到对维修性设计措施的综合评价。（　　）

8．区域维修性分析的新特点是不单单关注本身维修的方便问题，同时关注区域内其他失误的影响问题。（　　）

9．将区域维修性分析作为整个区域分析工作中的一个模块来进行的时候，也需要对装备进行再划分。（　　）

10．在区域维修性分析流程中一共包括：分析对象、分析对象的使用条件、维修影响因素、逻辑决断信息、设备行为信息这五类输入。（　　）

11．在区域维修性分析流程中一共包括：区域划分、区域相关信息、评级表格、影响因素信息、逻辑决断、评价结果信息这六类输出。（　　）

12．维修性分析工作在产品设计过程中有重要作用，应该先做好分析，再进行产品生产。（　　）

13．对几个待选的维修性设计方案进行权衡研究，选取最佳方案时，分析内容至少包括各设计方案的维修方案及保障方案和相关的参数，方案和参数分别来自维修工程和保障性工程。

（　　）

14. 维修性分析特别应与可靠性分析协调,实现分析数据的共享。（　　）

15. FMEA 是一种自底向上的归纳分析方法,也是定性分析方法。（　　）

16. 区域维修性分析的特点是不关注本身维修的方便问题,关注对区域内其他事物的影响问题。（　　）

17. 在"安全、及时、快速、有效、经济地维修"这个总要求的 5 个方面中,与装备维修性分析最密切的主要是安全、快速、有效三方面。（　　）

三、选择题

1. 以下不属于 FMEA 工作范畴的是（　　）

    A. 故障模式分析　　　　　　　　　　B. 确定故障树

    C. 故障检测方法分析　　　　　　　　D. 确定薄弱环节和关键项目

2. 对区域进行相应的维修性分析过程主要是通过对（　）的结果以及与维修相关的因素进行归纳总结。

    A. BIT 分析　　　　B. 傅里叶分析　　　C. FMEA 分析　　　D. FTA 分析

3. FMEA 是一个（　　　）的过程。

    A. 反复迭代、逐步完善　　　　　　　B. 顺序分析、逻辑清晰

    C. 一次分析、率先完成　　　　　　　D. 反复迭代、最后完善

4. NSIA 综合分析技术最大的特点是（　　）

    A. 精确　　　　　　B. 迅速　　　　　　C. 需要人力　　　　D. 昂贵

5. 系统的可靠性和维修性共同决定了系统的固有可靠度为（　　　）

    A. $A_i = \dfrac{T_{CT}}{T_{BF} + T_{CT}}$ B. $A_i = \dfrac{T_{BF}}{T_{BF} + T_{CT}}$

    C. $A_i = \dfrac{T_{BF} + T_{CT}}{T_{CT}}$ D. $A_i = \dfrac{T_{BF} + T_{CT}}{T_{BF}}$

6. 区域维修性分析工作大致分为（　　　）个步骤。

    A. 5　　　　　　　　B. 6　　　　　　　　C. 7　　　　　　　　D. 8

7. 区域可达性的好坏的判断依据是（　　　）

    A. 区域的通路状态　　　　　　　　　B. 区域空间的大小

    C. 区域内的设备清单　　　　　　　　D. 区域内的其他信息

8. 逻辑决断输出信息不包括（　　　）

    A. 分析顺序　　　　　　　　　　　　B. 因素间的相关顺序

    C. 主要影响因素　　　　　　　　　　D. 完善前的评价因素体系

9. 维修性综合分析一般应用于产品的（　　　）

    A. 论证阶段参数选择和指标确定　　　B. 设计方案的确定

    C. 保障方案的确定　　　　　　　　　D. 以上全部

10. 在"安全、及时、快速、有效、经济的维修"这个总要求的五个方面中,与装备维修性分析关系最密切的主要是（　　　）这两个方面。

    A. 安全、及时　　　　　　　　　　　B. 及时、有效

    C. 安全、有效　　　　　　　　　　　D. 快速、有效

四、计算题

已知某大型复杂系统的失效率 λ 为 0.0045，且估计 T_{CT} 的区间为 $[4h, 6h]$，试求该系统的固有可用度 A_i 最大是多少？

五、简答题

1. FMEA 的具体作用包括哪几项？

2. 试述 NSIA 综合分析技术使用的条件以及优缺点。

3. 试述故障模式分析的依据。

4. 对装备进行区域维修性分析评价时，需要对哪五个因素进行评价和权衡？

5. 维修性工程中 FMEA 的深度和范围取决于什么？

6. 试述 NSIA 综合分析技术基本原理。

7. 综合评分技术的评价因素从哪几方面确定？

第7章 维修性试验与评价

7.1 概 述

为了更直接地证明装备所能达到的维修性水平与规定的维修性要求的相符程度,需要在有代表性的实际的或接近实际的使用或运行条件下,对所研究的装备进行试验与评价,以确定装备的实际维修性水平。

本章主要介绍维修性统计试验与评价和演示试验与评价两种方法,有关维修性虚拟试验与评价的方法将在第八章具体介绍。

7.1.1 维修性试验与评价的目的

维修性试验与评价的目的是考核与验证所研制装备满足维修性要求的程度,以之作为进行产品鉴定和验收的依据,发现和鉴别有关装备维修性的设计缺陷,以便采取纠正措施,实现维修性增长。此外,在开展维修性试验与评价工作的同时,还可实现对各种相关维修保障要素(如备件、工具、设备、资料等资源)的评价。

7.1.2 维修性试验与评价的时机与方式

为了提高试验的效率和节省试验经费,并确保试验结果的准确性,维修性试验与评价一般应与功能试验及可靠性试验结合进行,必要时也可单独进行。对于不同类型的装备或低层次的产品,其试验与评价的阶段划分则视具体情况而定。整个装备系统级的维修性试验与评价一般包括核查、验证与评价三个阶段。图 7-1 给出了维修性试验与评价和寿命周期各阶段的一般关系。

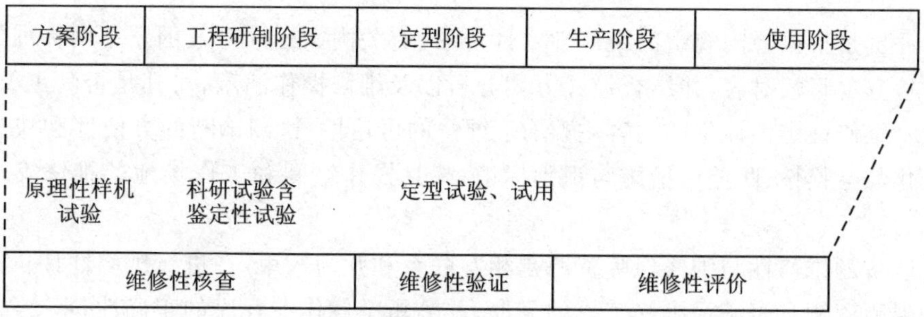

方案阶段	工程研制阶段	定型阶段	生产阶段	使用阶段
原理性样机 试验	科研试验含 鉴定性试验	定型试验、试用		
维修性核查		维修性验证	维修性评价	

图 7-1 维修性试验评价与寿命周期阶段的一般关系

1. 维修性核查

维修性核查是指承制方为实现系统的维修性要求,从签订研制合同起,贯穿于从零部件、元器件直到分系统、系统的整个研制过程中,不断进行的维修性试验和评价工作。维修性核查常常在订购方监督下进行。

维修性核查的目的是检查与修正用于维修性分析的模型和数据,鉴别设计缺陷和确认对应的纠正措施,以实现维修性增长,促使满足规定的维修性要求和便利于以后的验证。维修性核查主要是承制方的一种研制活动与手段,其方法灵活多样,可以采取在产品实体模型、样机上进行维修作业演示,排除模拟(人为制造)的故障或实际故障,测定维修时间等试验方法。其试验样本量可以少一些,置信度低一些,着重于发现缺陷,探寻改进维修性的途径。当然,若要求将正式的维修性验证与后期的维修性核查结合进行,则应按维修性验证的要求实施。

2. 维修性验证

维修性验证是指为确定装备是否达到规定的维修性要求,由指定的试验机构进行或由订购方与承制方联合进行的试验与评价工作。维修性验证通常在装备定型阶段进行。

维修性验证的目的是全面考核系统是否达到规定的要求,其结果作为批准定型的依据之一。因此,进行验证试验的环境条件应尽可能地与装备的实际使用与维修环境一致或接近,其所用的保障资源也应尽可能地与规划的需求相一致。试验要有足够的样本量,在严格的监控下进行实际维修作业,按规定方法进行数据处理和判决,并应有详细记录。

3. 维修性评价

维修性评价是指订购方在承制方配合下,为确定装备在实际使用、维修及保障条件下的维修性所进行的试验和评价工作。维修性评价通常在用户试用或(和)使用阶段进行。

维修性评价的对象是已使用的装备或与之等效的样机,需要评价的维修作业重点是在实际使用中经常遇到的维修工作,参与的维修人员也应是来自实际使用现场的人员。主要依靠使用维修中的数据,必要时可补充一些维修作业试验,以便对实际条件下的维修性做出评价。

7.1.3 维修性试验与评价的内容

针对维修性要求的性质不同,维修性验证与评价可分为定性和定量两部分。

1. 定性评价

定性评价是根据合同规定的维修性定性要求、有关国家标准以及国家军用标准的要求,制定相应的检查项目核对表,并结合设计方案分析以及维修操作演示,对其是否满足要求的情况进行评价。维修性定性评价的内容主要有:维修的可达性、检测诊断的方便性和快速性、零部件的标准化与互换性、防差错措施与识别标记、工具操作空间和工作场地的维修安全性、人素工程要求等。

由于装备的维修性与维修保障资源是相互联系和互为约束,在进行维修性评价的同时,应评价维修保障资源是否满足维修工作的需要,并分析维修作业程序的正确性,审查维修过程中所需维修人员的数量、素质、工具与测试设备、备附件和技术文件等的完备程度和适用性。

2. 定量评价

定量评价是针对装备的维修性指标,在自然故障或模拟故障条件下,根据试验中得到的数据,进行分析判定和估计,以确定其维修性是否达到要求。

由于核查、验证和评价的目的、进行的时机、条件不同,应对上述各内容有所取舍和侧重。但定性评价要认真进行,而定量评价在验证时要全面、严格按合同规定的要求进行。核查和评价时则根据目的要求和环境、条件适当进行。

7.2　维修性试验与评价的工作要求

7.2.1　工作程序

维修性试验与评价无论是与功能、可靠性试验结合进行,还是单独进行,其工作的一般程序是一样的,都分为准备阶段和实施阶段。

准备阶段的工作有:制定试验计划;选择试验方法;确定受试品;培训试验维修人员;准备试验环境和试验设备等资源。

实施阶段的工作有:确定试验样本量;选择与分配维修作业样本;故障的模拟与排除;预防性维修试验;收集、分析与处理维修试验数据和试验结果的评定;编写试验与评价报告等。

下面逐一对上述工作项目进行介绍。

1. 制订维修性试验计划

试验之前应根据 GJB2072《维修性试验与评定》的要求,结合装备的类型、试验与评价的时机和种类以及合同的规定,制订试验计划。

2. 选择试验方法

对于维修性定量指标的验证,在 GJB2072《维修性试验与评定》中规定了 11 种方法(见表 7-1)可供选择。这里需要指出,选择试验方法是为了给出具有一定可信度的评估数值,一般只针对需要下结论的验证工作。对于维修性核查与评价,则无需严格按照此表选择样本数量。

表 7-1　试验方法汇总表

编号	检验参数	分布假设	样本量	推荐样本量	作业选择
1-A	维修时间平均值的检验	对数正态,方差已知	按不同试验方法确定	不小于30	自然故障或模拟故障
1-B	维修时间平均值的检验	分布未知,方差已知		不小于30	
2	规定维修度的最大维修时间检验	对数正态,方差未知		不小于30	
3-A	规定时间维修度的检验	对数正态			
3-B	规定时间维修度的检验	分布未知			
4	装备修复时间中值检验	对数正态		20	
5	每次运行应计入的维修停机时间的检验	分布未知		50	自然故障
6	每飞行小时维修工时(M_1)的检验[①]	分布未知			
7	地面电子系统的公式率检验	分布未知		不小于30	自然故障或模拟故障
8	维修时间平均值域最大修复时间的组合序贯试验	对数正态			自然故障或随机(序贯)抽样

编号	检验参数	分布假设	样本量	推荐样本量	作业选择
9	维修时间平均值、最大修复时间的检验	分布未知,[②] 对数正态		不小于 30	自然故障或 模拟故障
10	最大维修时间和维修时间中值的检验	分布未知		不小于 50	
11	预防性维修时间的专门试验	分布未知			

① 用于间接验证装备可用度 A 的一种试验方法。
② 检验平均值假设分布未知,检验最大修复时间假设为对数正态分布

3. 确定受试品

维修性试验与评定所用的受试品,应直接利用定型样机或从提交的所有受试品中随机抽取,并进行单独试验。也可以同其他试验结合用同一样机进行试验。

为了减少延误时间,保证试验顺利进行,允许有主试品和备试品。但受试品的数量不宜过多,因维修性试验的特征量是维修时间,样本量是维修作业次数,而不是受试品(产品)的数量,且它与受试品数量无明显关系。当模拟故障时,在一个受试品上进行多次或多样维修作业就产生了多个样本,这和在多个受试品上进行多次或多样维修作业具有同样的代表性。但对于同一个受试品也不宜多次重复同样的维修作业,否则会因多次拆卸使连接松弛,而丧失代表性。

4. 培训试验人员

参试人员的构成应该根据核查、验证和评价的不同要求分别确定。

维修性验证应按维修级别分别进行,参试人员应达到相应维修级别维修人员的中等技术水平。

选择和培训参加维修性验证的人员一般要注意以下几点:

(1) 应尽量选用使用单位的维修技术人员、技工和操作手,由承制方按试验计划要求进行短期培训,使其达到预期的工作能力,经考核合格后方能参试。

(2) 承制方的人员,经培训后也可参加试验,但不宜单独编组,一般应和使用单位人员混合编组使用,以免因心理因素和熟练程度不同而造成实测维修时间的较大偏差。

(3) 参试人员的数量,应根据该装备使用与维修人员的编制或维修计划中规定的人数严格规定。

5. 确定和准备试验环境及保障资源

维修性验证试验,应由具备装备实际使用条件的试验场所或试验基地进行,并按维修计划所规定的维修级别及相应的维修环境条件分别准备好试验保障资源,包括试验室、检验设备、环境控制设备、专用仪表、运输与储存设备以及水、气、动力、照明,成套备件,附属品和工具等。

6. 确定样本量

维修性指标验证试验的样本量,是指为了达到验证目的所需维修作业的样本量。维修作业样本量按所选取的试验方法中的公式计算确定,也可参考表 7 - 1 中所推荐的样本量。某些试验方案(如表 7 - 1 中试验方法 1 维修时间平均值的检验),在计算样本量时还应对维修时间分布的方差作出估计。

7. 选择与分配维修作业样本

1）维修作业样本的选择

为保证试验所作的统计学决策（接受或拒绝）具有代表性，所选择的维修作业最好与实际使用中所进行的维修作业一致。

2）维修作业样本的分配方法

当采用自然故障所进行的维修作业次数满足规定的试验样本量时，就不需要进行分配。当采用模拟故障时，在什么部位，排除什么故障，需合理地分配到各有关的零部件上，以保证能验证整机的维修性。

8. 模拟与排除故障

1）故障的模拟

一般采用人为方法进行故障的模拟。模拟故障应尽可能真实、接近自然故障。基层级维修以常见故障模式为主。参加试验的维修人员应在事先不了解所模拟故障的情况下去排除故障，但可能危害人员和产品安全的故障不得模拟（必要时应经过批准，并采取有效的防护措施）。

2）故障的排除

由经过训练的维修人员排除上述自然的或模拟的故障，并记录维修时间。完成故障检测、隔离、拆卸、换件或修复原件、安装、调试及检验等一系列维修活动，称为完成一次维修作业。

9. 预防性维修试验

预防性维修时间常被作为维修性指标进行专门试验（表 7 - 1 之方法 11）。

产品在验证试验间隔期间也有必要进行预防性维修，其频数和项目应按预防性维修大纲的规定进行。为节约试验费用和时间可采用以下办法。

（1）在验证试验的间隔时间内，按规定的频率和时间所进行的一般性维护（保养），应进行记录，供评定时使用。

（2）在使用和贮存期内，间隔时间较长的预防性维修，其维修频率和维修时间以及非维修的停机时间，亦应记录，以便验证评价预防性维修指标时作为原始数据使用。

10. 收集、分析与处理维修性数据

1）维修性试验数据的收集

收集试验数据是维修性试验中一项关键性的重要工作。为此试验组织者需要建立数据收集系统。包括成立专门的数据资料管理组，制订各种试验表格和记录卡，并规定专职人员负责记录和收集维修性试验数据。此外，还应收集包括在功能试验，可靠性试验，使用试验等各种试验中的故障、维修与保障的原始数据。建立数据库供数据分析和处理时使用。

承制方在核查过程中使用的数据收集系统及其收集的数据，要符合核查的目的和要求，鉴别出设计缺陷，采取纠正措施后又能证实采用措施是否有效。同时要与维修性验证、评价中订购方的数据收集系统和收集的数据协调一致。对于由承制方负责承担基地级维修的装备，承制方要注意收集这些维修数据。

在验证与评价中需要收集的数据，应由试验额目的决定。维修性试验的数据收集不仅是

为了评定产品的维修性,而且还要为维修工作的组织和管理(如维修人员配备、备件储存等)提供数据。

试验所积累的历次维修数据,可供该产品维修技术资料的汇编、修改和补充之用。

(2)维修性数据的分析和处理

首先需要将收集的维修性数据加以鉴别区分,保留有用的、有效的数据,剔出无用的、无效的数据。原则上所有的直接维修停机时间或工时,只要是记录准确有效的,都是有用的数据,供统计计算使用。

将经过鉴别区分的有用、有效数据,按选定的试验方法进行统计计算和判决,需要时,可进行估计。统计计算的参数应与合同规定对应,判决是否满足规定的指标要求。但应注意在最后判决前还应该检查分析试验条件、计算机程序,特别是对一些接近规定要求的数据,更要认真复查分析。数据收集、分析和处理的结果和试验中发生重大问题及改进意见,均应写入试验报告,以使各有关单位了解试验结果,以便采取正确的决策。

11.试验结果的评定

1)定性要求的评价

通过演示或试验,检查是否满足维修性与维修保障要求,作出结论。若不满足,写明哪些方面存在问题,限期改正等要求。

维修性演示一般在实体模型、样机或产品上,演示项目为预计要经常进行的维修活动。重点检查维修的可达性、安全性、快速性,以及维修的难度、配备的工具、设备、器材、资料等保障资源能否完成维修任务等。必要时可以测量动作的时间。

2)定量要求的评价

根据统计计算和判决的结果作出该装备是否满足维修性定量要求的结论。必要时可根据维修性参数估计值评定装备满足维修性定量要求的程度。

12.编写维修性试验与评价报告

在核查、验证或评价结束后,试验组织者应分别写出维修性试验与评定报告。如果维修性试验是同可靠性或其他试验结合进行时,则在综合报告中应包含维修性试验与评定的内容。

13.试验与评价过程的组织和管理

产品的维修性核查由承制方组织,订购方参加,由双方组成试验领导小组。

维修性验证由订购方领导,承制方负责试验的准备工作,共同组成领导小组。当验证是由试验基地(场)承担时,则由试验场按规定组织实施。

部队试用或使用中的维修性评价,由订购方组织实施,承制方派员参加。

7.2.2 计划制定

GJB368B—2009中指出,为了做好维修性试验与评价工作,需要制定相应的维修性试验计划,并经订购方批准。其一般要求应符合 GJB2072《维修性试验与评定》中的内容。计划应根据产品类型、试验与评定时机及种类,检验要求等制订。

1. 背景材料

制订试验与评定计划应掌握一下背景材料：

（1）定量和定性的维修性要求；

（2）维修方案；

（3）维修工作的环境和使用条件；

（4）维修级别；

（5）试验评定的产品；

（6）需评估的保障资源；

（7）其他相关材料。

2. 计划的内容

核查、验证、评价应分别制订计划，详细计划一般应包括以下各条规定的内容：

1）概述

概述部分一般应说明：

（1）试验与评定的依据；

（2）试验与评定的目的；

（3）试验与评定的类别；

（4）试验与评定的项目；

（5）若维修性试验与其他试验结合进行，应说明结合的方法。

2）试验的组织

试验的组织工作一般应明确：

（1）试验评定的组织领导及参试单位；

（2）试验人员的分工及资格、数量要求；

（3）维修小组人员的来源及培训要求。

3）试验场地与资源

试验场地与资源一般应明确：

① 试验场地及环境条件；

② 工具与保障设备；

③ 技术文件；

④ 备件和消耗品；

⑤ 试验设备；

⑥ 安全设备。

4）试验的实施

（1）试验的准备工作一般应包括：

① 试验组的组成；

② 维修人员的培训；

③ 试验设施的准备；

④ 保障器材的准备。

（2）实施试验一般应包括：

① 试验进度；

② 试验方法,包括判决标准及风险率或置信度,以及有关下列情况的规定或处理原则：保障设备故障;由于从属故障导致的维修;技术手册和保障设备不适用或部分不适用;人员数量与技能水平的变更;拆配修理;维修检查;维修时间限制等;

③ 当模拟故障时,选择维修作业的程序；

④ 数据获取方法；

⑤ 数据分析方法与程序；

⑥ 重新试验的规定。

（3）试验结果的评定一般应包括：

① 对装备满足维修性定性要求程度的评定；

② 对装备满足维修性定量要求程度的评定；

③ 对维修保障要素的评定（需要时）。

（4）计划应规定试验与评定报告的编写与交付的要求。

5）监督与管理

计划应明确试验与评定的监督与管理要求。

6）试验经费

计划应拟订试验经费的预算与管理方法。

维修性验证试验计划,应于产品工程研制开始时基本确定,并随着研制的进展,逐步调整。

7.2.3　管理要求

为了保证维修性试验与评价的顺利实施,需要成立领导小组,统一领导和部署试验与评定工作,处理试验与评定过程中可能发生的各种问题。包括对试验进度、费用、人员、保障资源、维修性试验与其他试验的协调等。

产品维修性核查由承制方组织实施,订购方派代表参加,可由双方组成领导小组;维修性验证由试验基地（场）承担时,试验评定的组织领导由基地（场）按规定实施;若维修性验证在研制单位进行时,则由订购方和承制方共同组成领导小组,由订购方派员担任组长,并根据需要设置技术、维修、保障等小组,部队试用或使用中的维修性评价,由订购方组织实施,承制方派员参加。

领导小组负责按计划组织实施维修性试验与评定,并就发生的问题协商做出相应的裁决,具体职责包括以下：

（1）试验评定前职责

检查督促并保证试验评定前满足以下条件：

① 受试品均符合图纸要求,不符之处已经订购方认可；

② 需用的技术手册应为最新版本；

③ 获得按保障方案规定类型和数量的保障器材；

④ 参加维修性试验的使用、维修人员均应经过训练,达到规定的技术水平；

⑤ 对已规定的保障资源和数据处理方法，分析技术的变动应经过批准，并纳入经过更新的试验与评定计划中。

（2）试验评定时职责

在维修性试验与评定过程中应当做到：

① 对试验与评定中的各项活动，进行全面监督，发现问题，及时采取措施；

② 审查和批准用于验证与评价的有关数据，以便确定工作时间、维修时间、停机时间及受试品的状态；

③ 审核试验的维修性作业项目设置和实施的正确性；

④ 协调有关保障资源；

⑤ 对发生的争议做出裁决；

⑥ 确定维修性要求达到的程度；

⑦ 编写试验与评定报告。

7.3　维修性统计试验与评价方法

7.3.1　概　述

产品的维修性应当通过实际使用中的维修实践来进行考核、评定。然而这种考核评定又不可能都在完全真实的使用条件下来完成。因此，需要在研制过程中采用统计试验的方法，及时作出产品维修性是否符合要求的判定，使承制方对其产品维修性"胸中有数"，使订购方能够决定是否接受该产品。

维修性定量指标的试验则属于统计试验，要用正规的统计试验方法。在 GJB2072《维修性试验与评定》中规定了 11 种方法（见表 7 - 1）可供选择。选择时，应根据合同中要求的维修性参数、风险率、维修时间分布假设以及试验经费和进度要求等因素综合考虑，在保证满足不超过订购方风险的条件下，尽量选择样本量小、试验费用省、试验时间短的方法。

7.3.2　实施过程

维修性统计试验方法的实施流程如图 7 - 2 所示。

1. 试验准备工作

时间类参数是维修性参数的最为重要的一类，也是在装备研制过程中广泛采用的参数。下面，首先以时间为对象，介绍开展试验前的技术准备工作。

1）明确维修时间统计要求

（1）制定维修时间统计准则：维修时间统计准则是进行时间数据收集与分析的依据。制定维修时间统计准则是试验前准备工作的一项重要内容。维修时间统计准则应针对具体的产品类型制定，准则中应包括如下内容：明确维修时间中各项时间要素的定义；明确不应计入统计的时间项。下面以 MTTR 为例来介绍相关的内容。具体而言，试验产品 MTTR 指标维修时间统计准则一般有：

① 产品 MTTR 指标（现场级）是从试验人员到达型号使用或维修所在地开始计算,当产品在现场级采取换件修复时,统计计算的是 LRU 在型号上进行故障定位与隔离、接近、拆卸、更换、调整、检验等的时间。

② 应计入 MTTR 的各项时间要素定义如下:

- 准备:在故障隔离前所完成的有关作业时间,如:安装、调准、预热维修产品的时间,系统输入初始化参数的时间等,但不包括取得维修设备的时间。准备时间用 T_P 表示;

- 故障隔离:把故障隔离到可更换项目所需的作业时间。如:诊断程序加载的时间,运行和结果判明的时间,检查故障隔离症兆和按维修手册进行症兆定位判定故障项目的时间等。故障隔离时间用 T_{FI} 表示;

- 接近:与到达故障隔离过程中所确定的可更换项目有关的时间。如:打开维修口盖的时间,拆卸为接近可更换项目有关机件的时间等。接近时间用 T_D 表示;

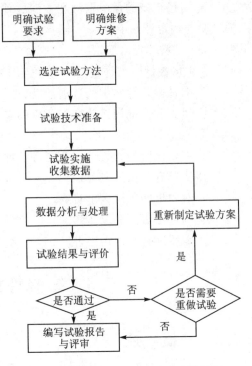

图 7-2　维修性统计试验方法的实施流程

- 拆卸与更换:与拆卸并更换项目有关的时间。如:断开接头、拆卸螺钉、取出有故障的可更换项目的时间,安装用来替换良好项目的时间等,但不包括取得备件的时间。拆卸与更换时间用 T_I 表示;

- 重装:在更换后重新组装恢复到分解前状态所花的时间。它是拆卸的逆过程所花的时间。重装时间用 T_R 表示;

- 调准:使更换后的项目达到规定的工作状态所花的时间。调准时间用 T_A 表示;

- 检验:检验故障已被排除并证实产品恢复到故障前的运行状态所花的时间。检验时间用 T_{CO} 表示。

（2）维修时间统计原则:除了明确不计算在内的内容以外,所有的维修停机时间,都应在统计计算之内。维修时间统计的一般原则是:

① 维修时间的统计:型号产品的 MTTR 是从维修人员到达产品所在地进行维修开始计算。当产品在基层级采取换件修复时,统计计算的是 LRU 在产品上进行故障隔离、拆卸、更换、安装、调整、检验等的时间。为便于拆卸待修复 LRU 需打开其他维修口盖、拆卸其他 LRU 时,则打开其他维修口盖、拆卸其他 LRU 的时间应计入该 LRU 的 MTTR 内;当型号上没有 BIT 进行 LRU 的故障定位与隔离、该 LRU 的故障隔离是通过试凑法和经验确定时,其分析、确定故障的时间也应计入 MTTR 中;

② 不应计入的维修时间如下。

- 未遵守维修技术手册和承制单位培训中规定的操作程序而造成维修和操作错误所花费的时间;

- 排除因保障设备的安装、拆卸或操作导致的故障所耗去的修复时间;

- 意外损伤的修复时间；
- 由受试产品原发故障引起的从属故障，其修复时间应计入总的修复时间内，但从属故障如果是因模拟故障引起时，耗费的时间不应计入；
- 由于产品设计不当，或者由于维修技术手册中操作程序不恰当，造成产品损伤或维修错误所花费的额外维修时间应计算在内，但当采取措施纠正设计缺陷或不恰当的操作程序后，原多耗的时间应予以扣除；
- 试验中采取从其他产品拆卸同型零部件来更换受试产品相应件的串件修复时，若备件（包括初始备件和后续备件）清单中有该件的备件，串件修复仅作为临时措施，则此拆卸与更换时间不应计入维修时间内，若备件清单中没有该件的备件，则应计算在内，如果采取措施消除了这种串件修复时，则增算的时间应扣除；
- 由于维修工具、资料、设备、备件等产生的延误时间不计入；
- BIT 虚警引起的维修时间不计入。

2）明确试验要求和确认型号产品技术状态

（1）明确试验要求：需要明确型号产品的 MTTR 指标是根据指标分配确定的还是订购方在研制要求中专门提出的，如果该指标是由订购方专门提出的，还需明确该指标所属的维修级别。另外，根据需要明确规定承制方风险 α 和（或）订购方风险 β，具体数值由双方共同商定。

（2）确认技术状态：要确认产品的技术状态是否与计划交付的状态一致，一般包括：

① 组成：产品是由几个 LRU 组成，各个 LRU 之间的相互连接关系；

② 安装：LRU 在产品上的安装位置及其固定连接情况，有无专用的维修通道等；

③ 故障诊断方式：故障诊断是否采用 BIT，除了采用 BIT 外，是否还采用其他专用或通用诊断设备；

④ 相关的可靠性设计参数：产品及其各组成 LRU 的故障率，该数据应是最新有效数据，即通过可靠性鉴定试验得到的结果，或最新的可靠性预计结果。

3）明确产品的维修方案

对于修复性维修，维修方案主要涉及：

① 在现场级进行产品修复性维修的所有维修工作任务是否都能由现场级维修机构执行；

② 更换的级别，即更换的 LRU 是整机、设备还是组件、模块；

③ 进行修复的项目是单个可更换项目还是成组的可更换项目；

④ 对于成组可更换项目的更换是采取整组更换还是逐一依次更换；

⑤ 相应维修级别上所具备的维修保障资源；

⑥ 维修人员的人数和他们的专业及技能水平。

4）选定试验方法

选择试验方法时，应根据合同中要求的维修性参数、风险率、维修时间分布的假设以及试验经费和进度要求等诸多因素综合考虑，在保证满足不超过订购方风险的条件下，尽量选择样本量小、试验费用少、试验时间短的方法。由订购方和承制方商定，或由承制方提出经订购方同意。除国军标规定的 11 种方法外，也可以选用其他的方法，但都应经订购方同意。

根据我国型号研制的实际情况，通常情况下：

（1）设备的维修性时间类指标（如 MTTR）试验方案可选定 GJB2072《维修性试验与评定》

中的试验方法 9;

（2）装备总体时间类指标（如 MTTR）的试验，采用综合分析方法，综合各类在现场进行维修设备的 MTTR，进而获取型号总体 MTTR 试验量值。该类方法须根据具体试验工作需求及条件确定，须经订购方认可。

5）确定试验样本量及样本分配

确定试验样本量可分为两步：首先确定需要开展试验的产品类型及数目，然后确定每个产品的试验样本。下面以 MTTR 为例来进行说明。

产品 MTTR 试验样本量的确定，一般应根据产品的复杂程度、需达到的试验目的等予以确定。对于分系统、设备层次的产品，可根据 GJB2072《维修性试验与评定》试验方法 9 要求所需维修作业样本量最少为 30；而对于型号总体的总样本数，则需根据主要的现场维修工作内容，试验所需的时限及费用等进行综合分析，选取对 MTTR 影响大的产品，确定所需试验的产品清单；对于型号比较复杂的组成系统，其试验样本的确定方法与型号总体的相类似。应注意，型号总体与其复杂的组成系统，其样本量不能按照 GJB2072《维修性试验与评定》试验方法 9 要求选 30 为限，该数量是适用于简单的产品或设备。随着总体或复杂系统所需试验产品清单的长短，其样本量也应相应地调整，但其显然要远大于 30。如美空军在进行机载电子干扰吊舱（ECM）的 MTTR 试验时，因其设备较复杂（共有 627 个 SRU），确定的试验样本量为 60；美威斯汀豪斯电气公司在进行 F-16 战斗机的火控雷达维修性试验时，为结合进行测试性试验，确定的试验样本量为 150。

（1）样本量的确定：

维修性统计试验中要进行维修作业，每次维修算一个样本。只有足够的样本，才能反映总体的维修性水平。如果样本量过小，会失去统计意义，使订购方和承制方的风险都增大。样本量应按所选试验方法中的公式计算确定，也可参考表 7-1 中所推荐的样本量。某些试验方案（如表 7-1 中试验方法 1 维修时间平均值的试验），在计算样本量时还应对维修时间分布的方差作出估计。表 7-1 中对不同试验方法列有推荐的最小样本量，这是经验值。

这里还要注意：

① 表 7-1 对不同试验方法列有推荐的最小样本量，这是经验值。如果样本量过小，会失去统计意义，导致错判，这就使订购方和承制方的风险都增大。

② 维修时间随机变量分布一般取对数正态分布。当在实际工作中不能肯定维修时间服从对数正态分布时，可以先将试验数据用对数概率纸进行检验。若不是对数正态分布时可采用表 7-1 中分布无假设的非参数法确定样本量，以保证不超过规定的风险。对于对数正态分布的参量要取对数进行标准化处理。

③ 在表 7-1 中的一些方法要求时间对数标准差 σ 或时间标准差 d 为已知，或取适当精度的估计值 $\hat{\sigma}$（或 $\hat{d}$），这些是利用近期 10～20 组一批数据的标准差或极差进行估计求得的。即算出每组数据的样本标准差 S，再计算出这批 S 的平均值 $\bar{S}$，则此标准差 σ 由下式估计

$$\sigma = \bar{S}/C \tag{7-1}$$

式中：C 为依赖于每组样本大小的系数。

当样本 $n > 30$ 时，$C = 1$，即 $\sigma = \bar{S}$（参见 GJB8054—87《平均值的计量标准型一次抽样检验程序及表》）。这样求得的 σ 或 d 就能满足统计学上对 σ 或 d 为已知的要求。

④ 当 σ 或 d 未知时,根据计量或计数标准型一次抽样检验方案计算可知,样本量要比 σ 或 d 已知时大。若新研制产品确实无数据可查时(甚至连研制中的维修资料也缺乏时),也可选用 σ 未知的(S 法)检验方案进行。此方案可分为两种情况:

● 未知 σ 或 d,可由订购方和承制方根据以往经验商定出双方可接受的 σ 或 d 值求出样本量,然后用 S 进行判决(如试验方法 2)。当然,也可根据类似产品的数据,确定该产品维修时间方差的事前估计值。但是,这两种产品的维修性设计、维修人员的技术水平、试验设备、维修手册和维修环境方面也应是类似的。据美军的经验,对数正态分布的对数方差 σ^2 一般在 0.5~1.3,可供估计时参考。

● 未知 σ 或 d,可由订购方和承制方先商定一个合适的试抽样本量 n_1(一般取所用试验方法要求的最小样本量,如用试验方法 1,则先取 $n_1 = 30$)进行试验,求出样本标准差 S,作为批标准差的估计值,再计算所需的样本量 n,这时可能有二种情况:

当 $n > n_1$ 时,再随机抽取差额 $\Delta n = n - n_1$ 个样本予以补足,之后再计算均值和标准差进行判决。

当 $n \leqslant n_1$ 时,不再抽样,即以试抽样本量进行试验、计算判决。

若 n 小于试验方法要求的最小样本量时,则应以要求的最小样本量进行计算、判决。

(2) 维修作业样本的选择与分配。

① 维修作业样本选择

为保证试验所作的统计学决策(接受或拒绝)具有代表性,所选择的维修作业最好与实际使用中所进行的维修作业一致。对于修复性维修试验,可用如下方法产生维修作业:

● 自然故障所产生的维修作业。装备在功能试验、可靠性试验、环境试验或其他试验及使用中发生的故障,均称为自然故障。一般地说,这种自然故障发生的多少、影响的程度是符合实际的,最具代表性。因此,由自然故障产生的维修作业,如果次数足以满足所采用的试验方法中的样本量要求时,应优先采用作为维修性试验样本。如果对上述自然故障产生的维修作业在实施时是符合试验条件要求的,当时所记录的维修时间也可以作为维修性试验时的有效数据进行分析和判决。

● 演示操作产生的维修作业。在实体模型、样机或产品上演示预计发生频率较高的检测、调校等操作。有重点地进行维修演示,可对人体、观察及工具的可达性,操作的安全性和快速性,维修技术难度等作出判断。

● 模拟故障产生的维修作业。当自然故障所进行的维修作业次数不足时,可以通过对模拟故障(关于故障模拟的部分详见本章后续介绍)所进行的维修作业次数补足。为了缩短试验时间,经承制方和订购方商定也可采用全部由模拟故障所进行的维修作业作为样本。

② 维修作业样本的分配

预防性维修应按维修大纲规定的项目、工作类型及其间隔期确定试验样本。

当采用模拟故障时,在什么部位、排除什么故障,需合理地分配到各有关的零部件上,以保证能检验整机的维修性。维修作业样本的分配属于统计抽样的应用范围,是以装备的复杂性、可靠性为基础的。如果采用固定样本量试验法检验维修性指标,可用按比例分层抽样法进行维修作业分配。如果采用可变样本量的序贯试验法进行检验,则应采用按比例的简单随机抽样法。

维修作业样本分配的原则是,按照产品各组成 LRU 的相对故障发生频率将维修作业样本分配到各 LRU,并尽可能保证每个 LRU 至少有 1 个维修作业样本。

下面以 XX 产品为例,分别介绍按比例分层抽样法和按比例的简单随机抽样法。

● 按比例分层抽样分配法的应用,其分配步骤如表 7-2 所示。

表 7-2 维修作业样本分配方法(示例)

产品名称:XYZ　　　　　　　　　　　　　　　　　　　　　　　MTBF=66.7 h

构成	LRU	维修作业	故障率 λ_i	LRU 数量 Q_i	工作时间系数 T_i	$Q_i \times \lambda_i \times T_i$	C_{pi}	分配的样本量
(1)	(2)	(3)	(4)	(5)	(6)	(7)	(8)	(9)
天线	天线	R/R	27.6	1	1	27.6	0.188	6
发射机	发射机	R/R	19.0	1	1	19.0	0.130	4
接收机	接收机	R/R	17.5	1	1	17.5	0.119	4
共用数据处理机	共用数据处理机	R/R	13.3	1	1	13.3	0.091	3
数字信号处理机	数字信号处理机	R/R	9.5	1	1	9.5	0.065	2
模拟信号处理机	模拟信号处理机	R/R	11.7	1	1	11.7	0.080	2
控制盒	控制盒	R/R	5.0	1	1	5.0	0.034	1
激励器	激励器	R/R	27.6	1	1	27.6	0.188	6
低压电源	低压电源	R/R	15.4	1	1	15.4	0.105	3
共　计			146.6			146.6	1	31

注:①R/R 表示拆卸和更换;②表中数据仅为示例;③表中故障率是用万时率,即每 10^4 h 的故障数。

表 7-2 中的分配步骤表述如下:

第(1)栏:列出产品的组成单元。本例中雷达包括天线、发射机、接收机、共用数据处理机、数字信号处理机、模拟信号处理机、控制盒、激励器和低压电源;

第(2)栏:列出产品在现场级修复的项目(即 LRU)。本例中的 LRU 就是第(1)栏中的组成单元。这里的 LRU 应是根据维修性分析或维修性设计中确定的现场级可更换项目;

第(3)栏:列出 LRU 的维修作业。这里的维修作业是根据产品的维修方案定出的,可以是调试、拆卸、更换、修复等工作(表 7-2 中仅为拆卸、更换,未包含其他作业类型),本例中均是 R/R(拆卸和更换);

第(4)栏:列出每项 LRU 的故障率 λ_i。λ_i 由产品可靠性鉴定试验结果或可靠性预计给出。这里需要注意,故障率 λ_i 只应列出在现场级能排除故障的故障率;

第(5)栏:列出产品中各 LRU 的数量 Q_i;

第(6)栏:列出各 LRU 的工作时间系数 T_i。工作时间系数 T_i 是指产品开机后各 LRU 的工作时间与产品全程工作时间之比,$T_i \leqslant 1$;

第(7)栏:计算各 LRU 的 Q_i、λ_i、T_i;

第(8)栏:计算各 LRU 的故障相对发生频率 C_{pi}。可按下式计算

$$C_{pi} = Q_i \lambda_i T_i \Big/ \sum Q_i \lambda_i T_i \tag{7-2}$$

式中：i 为产品中 LRU 的项数，示例中 $i=9$；

第（9）栏：计算各 LRU 试验分配的样本量。各 LRU 试验分配的样本量按下式计算

$$N_i = N \times C_{pi} \tag{7-3}$$

式中：N 为预先确定的产品试验样本量。

注意：在本步骤中，因分配的样本量需取整数，各 LRU 试验分配的样本量之和可能略为超过预先确定的产品试验样本量 N。因此，产品试验最终确定的样本量应为各 LRU 试验分配的样本量之和，如示例中，预先按照 GJB2072 试验方法 9 的最低要求，初步确定的产品试验样本量为 30，而经过分配计算，各 LRU 试验分配的样本量之和为 31。考虑到该数值超过了最低要求数目（30），同时也满足分配的要求，故最终确定的产品试验样本量取为 31。

- 按比例简单随机抽样分配法：当采用可变样本量的序贯试验法进行维修性试验时使用本分配方法。其分配步骤如表 7-3 所示。

表 7-3 分配步骤表

构成	LRU	维修作业	相对发生频率 C_{pi}	相对发生频数 $C_{pi} \times 100$	累积范围 $\sum C_{pi}$	随机数
(1)	(2)	(3)	(4)	(5)	(6)	
天线	天线	R/R	0.188	18.8	00-18	
发射机	发射机	R/R	0.130	13.0	19-31	
接收机	接收机	R/R	0.119	11.9	32-44	
共用数据处理机	共用数据处理机	R/R	0.091	9.1	45-53	
数字信号处理机	数字信号处理机	R/R	0.065	6.5	54-59	←—43
模拟信号处理机	模拟信号处理机	R/R	0.080	8.0	60-67	
控制盒	控制盒	R/R	0.034	3.4	68-71	
激励器	激励器	R/R	0.188	18.8	72-89	
低压电源	低压电源	R/R	0.105	10.5	90-99	
共 计			1	100		

表 7-3 中的分配步骤表述如下：

表 7-3 中第（1）栏至第（3）栏同表 7-2 中一致。

第（4）栏：计算各 LRU 的故障相对发生频率 C_{pi}。

第（5）栏：计算各 LRU 的故障相对发生频数 $C_{pi} \times 100$。

第（6）栏：计算累积范围。

利用 00～99 均匀分布的随机数表，在整个维修作业样本中随机抽取。例如随机数是 43 时，从表 7-3 可见 43 在第三组累积范围 32～44 中，故从第三组接收机抽取，实施拆卸和更换接收机的维修作业。

6）绘制各项 LRU 的维修流程图

绘制 LRU 的维修流程图（MFD），是为了向试验人员描述所实施维修作业的工作顺序。

MFD 应按修复性维修进行的维修活动绘制,如图7-3所示。

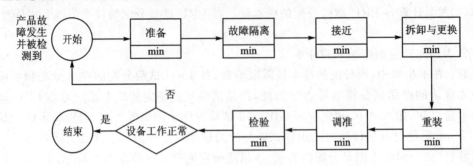

图7-3 维修流程图

MFD 从图的左边"产品故障发生并被检测到"事件开始,其后则有维修活动方框,标明实现故障隔离采取的方法,接着是表示排除故障和修复、检验等所需的各项维修活动,经检验作出产品工作正常判断后,最后画出"结束"符号。

必须仔细地进行此项工作,确信排除该 LRU 故障所采取的全部维修活动均已列入,特别是用人工进行故障隔离结果所采取的全部活动都要列入。应该指出,图7-3没有给出并行活动的例子。如果在实际工作中存在并行作业的情况,则需要明确可并行的作业项、明确其起始时间,在维修流程图上按照"并联"的方式予以表达。并且,如果需要将这些并行作业合并为一个大的维修活动时,则该活动的时间取并行作业中消耗最长的时间值。

在绘制 MFD 时,必须根据产品有无测试设备进行故障定位与隔离加以区分:

(1)有测试设备进行故障定位与隔离的产品:修复的基本维修活动:准备(含故障定位)、故障隔离、接近、拆卸、更换、重装(结合)、调准、检验;

(2)无测试设备进行故障定位与隔离的产品:修复的基本维修活动:准备、接近、拆卸、更换、重装(结合)、调准、检验。这类产品的故障定位与隔离,通常是通过故障研究和分析、以往的经验以及试凑法等手段确定。

试验实施工作计划的内容一般包括:

① 需进行试验的产品项目及其试验次数;

② 各产品试验的顺序、预计需要经历的时间;

③ 需结合进行的其他试验工作(如工具的适用性检查或维修设备与被试产品连接的协调性检查等)以及相互间的接口关系等。

(3)故障的模拟与排除:如果自然故障的样本数量不满足要求,则需要进行故障的模拟。

① 故障的模拟

按分配的样本数随机抽取维修作业进行试验。一般采用人为方法进行故障的模拟。对不同类型装备可采用不同的模拟故障(或称注入故障)方法,应根据故障模式及其原因分析选择。

常用的模拟故障方法有:

● 用故障件代替正常件,模拟零件的失效或损坏;

● 接入附加的或拆除不易察觉的零、元件,模拟安装错误和零、元件丢失;

● 故意造成零、元件失调变位;

模拟故障应尽可能真实、接近自然故障。基层维修,以常见故障模式为主。可能危害人员或产品安全的故障不得模拟(必要时应经过批准,并采取有效的防护措施)。模拟故障过程中,参加试验的维修人员应当回避。

对于电器和电子设备可用:
- 人为制造断路或短路;
- 接入失效元件;
- 使部、组件失调;
- 接入折断的连接件、插脚或弹簧等。

对于机械的和电动机械的设备可用:
- 接入折断的弹簧;
- 使用已磨损的轴承、失效的密封装置、损坏的继电器和断路的线圈等;
- 使部、组件失调;
- 使用失效的指示器、损坏或磨损的齿轮、拆除或使键及紧固件连接松动等;
- 使用失效或磨损的零件等。

对于光学系统可用:
- 使用脏的反射镜或有霉雾的透镜;
- 使零、元件失调变位;
- 引入损坏的零件或元件;
- 使用有故障的传感器或指示器等。

② 故障的排除

在排除的过程中必须注意:
- 只能使用试验规定的维修级别所配备的备件、附件、工具、检测仪器和设备。不能使用超过规定的范围或使用上一维修级别所专有的设备;
- 按照本维修级别技术文件规定的维修程序和方法;
- 应由专职记录人员按规定的记录表格准确记录时间;
- 人工或利用外部测试仪器查寻故障及其他作业所花费的时间均应计入维修时间中;
- 对于用不同诊断技术或方式(如人工、外部测试设备或机内测试系统)所花费的检测和隔离故障的时间应分别记录,以便判定哪种诊断技术更有利。

(4) 其他准备工作:其他准备工作包括列出并获取试验中所需的维修技术文件等内容。

2. 试验步骤

平均修复时间(MTTR)试验按以下步骤进行:

(1) 试验操作人员到达试验现场时首先要检查型号的状况是否符合试验规定的技术状态,保证型号安全使用与维修的设备、设施、技术资料、备件已到位;

(2) 操作人员检查试验所需的工具是否齐全,状况是否良好:检查试验所需维修设备技术状况是否良好,与型号的连接是否到位并可靠;

(3) 在进行完(1)、(2)项工作后,再按列出的各项 LRU 试验操作要求进行操作;

(4) 在操作过程中,评定小组的记录人员要按制定的维修时间统计准则进行各项维修活动时间的测定,并记录测定结果;

(5) 在每次维修作业操作完成后,如果型号产品要投入使用,一定要经过严格的复查,确信型号产品已恢复到试验前的技术状况才可投入使用。

对于预防性维修时间试验,其工作流程如图7-4所示。

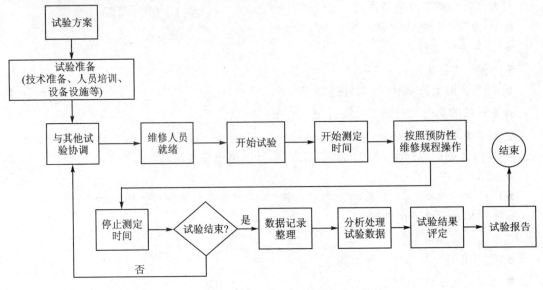

图7-4 预防性维修试验流程

① 试验方案

明确所有预防性维修的工作项目、工作项目的发生频数对于制定预防性维修试验方案而言至关重要。

② 试验准备

准备工作可包括如下内容:

● 技术准备,除"分配作业样本"外,其他项目均需要执行。对于每项预防性维修作业,建议试验3~5次;

● 明确产品特性,包括其组成、结构、装配连接关系等;

● 各种工具、保障设备、设施基本到位;

● 维修人员应具备维修方案中所确定的基本维修技能。

③ 协调

协调主要指应与装备的其他试验、使用情况进行协调,以保证试验工作开展的顺利,提高数据的有效性。

④ 时间统计原则

与MTTR的试验工作相比,其中更换、重装、校准等工作内容基本相同,在平均预防性维修时间中不含有故障隔离定位的部分。此外,对于规程中所规定的诸如目视检查、润滑等操作直接记录其消耗时间,作为一项要素累计入 $\bar{X}_{pti}$ 中。

预防性维修与修复性维修试验工作相比较,主要区别有:

● 预防性维修试验需要完成全部的预防性维修工作内容,即预防性维修具体的工作项目、内容是已知的,而修复性维修则要完成排故的目标;

● 预防性维修试验工作中不需要模拟故障;

- 在试验中,每次一般外观检验或定期检查,都当作独立的预防性维修作业;在检查中所进行的维修应作为独立的修复性维修作业处理;
- 预防性维修一般不考虑维修时间的分布,一般在样本量上没有明确的最小样本要求,而是取 3～5 次的平均值。

3. 数据收集

试验数据收集表格主要针对两个方面的信息内容进行制定,一是试验现场需要收集的信息;二是为了进行试验结果的评价需要进行信息分析与处理所需汇集的信息。产品 MTTR 试验现场需要收集的信息表格如表 7-4、表 7-5 所示。在进行具体操作之前首先应填写表 7-4,在现场收集信息时,应根据各 LRU 需进行维修操作的内容,将有关维修活动框用黑线加粗标出,填写表 7-5。

表 7-4　修复性维修作业记录卡

产品名称　　　　　　　　　　　　　　　　　　　　　年　月　日

LRU 名称:	操作第　次
工　　具 设　　备 测量仪器	
需说明的事项及问题	
操作人员:_____　　专业:_____　　记录人员:_____	

表 7-5　修复性维修作业时间记录表

产品名称:　　　　　　　　　　　　　　　　　　　　　年　月　日

LRU 名称	维修人数	维修活动时间(min)							维修作业时间
		准备	故障隔离	接近	拆卸与更换	重装	调准	检验	

操作人员:_____　　专业:_____　　故障诊断方式:BIT(　)

记录人员:_____　　　　　　　　　　　　　　　STE(　)

　　　　　　　　　　　　　　　　　　　　　　　GTE(　)

　　　　　　　　　　　　　　　　　　　　　　　NO(　)

注:① 表中所列专业应按部队维修人员的专业划分填写,若是新增专业按保障方案建议书中建议的专业名称填写;

② BIT 表示机内测试;

③ STE 表示专用测试设备;

④ GTE 表示通用测试设备;

⑤ NO 表示无故障测试与诊断设备。

注意：对于某些未进行试验的维修活动,其活动时间应说明数据的来源,如：数据来源于型号定型试验中的时间测定,或数据来源于产品研制试验中的时间测定等。

将试验结果汇集成表,见表 7 - 6。

表 7 - 6　试验结果汇总表

产品名称：　　　　　　　　　　　　　　　　　　　　　　　　　　年　月　日

LRU 名称	分配的样本量	试验次数	测定 M_{ct} 值	备注

注：表中所列试验次数仅列出 3 次,只是示意。实际上,试验次数应与分配的样本量一致。

4. 数据分析与处理

数据分析与处理是确保试验结果正确、有效的重要步骤。一般采用时间历程分析方法,即通过对表 7 - 5 中各项维修活动中的每一具体操作步骤所需的时间元素进行分析与统计后,计算该项维修活动所经历的全部时间。根据记录的原始信息进行处理、剔除无效内容后进行计算。其时间历程分析的程序如下：

（1）确定每项维修活动中所包含的各步操作,确定试验操作过程中完成每一步操作所需的时间；

（2）如果维修操作人员不止一个人时,应确定维修活动中的哪些操作（如更换项目时拆卸固定螺钉等）是安排在同时进行的,该项操作时间应取其最长的；

（3）进行维修活动时间合成,即每项维修活动时间是其各操作时间之和,即

$$T_{ct} = T_p + T_{FI} + T_D + T_I + T_R + T_A + T_{CO} \tag{7-4}$$

式中：T_{ct} 为修复时间；

　　　T_p 为准备时间；

　　　T_{FI} 为故障隔离时间；

　　　T_D 为接近时间；

　　　T_I 为拆卸与更换时间；

　　　T_R 为重装时间；

　　　T_A 为调准时间；

　　　T_{CO} 为检验时间。

（4）合计各项维修活动时间以确定维修作业时间。

5. 试验结果评估

计算统计量时,将各 LRU 测定的 M_{ct} 值用符号（X_{cti},即一项 T_{ct}）表示；维修作业样本量用 n_c 表示；产品 MTTR 的样本均值 $\bar{X}_{ct}$ 见式（7-5）表示,其样本的方差值 $\tilde{d}_{ct}^2$ 见式（7-6）,即

$$\bar{X}_{ct} = \sum_{i=1}^{n_c} X_{cti}/n \tag{7-5}$$

$$\tilde{d}_{ct}^2 = \sum_{i=1}^{n_c} (X_{cti} - \bar{X}_{ct})^2 / (n_c - 1) \qquad (7-6)$$

产品 MTTR 试验结果评估按下列判断规则,如果

$$\bar{X}_{ct} \leqslant T_{ct} - Z_{1-\beta}(\tilde{d}_{ct}/\sqrt{n_c}) \qquad (7-7)$$

则产品 MTTR 符合要求而接受,否则拒绝

式中:T_{ct} 为合同中规定的平均修复时间;

$Z_{1-\beta}$ 为指对应下侧概率 $1-\beta$ 的标准正态分布分位数;

β 为订购方风险。

对于平均预防性维修时间,一般采用点估计方法。

按下式计算平均预防性维修时间的样本均值 $\bar{X}_{pt}$

$$\bar{X}_{pt} = \frac{\sum_{j=1}^{m} f_{Ri} \bar{X}_{pti}}{\sum_{j=1}^{m} f_{Ri}} \qquad (7-8)$$

式中:m 为全部预防性维修的类型数;

f_{Ri} 为在规定期间内发生的预防性维修作业预期数。

对平均预防性维修时间,若 $\bar{X}_{pt} \leqslant \bar{T}_{pt}$,则符合要求而接受,否则拒绝。

6. 编写试验结果报告及评审

1) 编写试验结果报告

试验评定组编写产品 MTTR 试验结果报告,报告的格式与内容一般应参照型号设计定型文件的要求编写,并向有关部门提交最终试验报告。报告的主要内容至少应包括试验的目标、方法、实施过程、试验数据处理与试验结论等。

2) 评审

在试验工作结束后,应按照不同型号的 MTTR 试验大纲要求进行评审。根据试验工作的需要也可以安排阶段性的结果评审。评审的主要内容(但不限于)有:

(1) 试验工作的全面完成情况;

(2) 试验与评价信息的准确性与完整性;

(3) 信息分析、处理的合理性;

(4) 最终试验报告的内容及结论的正确性。

7. 注意事项

(1) 试验应制定必要的管理制度,严格遵守,以保证 MTTR 试验工作的有序、有效运行;

(2) 如果采用与其他工程试验相结合的方式开展 MTTR 试验,则需要特别注意维修操作时的安全问题。在进行故障注入时,必须将安全问题放在首位,如果存在着安全隐患,则一般应取消该项试验操作;

(3) 如果采用故障注入的方法,则一定要保证注入故障的人员与维修人员相互"隔离",以保证故障定位、隔离的时间尽量准确;

(4) MTTR 试验应尽可能与测试性试验、保障资源评价结合开展;

(5) 试验的方案、实施、结论均需要得到订购方的认可;

（6）进行试验时应注意以下几点：

① 应严格按照该型号维修技术文件规定的操作程序进行操作；

② 应使用该型号维修保障方案中规定的工具和设备；

③ 应指定专人负责核查操作人员实施维修活动的正确性；

④ 在操作中严禁强行拆卸与安装；

⑤ 在操作中有可能造成产品的损伤时，必须有可靠的安全措施；

⑥ 在操作中有可能造成产品损坏或危及人员安全的操作时，必须经过全面细致的分析与论证并确认有必要的情况下，经试验领导小组批准且有确实的安全保障条件下才可以进行；否则，该项操作不予进行。

7.3.3　应用示例

下面以 F-16 战斗机的火控雷达设备为例，说明统计试验方法的应用。

1. 产品简况

F-16 战斗机的火控雷达设备是 F-16 火控系统的心脏部分。雷达为飞机提供空对空和空对地两种作战模式。

2. 明确试验要求和确认产品技术特性

1）明确试验要求

根据美空军与威斯汀豪斯电气公司签订的研制合同规定，雷达在基层级的平均修复时间 MTTR≤0.5 h。

订购方风险 β 按合同规定，$\beta=0.05$。

2）确认产品技术特性

（1）设备组成及安装：提供试验的雷达是装机使用的雷达，其技术状态符合研制合同中规定的要求。

F-16 战斗机的火控雷达设备由 6 个基层级可更换单元（LRU）组成，6 个 LRU 是：天线、发射机、低功率射频组件、雷达计算机、处理机和雷达控制面板。各个 LRU 的内部组成及相互间的连接关系如图 7-5 所示，一条数字式多路总线提供雷达计算机与其他 LRU（数字式信号处理机除外）的接口；数字信号处理机通过一条独立的高速数据总线与雷达计算机相连。除雷达天线和控制面板两个 LRU 外，其余 LRU 均做成抽屉式盒形件结构形式。

雷达在飞机上的安装位置，除雷达控制面板安装在驾驶舱外，其余 5 个 LRU 都安装在飞机头部，站在地面就可接近，如图 7-6 所示。

（2）故障诊断方式：F-16 战斗机的火控雷达设备故障诊断采用机内测试（BIT），不需要基层级航空地面保障设备（AGE）。

雷达的 BIT 共有三种工作方式：

① 加电机内测试（Power-up BIT）—当各 LRU 加电后，自动进行测试，用来确认设备是否处于完好状态；

② 操作员启动机内测试（OI-BIT）—由设备操作员（维修人员）启动，进行检测时要求设备中断工作，用来进行故障检测与隔离，或确认设备处于完好状态；

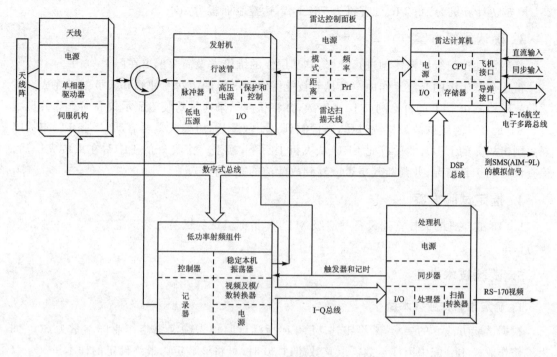

图 7-5　火控雷达组成

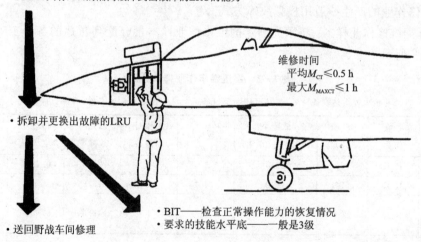

图 7-6　雷达基层级维修方案

③ 连续机内测试(CTN-BIT)—飞行员对设备进行连续监视和周期性检测,确认设备是否工作在容许范围内,这种检测不中断设备正常工作。

(3) 相关的可靠性技术特性:设备已进行了可靠性鉴定试验,可靠性指标已达到研制合同规定的要求。试验得出的可靠性数据如下:

雷达(整机)的平均故障间隔时间 MTBF＝70 h;

各 LRU 的平均故障间隔时间分别是:天线为 350 h、发射机为 526 h、低功率射频组件为

201 h、雷达计算机为 1052 h、处理机为 752 h、雷达控制面板为 2000 h。

3. 确认维修方案

某型雷达按三级维修体制进行维修,其基层级的维修方案简要示出在图 7-6 中。

雷达在基层级的修复工作由一名具有技能等级为 3 级的雷达专业维修人员就可完成。雷达的故障检测由 BIT 的自检测(ST)来完成,并将检测结果通过驾驶舱显示仪表向维修人员报告。ST 是一种连续的故障检测过程,当检测到一个故障后,维修人员再启动 OI-BIT,将故障隔离到出故障的 LRU,然后将此 LRU 从飞机上拆下,换上一个良好的 LRU,在重装完毕后,检查设备的工作情况,并判断其是否恢复到故障前的完好状态。

4. 选定试验方案

F-16 战斗机的火控雷达设备基层级 MTTR 指标验证的试验方案选定为表 7-1 中的试验方法 9。

5. 试验技术准备

1) 确定维修作业样本量

根据试验方法 9 的要求,某型雷达 MTTR 指标试验预先确定维修作业样本量为 30。如果维修作业样本分配中因样本数需取整数超过 30 时,可将该数定为最终确定的样本量。

2) 选择与分配维修作业样本

(1) 选择维修作业样本:由于雷达刚装机使用,并且结合 MTTR 试验进行 BIT 测试性指标试验,维修作业的产生一般用模拟故障方式。

(2) 分配维修作业样本:将预先确定的维修作业样本量分配到雷达的各个 LRU,分配结果如表 7-7 所示。

表 7-7 雷达维修作业样本分配

设备:F-16 战斗机火控雷达设备　　　　MTBF=70 h　　　　预定作业样本量:30

LRU 名称	维修作业	MTBF (h)	故障率 (故障数/10^4 h)	数量	工作时间系数	总计故障率	相对发生频率	验证分配的样本数
发射机	R/R	350	27.6	1	1	27.6	0.2277	7
天线	R/R	526	19.0	1	1	19.0	0.152	5
低功率射频组件	R/R	201	49.6	1	1	49.6	0.3967	12
雷达计算机	R/R	1052	9.5	1	1	9.5	0.076	2
处理机	R/R	752	13.3	1	1	13.3	0.1064	3
雷达控制面板	R/R	2000	5.0	1	1	5.0	0.04	1
共计						125.0	1.0	30

注:表中故障率是用万时率—每 10^4 h 的故障数表示。

根据维修作业样本分配结果,最终确定维修作业样本量为 30。

（3）制定维修时间统计准则：维修时间统计准则参照 7.3.2 节中维修时间统计准则的内容制定，在制定过程中要结合雷达工作特点，对雷达基层级修复性维修工作的各项时间要素作出明确说明，如准备时间中不应包括雷达接通电源后栅控行波管灯丝达到工作温度的时间等。有关内容在此不详细列出。

（4）制定维修信息收集表格：维修信息收集表格的格式和内容参照表 7-4 和表 7-5 制定。

（5）制定试验实施工作计划：F-16 战斗机火控雷达设备试验实施工作安排见表 7-8。

表 7-8　雷达试验工作安排

序号	LRU 名称	模拟故障及编号	序号	LRU 名称	模拟故障及编号
1	低功率射频组件	断路(7)	16	天线	失效元件(19)
2	低功率射频组件	断路(3)	17	低功率射频组件	断路(10)
3	天线	断路(13)	18	发射机	失效元件(22)
4	发射机	断路(20)	19	低功率射频组件	断路(9)
5	雷达计算机	失效元件(25)	20	发射机	失效元件(21)
6	低功率射频组件	失效元件(1)	21	天线	断路(17)
7	雷达控制面板	弹簧折断(30)	22	处理机	失效元件(27)
8	低功率射频组件	断路(12)	23	低功率射频组件	失效元件(2)
9	发射机	断路(16)	24	雷达计算机	失效元件(26)
10	低功率射频组件	失效元件(5)	25	天线	断路(15)
11	低功率射频组件	断路(6)	26	发射机	断路(23)
12	处理机	失效元件(27)	27	处理机	失效元件(29)
13	发射机	断路(24)	28	低功率射频组件	失效元件(4)
14	低功率射频组件	失效元件(11)	29	发射机	失效元件(17)
15	天线	断路(14)	30	低功率射频组件	断路(7)

6. 试验实施

雷达设备 MTTR 指标试验按实施程序进行。

7. 数据分析与处理

维修性试验的数据记录在表 7-9 中。表中仅列出低功率射频组件和天线的两次试验结果。

8. 试验结果与评估

1）试验结果汇总

F-16 战斗机火控雷达设备共进行 30 次试验，其结果汇总在表 7-10 中。

表中的"试验序号"是指表 7-8 某型雷达试验工作安排中所列的"序号"。

表7-9 修复性维修作业时间记录表

设备名称：F-16战斗机火控雷达设备   19××年05 月15 日

LRU 名称	维修人数	维修活动时间							维修作业时间
		准备	故障隔离	接近	更换	重装	调准	检验	
低功率射频组件	1	3 min 27 s	15 s	35 s	4 min 43 s	45 s	不需要	5 min 37 s	15 min 23 s
天 线	1	3 min 25 s	15 s	32 s	5 min 22 s	46 s	不需要	5 min 37 s	15 min 57 s

操作人员：_____   专业：雷达   故障诊断方式：BIT √

记录人员：_____   故障注入人员：_____   STE

                                                       GTE

                                                       NO

表7-10 雷达试验结果汇总表

设备名称：F-16战斗机火控雷达设备   19××年6月17日

LRU 名称	分配的样本数	试验序号	MTTR 测定值	LRU 名称	分配的样本数	试验序号	MTTR 测定值
低功率射频组件	12	(1)	15 min37 s	发射机	7	(4)	15 min22 s
		(2)	15 min29 s			(9)	15 min21 s
		(6)	15 min35 s			(13)	15 min27 s
		(7)	15 min29 s			(18)	15 min22 s
		(10)	15 min31 s			(20)	15 min23 s
		(11)	15 min32 s			(26)	15 min22 s
		(14)	15 min30 s			(29)	15 min20 s
		(17)	15 min27 s	处理机	3	(12)	15 min35 s
		(19)	15 min29 s			(22)	15 min36 s
		(23)	15 min34 s			(28)	15 min34 s
		(27)	15 min27 s	天 线	5	(3)	16 min10 s
		(30)	15 min23 s			(15)	16 min7 s
雷达计算机	2	(5)	15 min45 s			(16)	16 min7 s
		(24)	16 min			(21)	16 min5 s
雷达控制面板	1	(8)	22 min17 s			(25)	16 min2 s
				雷 达			15 min50 s

2）计算下列统计量

（1）雷达设备的平均修复时间（$\bar{X}_{ct}$）如下。

雷达设备的 $\bar{X}_{ct}$ 按（7-5）公式计算，即

$$\bar{X}_{ct} = \sum_{i=1}^{n_c} X_{cti}/n = 15.73 \text{ min}$$

（2）样本的方差值 $\tilde{d}_{ct}^2$ 为

样本的方差值 $\tilde{d}_{ct}^2$ 按公式（7-6）计算，即

$$\tilde{d}_{ct}^2 = \sum_{i=1}^{n_c} (X_{cti} - \bar{X}_{ct})^2/(n_c - 1) = \frac{44.999}{29} = 1.55$$

（3）评估：雷达设备的 $\bar{X}_{ct}$（MTTR）按式（7-7）进行评估，即

$$T_{ct} - Z_{1-\beta}(\tilde{d}_{ct}/\sqrt{n_c}) = 30 - 1.65 * (1.245/5.47) = 29.6 \text{ min}$$

雷达设备的 $\bar{X}_{ct}$ 为 15.73 min，小于 29.6 min 的要求，验证通过。

7.4　维修性演示试验与评价方法

7.4.1　方法概述

演示试验，是认定（或假定）有故障需进行维修、再按规定的维修工序进行操作演示的一种试验方法。它用于设计定型试验阶段和部队试用（或适应性试验）阶段因条件不允许进行故障模拟、设备发生故障时采取的维修策略是更换有故障的项目、以及预防性维修等情况。

7.4.2　实施过程

维修性演示试验按以下步骤进行：

（1）演示试验操作人员到达试验现场时，首先要检查装备的状况是否符合试验规定的技术状态，保证装备安全使用与维修的设备和设施已到位；

（2）操作人员检查演示试验所需的工具是否齐全，状况是否良好；检查演示试验所需维修设备技术状况是否良好，与装备的连接是否到位并可靠；

（3）在进行完 1、2 项工作后，再按预定列出的各项 LRU 演示试验操作要求进行演示操作；

（4）在演示操作过程中，记录人员要按制定的维修时间统计准则进行各项维修活动时间的测定，并将测定结果填入表 7-4 的相应维修活动框内；

（5）在每次维修作业演示操作完成后，如果装备要投入使用，一定要经过严格的复查，确信装备已恢复到演示试验前的技术状况才可投入使用。

进行演示试验时，应注意以下问题：

（1）应严格按照该装备维修技术文件规定的操作程序进行操作；

（2）应使用该装备维修保障方案中规定的工具和设备；

（3）应指定专人负责核查操作人员实施维修活动的正确性；

（4）在操作演示中严禁强行拆卸与安装；

（5）在操作演示中有可能造成产品的损伤时，必须有可靠的安全措施；

（6）在操作演示中有可能造成产品损坏或危及人员安全的操作时，必须经过全面细致的分析与论证并确认有必要的情况下，经试验领导小组批准且有确实的安全保障条件下才可以

进行;否则,该项操作演示不予进行。

对于平均预防性维修时间来说,由于不存在故障模拟等内容,因此比较适合采用演示的方法进行试验。其试验工作流程可统一由图 7-7 说明。

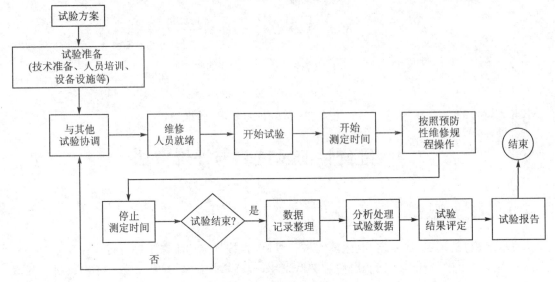

图 7-7　预防性维修试验流程

1) 试验方案

明确所有预防性维修的工作项目、工作项目的发生频数对于制定预防性维修试验方案而言至关重要。

2) 试验准备

准备工作可包括如下内容:

(1) 技术准备,除"分配作业样本"外,其他项目均需要执行。对于每项预防性维修作业,建议试验 3~5 次;

(2) 明确产品特性,包括其组成、结构、装配连接关系等;

(3) 各种工具、保障设备、设施基本到位;

(4) 维修人员应具备维修方案中所确定的基本维修技能。

3) 协调

协调主要指应与装备的其他试验、使用情况进行协调,以保证试验工作开展顺利,提高数据的有效性。

4) 时间统计原则

与 MTTR 的试验工作相比,其中更换、重装、校准等工作内容基本相同,在平均预防性维修时间中不含有故障隔离定位的部分。此外,对于规程中所规定的诸如目视检查、润滑等操作直接记录其消耗时间,作为一项要素累计入预防性维修时间测定值 X_{pti} 中。

预防性维修与修复性维修试验工作相比较,主要区别有:

(1) 预防性维修试验需要完成全部的预防性维修工作内容,即预防性维修具体的工作项目、内容是已知的,而修复性维修则要完成排故的目标;

（2）预防性维修试验工作中不需要模拟故障；

（3）在试验中，每次一般外观检验或定期检查，都当作独立的预防性维修作业；在检查中所进行的修理应作为独立的修复性维修作业处理；

（4）预防性维修一般不考虑维修时间的分布，一般在样本量上没有明确的最小样本要求，而是取 3～5 次的平均值。

本试验方法的主要工作内容是维修作业操作演示和同时进行时间测量，并且试验是在尽可能类似于使用维修的环境中进行，有相当高的真实性。在国外装备维修性试验中也曾加以应用，如 AV - 7B 在研制阶段进行的维修工程检查中，对某些维修操作困难的部位就进行过演示。

这里应该说明，如果将演示试验方法用于 MTTR 的试验，则只是对修复性维修工作中的某些维修活动进行操作演示，因此所得的数据只是 MTTR 中的一部分时间要素。对于其他时间要素需要利用有关的信息，如故障隔离时间需利用 BIT 研制试验中的测定数据或装备定型试验中的测定数据等。如果某项或某些操作演示，尽管 LRU 不同，但操作演示的内容相同，前一个 LRU 的演示结果可以直接用于后一个 LRU 的试验中，不必重复试验。

习题 7

一、判断

1. 维修性验证是指订购方在承制方配合下，为确定装备在实际使用、维修及保障条件下的维修性所进行的试验和评价工作。

2. 维修性试验工作的一般程序大体可以分为：准备阶段和实施阶段。

3. 维修验证参试人员应达到相应维修级别维修人员高等水平。

4. 有关维修性试验与评价的标准，我们主要选取 GJB2072 的标准。

5. 维修性验证是指为确定装备是否达到规定的维修性要求，由指定的试验机构进行或由订购方进行的试验、分析评价工作。

6. 处理原始信息时，要剔除无效内容后进行计算。

7. 受试产品原发故障引起的从属故障，耗费的时间不应计入总的修复时间内。

8. 由于维修工具、资料、设备、备件等产生的延误时间不应计入实验过程中的维修时间。

9. 进行故障模拟时，对于电器和电子设备可以通过使用已磨损的轴承、失效的密封装置来模拟故障。

10. 使用和存储期内，间隔时间较长的预防性维修，其维修频率和维修时间以及非维修的停机时间，也可以记录下来用作验证评价预防性维修指标的原始数据。

11. 预防性维修必须要考虑维修时间的分布，一般在样本量上没有明确的最小样本要求。

12. 对维修作业样本进行分配时，当采用自然故障进行的维修次数满足规定的试验样本量时，就不需要进行分配。

二、填空

1. 整个装备系统级的维修性试验与评价一般包括_____、_____、_____三个阶段。

2. 维修性试验计划应掌握以下背景材料：_____、_____、维修工作的环境和使用条件、_____、试验评定的产品、_____、其他相关材料。

3. 预防性维修应按_____、_____确定实验样本。

4. GJB2072《维修性试验与评定》中，对试验结果的评定内容包括_____、_____、_____。

5. 维修性试验的准备工作一般应包括_____、_____、_____、_____。

6. 计算平均预防性维修时间一般采用点估计方法，其计算平均预防性维修时间的样本平均值 $\bar{X}_{pt}$ 的计算式为_____。

7. 维修性试验准备工作中应计入 MTTR 的各项时间要素包括：_____、_____、_____、_____、_____。

8. 维修性作业样本的分配属于统计抽样的分配范围，如果采用固定样本量试验法检验检修维修性指标，可用_____法进行维修作业分配；如果采用可变样本量的序贯试验法进行检验，则应采用_____法。

9. 修复性作业诊断记录表中故障诊断方式 BIT 表示_____，STE 表示_____，GTE 表示_____。

10. 维修性试验报告应包括_____、_____、_____、_____、_____。

三、选择题

1. 以下哪项是维修性试验工作准备阶段的工作？（　　）
   A. 确定试验样本量　　　　　B. 选择与分配维修作业样本
   C. 故障模拟与排除　　　　　D. 制定试验计划

2. 以下哪项是维修性试验工作试实施阶段的工作？（　　）
   A. 制定试验计划　　　　　　B. 选择试验方法
   C. 确定受试品　　　　　　　D. 预防性维修试验

3. 维修性统计试验在保证满足不超过订购方风险的条件下，不应选择（　　）的试验方法。
   A. 样本量小　　B. 试验费用少　　C. 试验时间短　　D. 难度较高

4. 一次维修作业不包括（　　）。
   A. 收集、分析维修性数据　　B. 故障检测
   C. 故障隔离　　　　　　　　D. 拆卸、换件

5. 不可以计入 MTTR 的时间要素包括（　　）。
   A. 准备时间　　　　　　　　B. 故障隔离
   C. 意外损伤的修复时间　　　D. 重装

6. 修复性维修试验的维修作业样本不可由哪个方法产生？（　　）
   A. 模拟故障　　B. 演示操作　　C. 自然故障　　D. 随机抽样

7. 维修试的特征量是（　　）。
   A. 受试品的数量　　B. 维修作业次数　　C. 维修时间　　D. 维修频率

8. 参加维修性验证的人员不应该（　　）。
   A. 尽量选用使用单位的人员　　B. 达到相应维修级别人员的中等技术水平
   C. 越多越好　　　　　　　　　D. 承制方人员和使用单位人员混合编组

9. 评审的内容不包括（　　）。

A. 试验工作的全面完成情况　　　B. 信息分析、处理的合理性

C. 试验工作具体过程　　　　　　D. 最终试验报告的内容和结论的正确性

10. 下面哪部标准不能指导维修性试验相关的工作？（　　）

A. GJB 368B　　　B. GJB/Z 57　　　C. GJB/Z91　　　D. GJB 3404

四、计算

F-16 战斗机火控雷达设备进行了 30 次试验的结果汇总如表 7-10 所示,试计算以下统计量:

(1) 雷达设备的平均修复时间;

(2) 样本的方差值;

(3) 评估(MTTR)。

五、问答

1. 维修性试验与评价的目的是什么?

2. 简单说说预防性维修和修复性维修的区别。

第8章　虚拟维修与智能维护

8.1　虚拟维修概述

物理样机或全尺寸模型的制造往往滞后于产品整体的设计,这样即使发现了维修性设计上的问题,也因产品的设计工作已经进展到后期阶段而难以对设计进行更改。因此,这种传统的受物理样机限制的维修性试验与分析评价工作方式不能尽早地发现产品维修性设计中存在的问题。有些与维修相关的问题甚至要等到产品投入使用之后才暴露出来。并且物理样机的制造也需要花费大量的人力和物力,影响装备的经济性并增加不必要的装备全寿命周期费用。另一方面,传统的维修性分析与评价工作技术大多是在实物样机上进行的,远远落后于其他工程技术的自动化程度。结果是不能适应现代产品并行设计的运行机制,不能与其他计算机辅助分析工具实现设计资源的共享与及时的信息交换,也不能充分利用已有的设计资源。这不仅是对设计资源的浪费,也不利于设计的整体优化。

随着计算机技术、信息技术、管理技术的发展和广泛应用,产品的工程设计与制造呈现并行化、集成化、网络化、虚拟化、智能化的发展趋势,相应的支撑技术也不断地发展和成熟,虚拟现实技术就是其中一项重要支撑技术。虚拟样机(电子样机)将逐渐取代用于工程分析的实物模型或全尺寸样机,这种趋势已经成为一个不可逆转的潮流;另一方面,由于虚拟现实技术能够提供具有真实感的交互式仿真环境,用户能够在虚拟环境中的样机上对维修人员的维修操作进行模拟仿真,进行维修性分析。

虚拟维修是虚拟现实技术与维修工程相结合的成果,是以计算机技术与虚拟现实技术为依托,在由计算机生成的、包含产品数字样机与维修人员三维人体模型的虚拟场景中,通过驱动人体模型(包括采用人在回路的方式)来完成整个维修过程仿真的综合性应用技术。同时进行维修过程规划、维修仿真、维修过程分析,以验证产品的维修性及其维修过程,从而及时发现产品设计和维修规划中的缺陷与错误,指导设计人员进行设计改进,提高产品的维修性,优化维修过程,缩短产品开发周期,降低产品寿命周期过程中的维修费用。

基于虚拟现实的维修性分析技术的研究、开发以及在装备研制过程中的应用,可以克服当前主要分析技术依据专家的主观经验,分析过程不可见、不形象,或依托实物样机或真实装备分析时机大大滞后于装备设计这两个缺陷,其意义主要体现为:

(1) 可以通过虚拟样机或模型,来模拟与装备维修有关的活动或过程,提高维修性和保障性设计的预测与决策水平,使得维修性与维修保障分析、评价摆脱依靠经验判断,发展到全方位预报的阶段;

(2) 从根本上改变设计、试制、分析评估、修改设计的传统模式,增强过程控制能力,有利于做出前瞻性决策,避免由于维修及相关问题而引起的回溯型修改;

(3) 可以实现与产品其他性能、过程设计的集成,除了考虑产品本身的信息集成之外,还会实现维修过程的建模与信息集成;

(4) 可以在设计阶段体验产品的维修难易程度,使用户能充分参与产品设计。

与传统的维修性分析相比,基于虚拟现实的维修性分析具有以下特点:

(1) 维修过程和维修环境的全数字化。基于虚拟现实的维修性分析,其最大特点是维修过程与维修环境的数字化。维修操作对象、维修工具、维修环境、维修人员在计算机中以数字化的形式存在,并通过可视化技术、图形技术和相应的软硬件展现在设计分析人员面前,维修操作过程的运行与描述也是数字化形式;

(2) 与实际维修的相似性与一致性。基于虚拟维修仿真的维修性分析的目的就是在计算机的虚拟维修环境中进行产品维修,以便发现设计中的缺陷与错误。虚拟维修环境必须与实际维修环境在结构上具有相似性、在本质上具有一致性,比如,必须考虑整个人的参与,而不是部分肢体的参与,这样才能将维修中可能存在的问题在虚拟维修过程中反映出来;

(3) 满足经济性和及时性要求。基于虚拟维修仿真的维修性分析系统以产品的虚拟样机作为分析对象,没有物理样机的生产性资源与能量消耗,且不依赖于实际零件的加工生产。只要设计人员完成了相应的产品设计,就可以建立虚拟维修仿真环境,进行维修仿真,分析设计成果,从而使其分析时机大为提前;

(4) 良好的集成特性。基于虚拟维修仿真的维修性分析系统以产品的 CAD 设计数据为基础,实现了与 CAD 系统的数据共享。由于它能够在进行维修性分析的同时进行维修规程的核查和确认,因此可以实现维修技术手册自动生成的集成。

8.2 维修性虚拟试验与分析评价工作内容

8.2.1 概 述

维修性虚拟试验分析与评价的主要功能是通过在一定环境下对装备的虚拟样机进行维修工作,分析、评价装备维修性的好坏,及时将这些信息反馈给装备的设计人员,便于装备维修性的改进或提高。同时,这一过程的结论还可以用于维修规程的制定。开展维修性虚拟试验与分析评价的基本过程如图 8-1 所示。

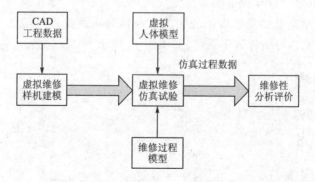

图 8-1 维修性虚拟试验与分析评价基本过程

8.2.2 主要工作内容

维修性虚拟试验与分析评价的主要工作内容有以下四个部分。

1. 维修过程建模

产品的维修过程一般是按照"步骤—子步骤"结构来描述,维修人员凭借其对维修程序的理解、经验以及现场观察来完成具体的操作,这种描述并没有包含关于维修人员操作、零部件运动、工具使用的所有信息。正因为此,现有的虚拟人仿真软件还不能完成对最小步骤的仿真。为实现虚拟维修仿真,需要对维修过程进行进一步分解,在确保分解层次结构的最底层具有明确语义的同时,还能方便地通过现有人体建模软件实现其仿真。

2. 虚拟维修样机建模

虚拟维修样机既是维修仿真的操作对象,也是维修性分析的对象。虚拟维修样机既需要保证与实际装备在外形上保持高度相似性与一致性,同时又必须为维修仿真提供足够的信息。为此,必须解决 CAD 设计数据的有效利用、几何数据规模的合理控制、维修过程中零部件行为的描述,以及仿真过程中样机状态的管理等问题。CAD 设计数据的利用直接影响样机建模的工作量,几何数据规模影响系统的实用性,行为描述与状态管理则影响仿真的便捷性和真实性。

3. 虚拟维修仿真

虚拟维修仿真将依据预定的或规划的维修过程完成一系列动作仿真,包括虚拟人行为、虚拟样机行为、虚拟人—虚拟工具—虚拟样机之间交互作用的仿真,逼真和自然是最基本要求,此外还必须考虑仿真的经济性。根据虚拟维修仿真环境的配置,可以分为沉浸式虚拟维修仿真技术和非沉浸式虚拟维修仿真技术。非沉浸式虚拟维修仿真技术根据实现途径又可以分为基于空间状态规划的仿真技术和基于反向运动的仿真技术。

4. 维修性分析评价

基于虚拟现实的维修性分析评价是以虚拟样机的维修过程仿真为基础,以产品的维修性设计要求(定性、定量)为依据,对产品维修性进行分析、评价、发现存在问题的一个过程。仿真过程信息与结果信息的充分利用成为该方法与现有分析方法的主要区别所在。仿真过程中问题的发现、鉴别、产生原因,及其对维修性的影响分析是该方法的核心。

完成上述虚拟维修分析评价系统需要完成两项主要工作:维修虚拟仿真试验;维修性分析和评价。所以,一个完整的基于虚拟现实的维修性分析评价系统应该由两个子系统组成:虚拟维修子系统;维修性分析评价子系统,如图 8-2 所示。

8.2.3　实施步骤

具体实施步骤如图 8-3 所示。

(1) 确定维修对象

(2) 信息输入

(3) 构建虚拟维修样机

(4) 构建虚拟维修场景

(5) 虚拟维修仿真试验

(6) 可达性分析

(7) 可视性分析

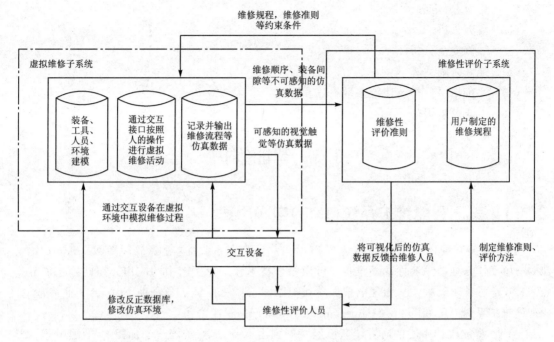

图 8-2　维修性虚拟试验与分析评价系统结构

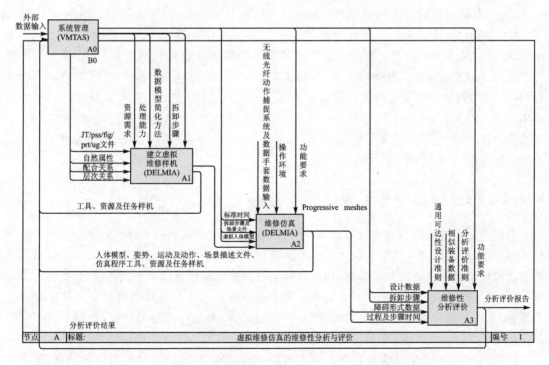

图 8-3　维修性虚拟试验与分析评价的实施步骤

（8）操作空间分析

（9）维修舱门/口盖分析

（10）工作姿态分析

(11) 受力/力矩分析

(12) 疲劳分析

(13) 维修安全分析

(14) 维修时间估算

(15) 评价结果分析及建议采取措施

(16) 生成分析报告

8.3   智能维护

8.3.1   美国智能维护系统(IMS)中心历史

智能维护系统由李杰教授首先提出,旨在保证设备系统"近零故障"(Near-ZeroBreak-down)的理念,推动预测性诊断维护及健康管理技术在工业生产中的应用。在此理念倡导下,2001年美国威斯康星大学和密歇根大学在美国国家自然科学基金资助下,联合工业界成立了"智能维护系统(Intelligent Maintenance Systems IMS)中心。

目前,智能维护中心的研究团队已经发展到由4所大学(美国辛辛那提大学、密歇根大学、密苏里科技大学、德州大学)联合组成,其成员企业涵盖15个国家75个企业,其中大多为世界知名企业,如通用电器(GE)、通用汽车(GM)、波音(Boeing),霍尼威尔(Honeywell)、宝洁(P&G)、福特(Ford)、Intel、日本欧姆龙(Omron)、美国国家仪器、法国阿尔斯通(Alstom),中国华锐风电(Sinovel)等;智能维护中心技术成果的应用领域也由机械设备系统、制造生产线等扩展到风力发电系统与电动汽车领域,其智能电池系统已在上海国际汽车城作过示范。在2011年,还通过美国国家仪器向全球发布了其 Watchdog Agent ® 工具包软件产品。已取得多项重要发明专利,涉及机加工、风力发电、工业制造、电动汽车电池等应用领域。近年来,由李杰教授主创的"主控式创新(Dominant Innovation)"理论等进一步为产业界指出了价值创新的发展方向。

8.3.2   智能维护中心主要技术

智能维护系统的核心技术是对设备和产品性能衰退过程的预测和评估。对设备或产品进行预测维护,提前预测其性能衰退状态。与故障早期诊断不同的是,智能维护侧重于对设备或产品未来性能衰退状态的全程预测,而不是某个时刻的性能状态诊断。其次,在分析历史数据的同时,智能维护引入了与同类设备进行比较(Peer-to-Peer),及时地调整相应信息传输频度和数量,实现按需分析,而不是传统意义上简单的数据采样信号传输与分析,提高了预测和决策准确度。

目前,智能维护中心主要集中在三个关键的研究领域开发技术,包括看门狗预测,设备—业务平台和决策支持工具。

Watchdog Agent(R)(看门狗)软件主要功能是诊断预测,可应用于任何产品或系统。预测意味着预期停机时间。预测不仅可以展望未来,而且还可以确定可能导致停机的组件或子系统。这样有利于预测产品或系统何时出现故障,并可以节省停机时间。从简单阀门到数控机床这样复杂的系统,目前正在开发 Watchdog Agent 工具箱,可以对这些工具进行定制,以满足所涉及的特定行业或过程的需求。

设备到企业平台或 D2B 将数据和信息转换为有价值的资产。

D2B 将机器或产品连接到决策者,决策者可以是人员或者软件系统。不管行业或流程,有必要根据可用的数据或信息进行业务决策,但是怎样知道从特定设备或流程中可以获得哪些数据或信息? 如何获取数据或信息? D2B 是将原始数据或简单信息(如错误代码)转换成有价值的资产到维护管理团队,库存管理系统,客户关系计划等所需的知识库和设备。一旦建立这种转型,D2B 平台就可以添加额外的模块,以满足业界的特定需求,如预测(看门狗或其他),警报和通知,统计分析或优化模块。

当机器出现磨损或失败时,决策支持工具(Decision Support Tools,DST)可以帮助确定该怎么做。当一台或多台机器可能失败时,DST 可以有助于平衡资源,并且不断改进。例如,如果生产线有三个生产过程 A,B 和 C,A 有一台机器,B 有三台机器,C 有一台机器。如果能够预计到 B 的一台机器在 30 分钟内会遇到故障,也许你会在 A 过程后安排一个暂存区,或者在 B 的另外两台机器上增加产量。无论如何,你会在遇到故障之前作出决定。这意味着维护和处理人员将在遇到故障之前处理平衡有限的资源与不断的生产需求。DST 可最大限度地帮助减少因停机时间造成的生产损失,并帮助优化维护计划,尽量减少停机时间。

8.3.3　成就和影响力

据统计,智能维护技术每年可带动 2.5%～5% 的工业运转能力增长,可减少事故故障率 75%,降低设备维护费用 25%～50%。这意味着:在价值 2 亿美元的设备上应用智能维护技术,每年就可以创造 500 万美元的价值。美国智能维护中心为现代工业从传统维护方法转变到预测及预防性维护开发了众多工具包和相关技术,已成功应用于汽车引擎、焊接机器人、空调压缩机、机床加工、风力发电机、电动汽车等系统,并在 2001 年发布了 Watchdog Agent® 工具包软件产品,为会员公司和研究机构创造了价值,产生了重要的影响。正是智能维护对世界经济的巨大推动作用,2002 年,智能维护技术被美国《财富》杂志列为当今制造业最热门的技术之一。经过十年的发展,在全美国自然科学基金工业界/院校联合实验室 2012 年的评估中,智能维护中心以其 1∶270 的投入/产出比,位列第一。由美国国家科学基金会产业创新与合作专家通过对会员公司进行匿名访谈及详细评估汇总后的结果表明:智能维护系统中心的总投入现值为 310 万美元,而其收益现值已达到惊人的 8.467 亿美元。此外,凭借智能维护中心所开发的技术,其研究人员在美国 NASA 每年举办的世界设备预测性诊断及健康维护 PHM Data Challenge 竞赛中连续取得冠军,如:2008 年以飞机引擎剩余使用寿命预测为主题的 PHM 竞赛中,IMS 夺得第 1 名和第 3 名,2009 年的齿轮箱关键部件诊断 PHM 竞赛中 IMS 包揽前 3 名,2010 年的机加工刀具磨损预测 PHM 竞赛中 IMS 取得第 3 名,2011 年风力发电机传感器健康估计中 IMS 再次夺得第 1 名和第 3 名。

8.4　信息物理系统

信息物理系统(Cyber-Physical System,CPS)是一种由基于计算机的算法控制或监控的机制,与互联网及其用户紧密集成。在网络物理系统中,物理和软件组件深深地交织在一起,每个操作都在不同的空间和时间尺度上运行,表现出多种不同的行为模式,并以多种方式交互。

制造业的最新进展为信息物理系统 CPS 系统部署铺平了道路,其中所有相关信息在物理厂房和网络计算空间之间得到密切监测和同步。此外,通过利用先进的信息分析,联网的机器将能够更有效地、协同地和弹性地执行任务。这种趋势正在将制造业转变为下一代,即工业4.0。在这个早期发展阶段,急需明确 CPS 的定义。在本文中提出了统一的 5 级架构作为实施 CPS 的指导方针。

CPS 被定义为用于管理物理资产和计算能力之间的互连系统的变革技术。随着科技的快速发展,使传感器、数据采集系统和计算机网络的可用性和可承受性更高,当今行业的竞争性迫使更多的工厂走向实施高科技方法。因此,越来越多的传感器和联网机器的使用已经导致大量数据的连续生成,这被称为大数据。在这种环境下,CPS 可以进一步开发用于管理大数据,并利用机器的互连性达到智能,弹性和自适应机器的目标。此外,通过将 CPS 与生产、物流和服务整合在当前的工业实践中,将今天的工厂转变为具有重大经济潜力的工业 4.0 工厂。例如,弗劳恩霍夫研究所和行业协会 Bitkom 的联合报告说,德国的总值可以在 2025 年之后累计达到 2670 亿欧元,引进了行业 4.0。由于 CPS 正处于发展的初始阶段,因此必须明确界定 CPS 的结构和方法,作为实施行业的指导方针。为了满足这种需求,可以为一般应用设计统一的系统框架。此外,还提出了每个系统层的相应算法和技术,以统一结构协作,实现整个系统的所需功能,提高设备效率、可靠性和产品质量。

提出的 5 级 CPS 结构,即 5C 架构,为开发和部署用于制造应用的 CPS 提供了一步一步的指导。一般来说,CPS 由两个主要功能组件组成:(1)高级连接,确保物理世界的实时数据采集和网络空间的信息反馈;(2)构建网络空间的智能数据管理、分析和计算能力。然而这样的要求是非常抽象的,并且对于一般的实现目的不够具体。相比之下,本文中提出的 5C 架构通过顺序工作流程方式,清楚地定义了如何从初始数据采集、分析到最终价值创建构建 CPS,如图 8-4 所示。

详细的 5C 架构概述如下:

1. 智能连接层

从机器及其组件获取准确可靠的数据是开发网络物理系统应用程序的第一步。数据可以直接由传感器测量或从控制器或企业制造系统(如 ERP,MES,SCM 和 CMM)获取。必须考虑这个层面的两个重要因素。首先,考虑到各种类型的数据,需要无缝和无系链的方法来管理数据采集程序并将数据传输到中央服务器,其中特定的协议(如 MTConnect 等)是有效的;另一方面,选择适当的传感器(类型和规格)是第一级的第二重要考虑因素。

2. 数据到信息转换

有价值的信息必须从所获得数据中推断出来。目前,有几种可用于数据到信息转换的工具和方法。近年来,专门用于预测后处理和健康管理应用的算法获得广泛的关注和研究。通过计算健康价值,估计剩余使用寿命等,CPS 架构的第二个层次为机器带来自我意识,如图 8-5 所示。

3. 网络

网络层面是这个架构中的核心信息中心。从每个连接的机器将信息推送到它,形成机器

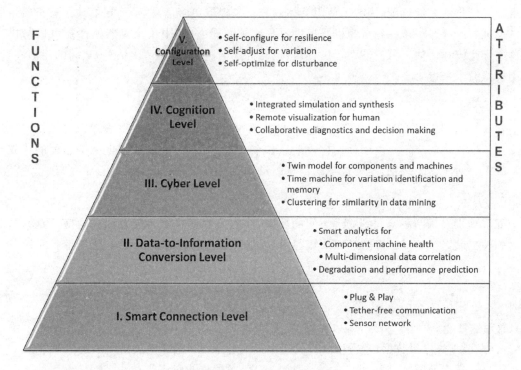

图 8-4 CPS 的 5C 架构

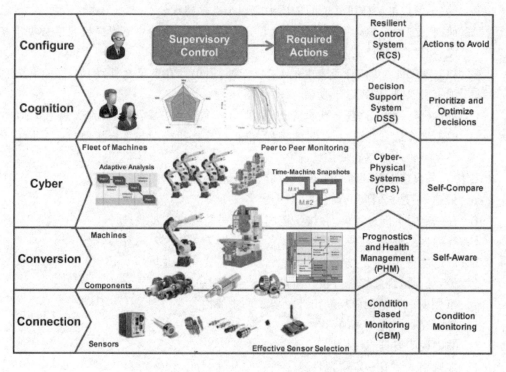

图 8-5 5C 架构各个级别相关应用和技术

网络。网络收集大量信息后，必须使用具体的分析来提取更多信息，从而更好地了解机器组群中各个机器的状态。这些分析为机器提供自我比较的能力，其中单个机器的性能可以与机器组群进行比较和评估。另一方面，可以测量机器性能与以前资产（历史信息）之间的相似性，以预测机器的未来行为。

4. 认知

在认知级别执行 CPS 可以实现对生产监控系统的全面了解，将获得的知识提交给专家用户支持做出正确的决定。由于使用比较信息和个人机器状态，可以对优化维护过程的优先级进行决策。对于这个级别，需要适当的信息图形才能将获取的知识完全转移给用户。

5. 组态

配置级别是从网络空间到物理空间的反馈，作为监控使机器自配置和自适应。这一阶段作为弹性控制系统（RCS）将已经在认知层面进行的纠正和预防性决策应用于被监控系统。

习题 8

一、单项选择题

1. 虚拟维修样机数据转换过程中，关于中间文件 IGES 标准说法错误的是（　　）
   A. 适应面窄　　　　　　　　　B. 数据格式过于复杂
   C. 数据传递范围有限　　　　　D. 局限于几何造型技术

2. 下面关于虚拟维修样机建模的选项中哪一个选项错误？（　　）
   A. 面向任务的虚拟维修样机建模过程分为以下三个阶段：虚拟样机建模数据准备阶段、初样机阶段、成熟样机阶段
   B. STEP 标准是更广泛意义上的 CAD 标准，但仍存在不足之处，例如，数据传递的范围有限、数据格式过于复杂
   C. MTN 是一种维修任务仿真管理模型，由 3 个要素组成：状态、活动、条件（弧）
   D. 虚拟维修仿真要注意真实性，例如，虚拟维修样机模型与维修场地需要尽量符合装备实际维修状态和使用情况

3. 维修人员快速上肢评价（RULA）分析中，分值表中橙色代表（　　）
   A. 舒适，不是长时间的话便可以接受
   B. 有一定的不舒适程度，在接受范围内，但是需要进一步改进
   C. 舒适程度极差，需要尽快改进
   D. 舒适度很差，为了维修人员的操作安全，需要马上改进

4. 以下不是虚拟维修综合分析评价准则确定原则的是（　　）
   A. 准则的内容范围应反映出评价要素的主要内容
   B. 准则说明应清楚明确
   C. 准则说明要具有操作性
   D. 准则格式要有一定规范性

5. 以下不是维修性静态虚拟仿真实验方法内容的是（　　）
   A. 建模与 CAD 数据输入　　　　B. 静态虚拟仿真实验

  C. 静态虚拟维修仿真应用　　　　　D. 虚拟维修分析与评价

二、多项选择题

  1. 维修性虚拟试验与分析评价的主要工作内容有哪些?(　　)

   A. 维修过程建模　　　　　　　　B. 虚拟维修样机建模

   C. 虚拟维修仿真　　　　　　　　D. 维修分析评价

  2. 维修工作合理性度量包括(　　)

   A. 维修工作方案总体评分计算　　B. 维修工具适用性度量

   C. 维修工序专项评分计算　　　　D. 维修工作合理性评分计算

  3. 面向任务的虚拟维修样机建模过程分为哪几个阶段?(　　)

   A. 虚拟样机建模数据准备阶段　　B. 构建虚拟维修场景阶段

   C. 初样机阶段　　　　　　　　　D. 成熟样机阶段

  4. 沉浸式虚拟维修仿真的主要应用范围包括哪些?(　　)

   A. 虚拟维修样机建模　　　　　　B. 维修性设计、分析

   C. 核查与演示验证　　　　　　　D. 维修工作与分析评价

三、填空题

  1. 维修性虚拟试验与分析评价的主要工作内容包括＿＿＿＿＿＿、＿＿＿＿＿＿、＿＿＿＿＿＿、＿＿＿＿＿＿。

  2. 维修时间是维修性设计分析中最重要的定量指标。虚拟环境的维修仿真中,维修时间可以采用＿＿＿＿、＿＿＿＿、＿＿＿＿ 三种方式表达。

  3. 基于虚拟现实的维修性分析具有的特点主要有 ＿＿＿＿、＿＿＿＿、＿＿＿＿、＿＿＿＿、＿＿＿＿。

  4. 虚拟维修样机能够替代＿＿＿＿用于分析和测试产品与维修有关对的各个方面,如维修性设计、分析、评估、＿＿＿＿、＿＿＿＿等。

  5. 虚拟样机的交互特征包括:＿＿＿＿、＿＿＿＿、＿＿＿＿、＿＿＿＿。

  6. 静态维修性虚拟仿真试验主要是针对 ＿＿＿＿、＿＿＿＿的仿真;动态维修性虚拟仿真试验主要是针对＿＿＿＿、＿＿＿＿的仿真。

  7. 实现维修过程动态虚拟仿真的方式可以分为＿＿＿＿、＿＿＿＿。

  8. 基于沉浸式虚拟维修系统主要包括 ＿＿＿＿、＿＿＿＿、＿＿＿＿、＿＿＿＿四个方面。

  9. 维修工作方案总体评价准则中,维修费效主要对 ＿＿＿＿、＿＿＿＿、＿＿＿＿三个方面进行评价。

  10. 虚拟维修综合评价因素体系主要是从 ＿＿＿＿、＿＿＿＿、＿＿＿＿三个方面建立体系。

四、判断题

  1. 维修性虚拟试验与分析的主要工作内容包括:维修过程建模、虚拟维修样机建模、虚拟维修仿真、维修性分析评价。

  2. 维修性核查主要是在产品早期开展,主要应用维修性动态试验方法来分析;维修性虚拟试验评价与验证主要针对整个系统采用维修性综合分析评价方法。

  3. IGES 标准相较于 STEP 标准适应面更广。

4. 维修人员进行维修操作时扳手应至少有 45°的转动空间才能完成扳手的维修任务。

5. 维修人员可视性分析中双眼的最佳视野范围：当人的头部保持直立不动而只有眼球在转动时，视野中心线上下左右各 30°的圆形区。

6. 一个完整的基于虚拟现实维修性分析评价系统应该由虚拟维修子系统与维修性分析评价子系统两个系统组成。

7. 维修性核查主要在产品设计中期开展。

8. 虚拟维修评价体系包括维修过程、维修工具和人素工程三个方面内容。

9. 当"安全、及时、快速、有效、经济的维修"这一维修总要求中有一个方面与其他方面发生不可调解的矛盾时，应优先考虑维修的效率。

10. 维修工具适用性分为功能性、通用性和便携性三个方面。

五、问答题

1. 简述维修性虚拟实验分析与评价具体实施的步骤。

2. 装备维修性评价中的人素分析主要有哪些指导准则？

3. 简述沉浸式与非沉浸式的区别。

六、思考题

1. 查阅文献了解智能维护的具体技术。

2. 思考 CPS 实现的难点。

3. 查阅文献了解信息物理系统的 5C 结构。